HYDRAULICS
:Basics of Civil Engineering

土木の基礎固め

水理学

Yasuo Nihei
二瓶泰雄

Hitoshi Miyamoto
宮本仁志

Katsuhide Yokoyama
横山勝英

Makoto Nakayoshi
仲吉信人 [著]

講談社

執筆者一覧

二瓶泰雄（1, 2, 4 章）
　　東京理科大学創域理工学部社会基盤工学科　教授
宮本仁志（8, 9, 10 章）
　　芝浦工業大学工学部土木工学課程　教授
横山勝英（3, 6, 11 章）
　　東京都立大学都市環境学部都市基盤環境学科　教授
仲吉信人（5, 7 章）
　　東京理科大学創域理工学部社会基盤工学科　教授

まえがき

　「水の運動」を対象とする水理学は，土質力学や構造力学と並んで土木工学分野のいわゆる"三力（さんりき）"に数えられ，大学や高専における多くの土木系学科において開講されている基幹科目である．水理学の応用科目として，水の防災と環境に関する河川工学や海岸工学，環境水理学などが挙げられるが，これらの学問は現代的な課題を取り入れて日進月歩で発展している．一方，水理学における重要な基本法則は不変的な存在であるため，水理学の根幹部分は20世紀後半には既に出来上がり，体系化が図られている．そのため，水理学に関する優れた教科書・参考書は既に多く出版されている．

　これだけの良書が揃っている水理学の教科書について，書く余地は残されていないと思っていた．しかし，ある日，編集者から「安価でカラー印刷できます」という一言で，180度考え方が変わった．水の動きを可視化した様子をカラー画像で見たら，水の運動をより直感的に理解しやすいだろう．水理学で出てくる多くの難解な図も，カラーで表示すれば理解しやすいものになるだろう．さらに，これまでの教科書は比較的演習問題が少なく，水理学で扱う内容が実際の河川等の現場でどのように使われるのか，役に立つのかが十分説明されていないことが多かった．しかし，これも演習問題を大幅に増やすと共に，カラー写真を使って現場の状況を説明すれば解決できるだろう．この思いを抱きながら本書を執筆するに至った．

　本書の出版企画は，㈱講談社サイエンティフィク・渡邉拓氏によるものであり，同氏のおかげで方向性の定まった教科書を書き上げることができた．同社・大塚記央氏には，著者らの様々な注文に対応して頂き，丁寧な校正作業をして頂いた．最後に，家族のサポートのおかげで，本書を仕上げることができた．この場を借りて，上記の皆様に厚く御礼を申し上げる次第である．

2017年10月　　　　　　　　　　　　　　　著者を代表して　二瓶泰雄

Contents | 土木の基礎固め 水理学

まえがき iii

Chapter 1 | 水理学基礎 1

1.1 水理学とは？ 1
1.2 本書のねらいと構成 2
1.3 次元・単位・有効数字 3
1.4 流体の性質 5
1.5 流れの分類 9

Chapter 2 | 静水力学 12

2.1 なぜ「静水力学」を学ぶのか？ 12
2.2 静水圧 14
2.3 浮力とアルキメデスの原理 17
2.4 平面と曲面に働く静水圧 19
2.5 浮体の安定・不安定 28

Chapter 3 | エネルギー保存則 37

3.1 水の持つエネルギー 37
3.2 ベルヌーイの定理の導出 39
3.3 流管におけるエネルギーの流入・流出と仕事の関係による導出 42
3.4 ベルヌーイの定理を使ったトリチェリーの定理 45
3.5 ベルヌーイの定理の応用例 47

Chapter 4 | 運動量保存則 65

4.1 なぜ「運動量保存則」を学ぶのか？ 65
4.2 運動量保存則の導出 67
4.3 運動量保存則の応用 70

Chapter 5 | 流体の運動方程式 — 87

- 5.1 はじめに — 87
- 5.2 流体運動の記述方法 — 88
- 5.3 流体運動の基礎方程式 — 89
- 5.4 ナビエ・ストークスの式，連続式の導出 — 94
- 5.5 流体の基本運動要素と渦度 — 100
- 5.6 速度ポテンシャルと流関数 — 103

Chapter 6 | 層流と乱流 — 106

- 6.1 層流・乱流の性質 — 106
- 6.2 レイノルズ数 — 108
- 6.3 限界レイノルズ数 — 110
- 6.4 層流の流速分布 —— 円管路の場合 — 111
- 6.5 乱流とレイノルズ応力 — 114
- 6.6 乱流の流速分布 —— 壁面近傍の流れ — 117

Chapter 7 | 管路流れ — 127

- 7.1 管路流れとは？ — 127
- 7.2 管路流れの基礎式 — 128
- 7.3 摩擦損失 — 130
- 7.4 摩擦損失以外の損失 — 134
- 7.5 管路の損失計算 — 140

Chapter 8 | 開水路流れの基礎と急変流 — 151

- 8.1 開水路流れとは？ — 151
- 8.2 フルード数と常流・射流 — 155
- 8.3 比エネルギー — 159
- 8.4 開水路の断面変化に伴う水面形 — 162
- 8.5 比力 — 169

Chapter 9 | 開水路の等流 ……… 176

- 9.1 等流とは？ ……… 176
- 9.2 等流における摩擦抵抗 ……… 177
- 9.3 平均流速公式 ……… 179
- 9.4 等流水深と限界勾配 ……… 185

Chapter 10 | 開水路の漸変流 ……… 191

- 10.1 漸変流とは？ ……… 191
- 10.2 基礎式 ……… 192
- 10.3 基本的な水面形 ……… 196
- 10.4 水面形の出現例 ……… 199

Chapter 11 | 相似則 ……… 203

- 11.1 水理模型実験と相似則 ……… 203
- 11.2 幾何学的相似と力学的相似 ……… 204
- 11.3 フルード相似則 ……… 208
- 11.4 レイノルズ相似則 ……… 210

演習問題解答 ……… 213

- Column 1 地下の構造物が浮く？ ……… 34
- 2 測度を測る様々な機器 ……… 61
- 3 野球の変化球と流体力 ……… 84
- 4 数値流体力学 ……… 100
- 5 様々な平均の考え方 ……… 125
- 6 粘性とエネルギー ……… 139
- 7 琵琶湖疏水 ……… 174
- 8 開水路流れの x 軸と水深のとり方 ……… 187
- 9 ロバート・マニングとマニングの式 ……… 189
- 10 洪水時の堰上げ背水と排水機場の役割 ……… 201
- 11 土砂移動の水理模型実験 ……… 211

HYDRAULICS:Basics of Civil Engineering

Chapter 1 水理学基礎

本章では水理学の必要性や本書のねらい・構成について示すと共に，水理学を学ぶうえで必要となる次元や単位について述べる．また，流体に関する特徴的な性質や流れの分類についても概観する．

1.1 水理学とは？

　古代文明が大河川のそばに発展したように，古来より人間の生活と水には深い関わりがある．人々は水利用という形で水の恩恵を受けつつ，洪水氾濫という脅威に晒されてきた．このため，水の動きを知り，制御する必要があり，そのために生まれたのが**水理学**（hydraulics）である．現代社会では，インフラ整備が進み，人口や資産が氾濫域に集中し，水を安全に使えるのが"当たり前"の社会になったため，ひとたび洪水や渇水が生じるとその被害は非常に大きい．さらに，気候変動により，洪水や渇水のリスクは増加しており，水理学の重要性はより増しつつある（**図1-1**）．

　水理学は2つの側面を持つ．1つは，**流体力学**（fluid dynamics）という基礎的な側面である．水の運動に関する基礎方程式系は，流体力学のそれとほぼ一致し，その意味では水理学と流体力学に差異はほぼない．だたし，この基礎方程式はやや難解で，ごく一部の問題しか理論解が得られない．

　そのため，水理学では，現実の水問題を解決するため，様々な工学的技術や経験知が取り入れられている．それがもう1つの側面である．実際の流れ場は三次元（三方向）であるが，大局的には流れの方向の変化を知ることが

利水の貯水率がほぼ0％になった早明浦ダム（平成17年9月1日）

満々と水を湛える早明浦ダム（洪水直後のために放流中）
（平成17年9月7日）

(a) 2015年関東東北豪雨時の鬼怒川決壊の航空写真　　(b) 渇水時の早明浦ダム（国交省）

図1-1　洪水・渇水の様子

　重要であり，三次元場の実現象を一次元場として簡易的に表すのは水理学の醍醐味といえる．このように水理学は，理学的センスと工学的センスをミックスして，実際の課題解決にあたる学問である．

1.2 本書のねらいと構成

　水理学の講義は，数式の導出・展開に重きが置かれることが多い．そのため，数式の理解に目が行ってしまい，数式が示す物理現象のイメージや，何のために学んでいるかが不明確になりやすい．そのため，本書の執筆にあたり，以下の方針を立てた．

① 水理学では様々な理論展開が示されるが，それらは実は少ない基本原則に基づいている．そこで，本書では，用いる基本原則を絞って，示す数式を最小限にする．また，この基本原則は，高校で習う質点系力学に基づいているため，質点系力学と比較する形で基本原則を提示する．

② 得られた理論の理解を深めるために，多くの例題や演習問題を取り入れる．それらの問題は公務員試験対策にもなり得るように選定されている．

③ 各章の冒頭に，学ぶ内容がどのように実務と関係しているかを例示する．また，分かりやすい図表を多用する．本書は水理学の教科書では珍しいカラー印刷であるので，流れの様子を理解し易い

カラーの図や写真を採用する．

　本書は，水理学のうちの基本原則（静水力学，エネルギー保存則，運動量保存則，基礎方程式）を前半に，この基本原則に基づく応用編（開水路流れ，管路流れ等）を後半に配置している．また，本書は，河川や海岸における防災・環境に関する学問（河川工学，海岸工学，環境水理学など）を学ぶための導入部分として位置づけており，水理学の基礎を中心として取り扱うこととしている．

1.3 次元・単位・有効数字

　物理量は，長さ，質量，時間，電流，温度，物質量，光度，の**次元** (dimension) の組み合わせで表される．特に，力学的物理量は長さ L (length)，質量 M (mass)，時間 T (time) という3つの基本量を用い，これを LMT 系といい，$[M^{\alpha}L^{\beta}T^{\gamma}]$ と表す（α, β, γ は定数）．水理学でもこの LMT 系を一般に採用する．次元の求め方をいくつか以下に例示する．

速度 $[u] = [長さ／時間] = [LT^{-1}]$
加速度 $[a] = [速度／時間] = [LT^{-1}]／[T] = [LT^{-2}]$
力 $[F] = [質量×加速度] = [M]×[LT^{-2}] = [MLT^{-2}]$
応力 $[\sigma] = [力／面積] = [MLT^{-2}]／[L^2] = [ML^{-1}T^{-2}]$

　物理学は，物理量を数値で表し，自然法則を推論するものであるが，次元は，それぞれの物理量に対する尺度を持たない．そこで物理量に数値を持たせるために**単位** (unit) を用いる．水理学で用いる LMT 系に対応する単位としては，長さを [m]，質量を [kg]，時間を [s] とする SI 単位 (International System of Unit) がある．これらの [m]，[kg]，[s] は基本単位であるが，力の単位 [N]（$= [kg \cdot m/s^2]$）や圧力 [Pa]（$= [kg/(m \cdot s^2)]$）は組立単位として用いられる．SI 単位ではなく，長さを [cm]，質量を [g]，時間を [s] とする CGS 単位を用いる場合もある．また，基本単位として，長さ [m]，時間 [s] に加え，力 [kgf（キログラムフォース）] からなる工学単位（重

表 1-1　次元と単位

量	次元	SI 単位	CGS 単位
長さ	L	m	cm
質量	M	kg	g
時間	T	s	s
速度	LT^{-1}	m/s	cm/s
加速度	LT^{-2}	m/s^2	cm/s^2
力	MLT^{-2}	kg・m/s^2, N	g・cm/s^2, dyn(ダイン)
圧力	$ML^{-1}T^{-2}$	kg/(m・s^2), N/m^2, Pa	g/(cm・s^2), dyn/cm^2
仕事	ML^2T^{-2}	kg・m^2/s^2, J, N・m	g・cm^2/s^2, erg(エルグ)
運動量	MLT^{-1}	kg・m/s	g・cm/s
密度	ML^{-3}	kg/m^3	g/cm^3
単位体積重量	$ML^{-2}T^{-2}$	kg/(m^2・s^2), N/m^3	g/(cm^2・s^2)
粘性係数	$ML^{-1}T^{-1}$	kg/(m・s), Pa・s	g/(cm・s)
動粘性係数	L^2T^{-1}	m^2/s	cm^2/s

表 1-2　代表的な接頭語

接頭語	記号	10^n
テラ	T	10^{12}
ギガ	G	10^9
メガ	M	10^6
キロ	k	10^3
ヘクト	h	10^2
センチ	c	10^{-2}
ミリ	m	10^{-3}
マイクロ	μ	10^{-6}
ナノ	n	10^{-9}
ピコ	p	10^{-12}

力単位）も存在するが，ここでは用いない．

　これらの次元と単位をまとめたものを**表 1-1** に示す．単位に用いる接頭語（m（ミリ），k（キロ）等）は**表 1-2** にまとめて示す．

　有効数字（significant figure）は，「ある測定結果をその測定精度に合わせて表示するために必要な数字の桁数」と定義される．一般に，測定値は誤

差を含むため，測定値として意味を持つ桁だけの表示したものが有効数字である．例えば，最小目盛りが1 mmの定規を使ってあるものの長さを測り，端の位置が14 mmと15 mmの中央付近に入ったとする．その場合「14.5 mm」と読み取ることができるが，人によっては14.4 mmや14.6 mmとなるかもしれない．このように，0.1 mmの桁までは不確かさを含むが，物理的な意味がある数値であるので，この場合では，有効数字3桁で表示する必要がある．このように，有効数字の数は確定的な桁数に加えて，それに続く不確かな1桁が含まれる．

有効数字の書き方としては，例えば，「12300」を有効数字3桁で書く場合，
$$1.23 \times 10^4,\ 12.3 \times 10^3,\ 123 \times 10^2,\ 0.123 \times 10^5,\ 0.0123 \times 10^6$$
などと書くことができる．12300のままだと，十と一の位の0も有効数字となり，この場合は有効数字が5桁となることに注意が必要である．また，有効数字を考慮して計算する場合には，途中の式で出てくる数値を有効数字より1桁増やして記述し，最後に有効数字を合わせると，計算の精度低下が生じない．

1.4 流体の性質

1.4.1 密度と単位体積重量

> 物質の形態は気体，液体，固体の三相に分類でき，このうち液体と気体を**流体**（fluid）と呼ぶ．流体に関する力学が流体力学である．水を始め流体は微視的に見ると離散的な分子の集合体であるが，巨視的にはつながった物体である**連続体**（continuum）として取り扱われる．

質点系の運動方程式では質量が扱われるが，連続体として取り扱われる「水」は質点と異なり区切りがない．そのため，水理学では，水の運動を扱う際に，質量そのものを用いる代わりに，単位体積当たりの質量である密度 ρ（density）を導入する．密度の次元（LMT系）は $[ML^{-3}]$，SI単位は $[kg/m^3]$ である．

水の密度（≒1000 $[kg/m^3]$）は空気の密度（≒1.25 $[kg/m^3]$）のおよそ800倍であるように，密度は流体の種類により異なる．また，水の密度は自

表1-3 水の密度と粘性係数，動粘性係数

水温 T[℃]	密度 ρ [kg/m³]	粘性係数 μ [Pa・s]	動粘性係数 ν [m²/s]
0	999.8	1.792×10^{-3}	1.792×10^{-6}
4	999.97	1.567×10^{-3}	1.567×10^{-6}
5	999.96	1.520×10^{-3}	1.520×10^{-6}
10	999.7	1.307×10^{-3}	1.307×10^{-6}
15	999.1	1.138×10^{-3}	1.139×10^{-6}
20	998.2	1.002×10^{-3}	1.004×10^{-6}
25	997.0	0.890×10^{-3}	0.893×10^{-6}
30	995.7	0.797×10^{-3}	0.801×10^{-6}
40	992.2	0.653×10^{-3}	0.658×10^{-6}

然環境中では水温や塩分，圧力により変化する．ただし，本書で対象とする水理学の基礎的範囲では，塩分（海水と混ざる流れ）や圧力（深海にて考慮）の影響は扱う必要はなく，水温の影響のみを考慮する．**表1-3**に示すように，全体的には，水温の上昇と共に，密度は低下する．この要因は分子運動と関係する．密度は「水分子1つの質量」と「単位体積当たりの水の分子数」の積となる．高温になると，分子運動が活発化するため，「単位体積当たりの水の分子数」が減少し，結果として密度も減少する．このような水の密度の水温依存性は日常生活に大きく関与している．例えば，お風呂のヒーターは一般に浴槽の下部に付いている．逆の場合には，**図1-2**に示すように，浴槽上部の水がより高温化し，下部の水が一向に暖まらない．一方，ヒーターが浴槽下部にあれば，ヒーター周囲の暖められた水は上部よりも密度が小さく，この不安定な状態はずっと維持できない．そのため，上層と下層の水が混合して，浴槽内全体の水が暖まることになる．

質点系の力学では，質量と共に重量を扱う．質量は物体が元々持っている量であり物体がどこにあっても変わらないが，重量は物体間に働く引力（重力）であり質量に

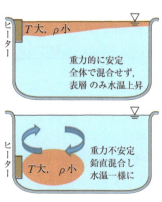

図1-2 ヒーターの位置による浴槽内の温度分布の違い

重力加速度を掛けたものである．水理学では，重量の代わりとして**単位体積重量** γ（unit weight）を用いる．これは単位体積質量（密度 ρ）と重力加速度の積となる．この次元は $[ML^{-2}T^{-2}]$，SI単位は $[kg/(m^2 \cdot s^2)]$ もしくは $[N/m^3]$ である．

1.4.2 | 圧縮性と変形自在性

> 流体は，厳密にはその体積を減少・増加させる．そのような性質を圧縮性といい，**圧縮性流体**（compressible fluid）の代表例は空気である．一方，水は圧縮性をほぼ無視できるため，**非圧縮性流体**（incompressible fluid）として扱われる．圧縮性流体か非圧縮性流体の判別の厳密な定義は，流体運動の基礎式である連続式を満たすかどうかである（詳しくは**5章**参照）．

流体は同じ連続体の剛体と異なり自由に変形できることも大きな特徴である．そのため，「密閉容器中の流体では，一部に圧力を加えると，その圧力は増減することなく流体の全ての部分に伝わる」という**パスカルの原理**（Pascal's principle）が成り立つ．このパスカルの原理を活かして，油圧ブレーキや油圧ジャッキが作られている．

1.4.3 | 圧力

> 水理学において扱う主な力は，**重力**（gravity），**圧力**（pressure），**粘性応力**（viscous stress）の3つである．このうち，重力は外力（対象とする物体の外側から働く力）の1つである．圧力と粘性応力は，外力の反対の内力であり，応力（単位面積当たりに作用する力）である．

静止流体中に作用する応力は圧力のみであり，**図1-3**に示すように，圧力は次の2つの性質を有する．
① 考えている面に垂直に働く．
② 任意の点において全ての方向に等し

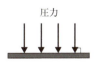
(a) 垂直方向に作用

(b) 等方性

図1-3 | **圧力の性質**

い値を持つ（等方性）．

　水理学では，圧力は面を押す（圧縮）方向を正と定義しており，圧縮方向を負とし引張応力を正とする構造力学とは異なることに注意されたい．

1.4.4 | 粘性

> 　前述したように流体は自由自在に変形するが，流体はこの変形に対して抵抗するという性質を有する．この性質を**粘性**（viscosity）といい，これにより生じる抵抗を粘性応力という．

　例えば，**図1-4**に示すように，水面に浮かぶ，非常に長い平板を横方向に引張る．そうすると，平板の下では，平板近く（水表面付近）の流速が大きく，底面近くで流速が小さい，という流速鉛直分布が作られる．この場合，ある時刻 t で長方形であった流体塊は，

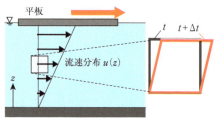

|図 1-4 | 粘性応力

Δt 後には平行四辺形に形を変える．これを**ずり変形**（shear deformation）という．粘性応力 τ はずり変形速度に比例する形で与えられる（詳細は **5.5 節**を参照）．

$$\tau = \mu \frac{du}{dz} \tag{1-1}$$

ここで，u は流速，z は壁面からの鉛直距離，μ は粘性係数である．粘性係数の次元は $[ML^{-1}T^{-1}]$，SI単位は $[kg/(m \cdot s)]$ である．また，粘性係数 μ と共に，以下に定義される**動粘性係数** ν（kinematic viscosity）も用いられる．

$$\nu = \frac{\mu}{\rho} \tag{1-2}$$

この動粘性係数の次元は $[L^2T^{-1}]$，SI単位は $[m^2/s]$ である．粘性係数と動粘性係数の値は**表1-3**に示されるとおりである．

1.4.5 | 表面張力

水平な平板の上に水滴を垂らすと,水滴は平板上に拡がらずに丸まろうとする.この性質は,表面張力によるものである.表面張力は,水の分子構造に起因する.図1-5に示すように,酸素原子（O）を中心に非対称に2つの水素原子（H）が配置している.そのため,水分子内のマイナスに帯電している酸素原子は,隣接する水分子のプラスに帯電した水素原子との間に分子間力（水素結合）を作用させている.水分子は周囲の水分子との間にあらゆる方向で同じ大きさの分子間力を受けてバランスしているが,水表面付近すれすれの水分子は,水表面下の水分子の分子間力のみが主に働くため,水内部に引き込まれる力が作用することになる.これが表面張力の源である.

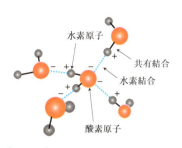

図1-5 | 水分子の結合状態の模式図

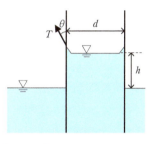

図1-6 | 毛細管現象

表面張力により生じる有名な現象として毛細管現象が挙げられる.これは,図1-6に示すように,水表面に細い管を差すと,管内の水面が周囲よりも上昇する現象である.このとき,内径 d の円管路内における水位上昇量を h,単位長さ当たりの表面張力を T とすると,鉛直方向の力のつり合い式（表面張力＝重力）は以下のようになる.

$$T\cos\theta \times (\pi d) = \rho g \left(\frac{\pi d^2}{4} h \right)$$

$$\therefore h = \frac{4T}{\rho g d} \cos\theta \quad (1\text{-}3)$$

ここで,θ は水面の接触角である.上式のように,内径 d が細いほど水位上昇量は大きくなる.

1.5 流れの分類

水理学における流れの分類をまとめたものを表1-4に示す.ここでは,自

表 1-4 流れの分類（グレーのハッチは本書の対象外）

自由水面の有無	時間変化	空間変化		水位伝播 8章	乱れ 6章
開水路流れ	定常流	等流 9章		射流/常流	層流/乱流
		不等流	漸変流 10章	射流/常流	層流/乱流
			急変流 8章	射流/常流	層流/乱流
	非定常流	不等流	漸変流	射流/常流	層流/乱流
			急変流	射流/常流	層流/乱流
管路流れ	定常流				層流/乱流
	非定常流				層流/乱流

由水面，時間変化，空間変化，水位伝播状況，乱れの有無について分類している．自由水面がある場合は**開水路流れ**（open-channel flow），無い場合は**管路流れ**（pipe flow）であり，管路内でも満管でなく自由水面を持っていれば，開水路流れに分類される．各点の流れの状態（流速や水深等）が時間的に変化しない流れを**定常流**（steady flow），時間変化する流れを**非定常流**（**不定流**，unsteady flow）と呼ぶ．開水路流れにおける空間変化の有無は，**等流**（uniform flow），**不等流**（non-uniform flow）に分けられ，不等流はさらに2つの流れ（漸変流，急変流）に分けられる．また，開水路流れでは水位変化の伝播状況により**射流**（supercritical flow）と**常流**（subcritical flow）に分けられる．さらに，流れ場中の乱れの有無により**乱流**（turbulent flow）と**層流**（laminar flow）に分かれ，これは開水路流れと管路流れ共に見られる．

これらの流れに関する本書の記載箇所も同表に示されているが，本書では定常流のみを対象とし，非定常流は対象外とする．

Chapter 1【演習問題】

【1】先進国の人が使う水量 Q は年間 1.70×10^6 [L] である（＝1.70×10^6 [L/year]）．これを SI 単位で表せ．

【2】粘性係数 μ と動粘性係数 ν の次元と SI 単位を式 (1-1)，(1-2) を用いて求めよ．また，単位長さ当たりの表面張力 T の次元と SI 単位を，式 (1-3) を用いて求めよ．

【3】液体の体積 V が 7.00 [mL],質量 m が 1.00×10^4 [mg] とする.この液体の密度 ρ と単位体積重量 γ を SI 単位で表せ.

【4】図 1-7 のような平行に置かれた平板間の x 方向流速 $u(z)$ が,次式のように与えられる.

$$u(z) = U_{\max}\left(1-\frac{z^2}{a^2}\right)$$

ここで,$U_{\max}=0.500$ [m/s],$a=2.50\times 10^{-2}$ [m],$\rho=997$ [kg/m³],$\nu=8.93\times 10^{-7}$ [m²/s] としたとき,次の問いに答えよ.
(1) 粘性係数 μ を求めよ.
(2) 粘性応力 τ を求めて,その結果を図示せよ.

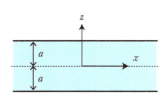

図 1-7 平行平板間の流れ

HYDRAULICS: Basics of Civil Engineering

Chapter 2 | 静水力学

水の運動を理解する第一歩として，静水中の力学を取り扱う．ここでは，静水中に作用する力から，静水中の圧力（静水圧）を示す．この静水圧を用いて，浮力や平面・曲面に作用する力，浮体の安定・不安定について記述する．

2.1 なぜ「静水力学」を学ぶのか？

　水の運動のように複雑な現象を理解する上では，なるべく簡単化した状況からひも解いていく必要がある．水の運動で最も簡単な状況は水が静止している，すなわち「静水中」である．静水中では水は止まっており，水自身の速度や加速度はないから，力は働いていないと考えてよいだろうか？　答えはNoである．静水中では力が全く働いていないわけではなく，打ち消しあってバランスしている状況である．水理学で働く主な3つの力は，重力，圧力，粘性応力である．静水中では，水が静止し流体の変形は生じないため，粘性応力は0である．つまり，重力と圧力がバランスする．

　では，なぜ静水力学を学ぶ必要があるのか？　静水に限らず，水中にある物体，もしくは，水と接する物体には，必ず水の圧力（水圧）が作用する．例えば，ダム堤体を設計する場合には，ダム貯水池に貯まった水から堤体がどのような水圧を受けるかを算定し，その水圧に対する耐力を計算することが必要となる（図 2-1(a)）．同様のことは河川における水門や堰でもいえる．図 2-1(b) のように，海水と河川水（淡水）を隔てる河口堰の設計では，海水からの水圧と河川水からの水圧を考慮することが必要である．特に，海側の水位や河川側の水位は様々な要因で変化し一定でないことも考慮しなけれ

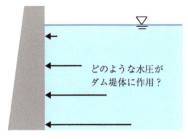

(a) ダム堤体（下筌ダム）

(b) 水門（筑後大堰）　　(c) 洋上式風力発電（英国ガンフリート・サンズ洋上風力発電事業，Ørsted 社）

図 2-1　静水力学を必要とする場面

ばならない．

　また，水中もしくは水面に浮かぶ物体（浮体）の設計にも静水力学は使う．代表的なものは船や浮桟橋，メガフロートなどがあり，近年では，海洋での風力発電施設（図 2-1(c)）も含まれる．これらの浮体がどの程度浮力を受けるのか，また，浮体が安定して浮かんでいられるか，などは浮体の設計上重要であり，静水力学を理解できれば，その基礎的な考え方を身につけることができる．

2.2 静水圧

> 静水圧分布とは次のように表される.
> 絶対圧（真空を基準）：$p = \rho g z + p_0$
> ゲージ圧（大気圧を基準）：$p = \rho g z$

　静水中では重力と圧力がバランスしている．このときの圧力を**静水圧**（static pressure）と呼ぶ．この静水圧の導出を行う．**図2-2**に示すように，水面から深さzの位置にdx, dy, dzの微小六面体の流体塊を考える．ここでは鉛直（z）方向に働く力のつり合いを考えるにあたり，流体塊全体に作用する重力と上面・下面に作用する圧力を対象とする．まず重力Gは，次のようになる．

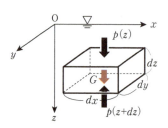

図2-2 静水中における流体塊の力のつり合い

$$G = \underbrace{(\rho dx dy dz)}_{\text{質量（＝密度×体積）}} \times g \tag{2-1}$$

一方，六面体上面に作用する全圧力P_1は，応力（単位面積当たりの力）である圧力$p(z)$に作用する面積$dxdy$を掛けて

$$P_1 = \underbrace{p(z)}_{\text{力}} \times \underbrace{dxdy}_{\text{圧力×面積}} \tag{2-2}$$

となる．同様に，深さ$z + dz$に位置する六面体下面に作用する全圧力P_2は

$$P_2 = -p(z+dz)dxdy \fallingdotseq -\left\{p(z) + \frac{dp}{dz}dz\right\}dxdy \tag{2-3}$$

式（2-3）の$p(z+dz)$に関しては，テイラー展開を用いて式を近似している．式（2-1）～（2-3）より，水は静止してバランスしているので，以下の式が得られる．

> **水理学に必要な数学〈テイラー展開〉**
>
> $f(x+\Delta x)$ を x 周りでテイラー展開すると，
>
> $$f(x+\Delta x) = f(x) + \frac{\Delta x}{1!}f'(x) + \frac{(\Delta x)^2}{2!}f''(x) + \cdots\cdots$$
>
> と表すことができる．Δx が微小長さとすると，二次以上の高次項を無視できるため，
>
> $$f(x+\Delta x) \fallingdotseq f(x) + f'(x)\Delta x$$
>
> となる．これを式（2-3）に当てはめると，以下のようになる．
>
> $$p(z+dz) \fallingdotseq p(z) + \frac{dp}{dz}dz$$

$$0 = \rho g dx dy dz + p(z) dx dy - \left\{ p(z) + \frac{dp}{dz}dz \right\} dx dy$$

$$\therefore \rho g = \frac{dp}{dz} \tag{2-4}$$

上式を z 方向に積分すると，

$$p = \rho g z + C \tag{2-5}$$

となる．ここで，C は積分定数である．水面（$z=0$）では，圧力 p は大気圧 p_0 と等しいので，

$$p = \rho g z + p_0 \tag{2-6}$$

となる．これは，真空を基準とした圧力であり，**絶対圧力**（absolute pressure）と呼ぶ．一方，水理学では水が主な対象であるので，大気圧の変化の影響が現れることが少ない．そのため，大気圧を基準（すなわち $p_0 = 0$）とした場合，式（2-4）は以下のようになる．

$$p = \rho g z \tag{2-7}$$

このように，大気圧を基準とした圧力を**ゲージ圧力**（gauge pressure）という．**図2-3** に示すように，静水圧は深さ z と共に直線的に増加する．このような圧力の鉛直分布を静水圧分布と呼ぶ．

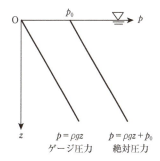

図 2-3 静水圧分布

【例題 2-1：静水圧分布】

図 2-4 のように，鉛直止水壁の片側に混じり合わない液体 A, B が 2 層をなして静止し，その反対側には液体 C が単層で静止している．液体 A, B, C の密度は各々 ρ, 3ρ, 2ρ であり，液体 A 層, B 層の深さはそれぞれ $h_1 = 1.00$ [m], $h_2 = 1.00$ [m] である．液体 A と B の 2 層が鉛直止水壁に及ぼす全圧力と液体 C による全圧力が等しいとする．

【国家公務員 I 種試験】

(1) 鉛直壁左側の静水圧分布と全圧力を求めよ（奥行き幅を 1.00 [m] とする）．
(2) このときの液体 C 層の深さ h_3 を求めよ．

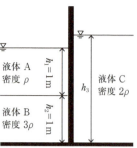

図 2-4 鉛直止水壁への全圧力

【解答】

(1) 静止中では，圧力と重力がバランスするため，

$$\frac{dp}{dz} = \rho' g \qquad ①$$

が成り立つ．ここで，p は圧力，ρ' は密度，z は鉛直下向き（水面で $z=0$）である．式①を z 方向に積分すると，

$$p(z) = \rho' g z + C \qquad ②$$

となる．ここで C は積分定数である．液体 A では，ゲージ圧を考えると，

$$\rho' = \rho, \quad p(0) = 0 \qquad ③$$

となる．式②，③より，

$$C = 0 \qquad ④$$

となる．式②〜④より，液体 A では，次のようになる．

$$p(z) = \rho g z, \quad (0 \leq z \leq 1 \text{ [m]}) \qquad ⑤$$

一方，液体 B では，題意より，

$$\rho' = 3\rho \qquad ⑥$$

また，液体 A, B の境界面では圧力は等しいので式②に式⑤，⑥を代入すると

$$p(z) = 3\rho g \times 1 + C = \rho g \times 1$$
$$\therefore C = -2\rho g \qquad ⑦$$

となる．式⑥，⑦を式②に代入すると液体 B では，

$$p(z) = 3\rho g z - 2\rho g$$
$$(1 \leq z \leq 2 \text{ [m]}) \qquad ⑧$$

となり，壁に作用する全圧力 P は式⑤，⑧より，以下のようになる．

$$P = \int_0^2 (p \times 1) dz$$
$$= \int_0^1 \rho g z \, dz + \int_1^2 (3\rho g z - 2\rho g) dz$$
$$= \left[\frac{1}{2} \rho g z^2\right]_0^1 + \left[\frac{3}{2} \rho g z^2 - 2\rho g z\right]_1^2$$
$$= 3\rho g \qquad ⑨$$

(2) 壁右側に作用する静水圧は式②，③より，

$$p(z) = \rho' g z \qquad ⑩$$

となる．題意より，

$$\rho' = 2\rho \qquad ⑪$$

となる．式⑩，⑪より，

$$p(z) = 2\rho g z \qquad ⑫$$

となる．壁右側の全圧力 P' は式⑫

と題意より，

$$P' = \int_0^{h_3} 2\rho g z dz = \rho g h_3^2 \quad ⑬$$

となる．題意より，

$$P = P' \quad ⑭$$

となる．式⑨，⑬を式⑭に代入すると

$$3\rho g = \rho g h_3^2$$
$$\therefore h_3 = \sqrt{3} \fallingdotseq 1.73 \; [\text{m}] \quad ⑮$$

2.3 浮力とアルキメデスの原理

> アルキメデスの原理（浮力 B の式）は次の式で表される．
> $$B = \rho g V$$

　水中に物体を沈めると浮かび上がろうとする力が作用する．これを**浮力**（buoyancy）という．この浮力は静水圧により物体に作用する力の1つである．図2-5(a)のように，水中に物体がある場合には，静水圧が深さ z のみの関数であるため，作用する静水圧の大きさは物体上面＜下面となる．また，水面に浮かぶ物体（船など）では，物体上面は空中に出ているため大気圧が作用するため，こちらも作用する圧力は物体上面＜下面となる（図2-5(b)）．このように物体の上面と下面の圧力差により生じる力が浮力である．水平方向には同じ静水圧が作用するため，浮力は鉛直方向のみに作用する．

　浮力 B の定式化を行う．図2-6のように，断面積 A，高さ dz の円柱が水中にある状態を考える．物体上面と下面に働く全圧力 P_{z1}，P_{z2} は，静水圧分布（式(2-7)）では以下のようになる．

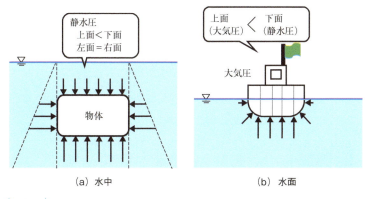

図2-5　浮体に働く静水圧

$$P_{z1} = p(z)A = \rho g z A$$
$$P_{z2} = p(z+dz) = \rho g(z+dz)A$$
(2-8)

最終的に水中の物体に作用する鉛直上向きの静水圧，すなわち浮力 B は，以下のようになる．

$$B = P_{z2} - P_{z1}$$
$$= \{\rho g(z+dz) - \rho gz\}A$$
$$= \rho g A dz = \rho g V \quad (\therefore V = A dz) \quad (2\text{-}9)$$

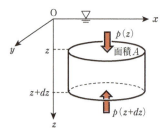

図 2-6 | 水中の物体に作用する浮力

これを**アルキメデスの原理**（Archimedes' principle）という．ここで，V は物体が水を排除する体積であり，物体が完全に水没するときのみ物体の体積と一致することに注意されたい．

【例題 2-2：浮力】

図2-7のような鉄筋コンクリートの箱を水中に浮かべる．鉄筋コンクリートの密度 ρ_c を 2.50×10^3 [kg/m³]，水の密度 ρ_W を 1.00×10^3 [kg/m³]，重力加速度 $g = 9.81$ [m/s²] とした時に，(1) 箱の重量 W，(2) 箱の喫水 H（箱の底面から水面までの深さ），を求めよ．

【解答】

(1) 図のような鉄筋コンクリート製の箱の密度を ρ_c，体積を V とおくと，箱の重量 W は，次式で与えられる．

$$W = \rho_c g V \quad ①$$

ここで題意より

$\rho_c = 2.50 \times 10^3$ [kg/m³] ②

となる．箱の体積 V は箱が中空であることを利用すると，図2-7より，

$$V = (2.0 \times 3.0 \times 2.0)$$
$$\quad - (1.6 \times 2.6 \times 1.8)$$

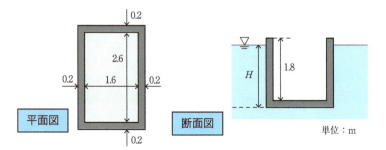

図 2-7 | 鉛直止水壁への全圧力

$$= 4.512 \, [\text{m}^3] \quad ③$$

となる．式①～③より，以下が得られる．

$$W = (2.50 \times 10^3) \times 9.812 \times 4.512$$
$$= \underline{1.11 \times 10^5} \, [\text{N}] \quad ④$$

(2) 箱は静止しているから，箱の重量 W と浮力 B はつり合う．

$$B = W \quad ⑤$$

喫水を H とすると，浮力 B はアルキメデスの原理より，

$$B = \rho_w g(3.0 \times 2.0 \times H) \quad ⑥$$

となる．式④，⑥を式⑤に代入すると，H は以下のように表される．

$$H = \frac{W}{\rho_w g(3.0 \times 2.0)}$$
$$= \underline{1.88} \, [\text{m}] \quad ⑦$$

2.4 平面と曲面に働く静水圧

2.4.1 鉛直な平面に働く静水圧

> 全圧力と作用点の深さは次のように表される．
> 　　全圧力　$P = \rho g z_G A$
> 　　作用点の深さ　$z_C = z_G + \dfrac{I_0}{z_G A}$

　ダム堤体や水門全体にどの程度の静水圧が作用するのだろうか？ そのような疑問に答えるために，対象とする板にかかる全圧力 P とその作用点の位置 z_C を導出する．作用点とは，分布荷重（ここでは圧力 p）を集中荷重（ここでは全圧力 P）に置き換えるための位置であり，モーメントのつり合いにより決定される．図 2-8 のような鉛直に置かれた任意形状の平板に作用する全圧力と作用点深さを考える．全圧力 P は，静水圧 $p \, (= \rho g z)$ を作用す

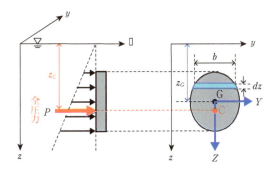

図2-8　鉛直平板に作用する全圧力 P と作用点深さ z_C

る板全体 A で面積分したものであるので，

$$P = \int p dA = \int \rho g z dA = \rho g \int z dA = \rho g z_G A \tag{2-10}$$

となる．ここで，z_G は図心までの深さであり，式 (2-10) には断面一次モーメント $\int z dA$ の定義式（次式）が含まれる．

$$\int z dA = z_G A \tag{2-11}$$

次に，全圧力 P の作用点までの深さ z_C を求める．まず，全圧力による y 軸周りのモーメントは $P \times z_C$ となる．このモーメントを静水圧分布で表すと，

$$P \times z_C = \int (p \times z) dA = \rho g \int z^2 dA = \rho g I \tag{2-12}$$

となる．ここで，I は y 軸周りの断面二次モーメントであり，定義式は以下のようになる．

$$I = \int z^2 dA \tag{2-13}$$

式 (2-12) を簡易に表すために，図心 G を原点とした Y, Z 座標を考える（**図 2-8**）．

$$z = z_G + Z \tag{2-14}$$

式 (2-14) を式 (2-13) に代入すると，以下が得られる．

$$I = \int z^2 dA = \int (z_G + Z)^2 dA = \int (z_G^2 + 2 z_G Z + Z^2) dA$$
$$= z_G^2 A + 2 z_G \int Z dA + \int Z^2 dA \tag{2-15}$$

Y 軸は図心を通るので，式 (2-15) の右辺第二項は式 (2-11) より 0 となる．これより，

$$I = z_G^2 A + I_0 \tag{2-16a}$$

$$I_0 = \int Z^2 dA \tag{2-16b}$$

となる．ここで，I_0 は図心を通る水平軸（Y 軸）に対する断面二次モーメントである．式 (2-16) を式 (2-12) に代入すると，

$$P z_C = \rho g I = \rho g (z_G^2 A + I_0)$$
$$\therefore z_C = z_G + \frac{I_0}{z_G A} \tag{2-17}$$

となる．式 (2-17) より全圧力の作用点深さ z_C は図心深さ z_G よりも下にある．これは深さ z と共に増加する静水圧分布に起因している．

図心 z_G や断面二次モーメント I_0 を求めてみよう！

図 2-9 に示す長方形の場合，

$$z_G = \frac{\int zdA}{A} = \frac{\int_0^h zbdz}{bh} = \frac{b[z^2/2]_0^h}{bh} = \frac{h}{2}$$

$$I_0 = \int Z^2 dA = \int_{-h/2}^{h/2} Z^2 b dZ = b\left[\frac{Z^3}{3}\right]_{-h/2}^{h/2}$$

$$= \frac{bh^3}{12}$$

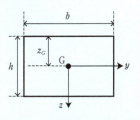

図 2-9 長方形の z_G と I_0

代表的な図形の z_G や I_0 を以下の表にまとめる．

図形	面積 A	図心 z_G	図心周りの断面二次モーメント I_0
長方形	bh	$\dfrac{h}{2}$	$\dfrac{bh^3}{12}$
三角形	$\dfrac{bh}{2}$	$\dfrac{2h}{3}$	$\dfrac{bh^3}{36}$
台形	$\dfrac{(a+b)h}{2}$	$\dfrac{h(a+2b)}{3(a+b)}$	$\dfrac{h^3(a^2+4ab+b^2)}{36(a+b)}$
円	πa^2	a	$\dfrac{\pi a^4}{4}$

長方形ゲート(荒川・岩淵水門)

円形ゲート(江戸川・行徳可動堰)

【例題2-3：鉛直な平面に作用する力】

図2-10に示すような幅 $b = 4.00$ [m], 高さ $a = 2.00$ [m] の長方形の板が水中に鉛直に置かれている. $z_1 = 2.00$ [m], 水の密度 $\rho = 1.00 \times 10^3$ [kg/m^3] としたとき, 次の量を求めよ.

(1) 図心の深さ h_G (断面一次モーメントの式を用いること)
(2) 板片側に作用する全圧力 P (静水圧分布の式から始める)
(3) 図心周りの断面二次モーメント I_0 (断面二次モーメントの定義式から始める)
(4) 作用点の深さ h_C (作用点の式を用いても良い)

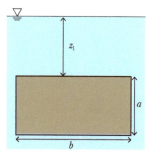

図2-10 水中に置かれた長方形の板 (水平軸が y 軸)

【解答】

(1) 図2-11のように, 長方形を含む平面と水面との交線に y 軸, 鉛直下向きに z 軸をとると, 図心深さ h_G は y 軸周りの断面一次モーメントを使って,

$$h_G = \frac{1}{A}\int_A z\,dA' \qquad ①$$

となる. ここで, 長方形の面積 A は以下のようになる.

$$A = ab \qquad ②$$

また, 微小面積 dA' として, 微小幅 dz, 長さ b の帯をとると

$$dA' = b\,dz, \quad z_1 \leq z \leq z_1 + a \qquad ③$$

となる. 式①に式②, ③を代入すると

$$h_G = \frac{1}{A}\int_A z\,dA' = \frac{1}{ab}\int_{z_1}^{z_1+a} zb\,dz$$
$$= \frac{1}{a}\int_{z_1}^{z_1+a} z\,dz = z_1 + \frac{a}{2} \qquad ④$$

となる. ここで, 題意より

$a = 2.00$ [m], $b = 4.00$ [m],

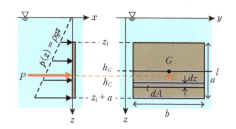

図2-11 長方形の板に作用する静水圧

$z_1 = 2.00$ [m] ⑤

となる. 式④に式⑤を代入すると, 次式が得られる.

$$h_G = z_1 + \frac{a}{2} = 2.00 + \frac{2.00}{2}$$

$$h_G = 3.00 \text{ [m]} \qquad ⑥$$

(2) 圧力 p は静水圧をとるから

$$p(z) = \rho g z \qquad ⑦$$

となる. したがって, 板片側に作用する全圧力 P は式①, ⑦より

$$P = \int_A p\,dA' = \int_A \rho g z\,dA'$$

$$= \rho g \int_A z dA' = \rho g h_G A \qquad ⑧$$

となる．ここで，題意より水の密度 ρ は

$$\rho = 1.00 \times 10^3 \ [\text{kg/m}^3] \qquad ⑨$$

式⑧に式②，⑤，⑥，⑨を代入して P を求めると，以下が得られる．

$$P = \rho g h_G A = \rho g h_G (ab)$$
$$= (1.00 \times 10^3) \times 9.81 \times 3.00$$
$$\times (2.00 \times 4.00)$$
$$\fallingdotseq 2.35 \times 10^5 \ [\text{N}] \qquad ⑩$$

(3) 図 2-11 のように，図心 G を通る水平軸を l とすると，l 軸周りの断面二次モーメント I_0 は定義より

$$I_0 = \int_A (z - h_G)^2 dA' \qquad ⑪$$

となる．式⑪に式②，③，⑤，⑥を代入すると，以下が得られる．

$$I_0 = \int_A (z - h_G)^2 dA'$$

$$= \int_{z_1}^{z_1+a} (z - h_G)^2 b dz$$
$$= \int_2^{2+2} (z - 3)^2 \times 4 dz$$
$$= \frac{4}{3} \left[(z-3)^3 \right]_2^4$$
$$= \frac{4}{3} \{ (4-3)^3 - (2-3)^3 \}$$
$$= \frac{4}{3}(1+1)$$
$$= \frac{8}{3} = 2.6666$$
$$\fallingdotseq 2.67 \ [\text{m}^4] \qquad ⑫$$

(4) 全圧力 P の作用点の深さ h_C は，式②，⑤，⑥，⑫より，以下が得られる．

$$h_C = h_G + \frac{I_0}{h_G A}$$
$$= 3.00 + \frac{2.6666}{3.00 \times (2.00 \times 4.00)}$$
$$= 3.1111 \fallingdotseq 3.11 \ [\text{m}]$$

2.4.2 | 傾斜した平面に働く静水圧

> 傾斜した平面に働く静水圧は次のようになる．
> x 方向：$P_x = P \sin \theta = \rho g z_G A \sin \theta = \rho g z_G A_x$
> z 方向：$P_z = P \cos \theta = \rho g z_G A \cos \theta = \rho g z_G A_z = \rho g V$

次に，図 2-12 のように，水平軸（x 軸）から角度 θ で傾斜した任意の平面に作用する全圧力と作用点位置について考える．平板に沿う方向を s 軸とし，同図より，z 軸と s 軸の関係は

$$z = s \sin \theta \qquad (2\text{-}18)$$

となる．全圧力 P は式 (2-10) と (2-18) より以下のように表される．

$$P = \int_A p dA = \int_A \rho g z dA = \int_A \rho g s \sin \theta dA = \rho g \sin \theta \int_A s dA = \rho g \sin \theta s_G A \qquad (2\text{-}19)$$

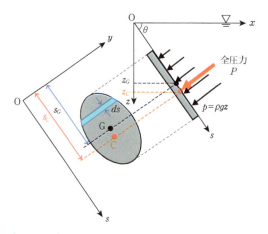

| 図 2-12 | 傾斜した平面に作用する全圧力と作用点位置

ここで，s_G は s 軸上の原点から図心までの距離である．図心までの深さ z_G と s_G は式（2-18）より

$$z_G = s_G \sin\theta \tag{2-20}$$

となる．式（2-19），（2-20）より，以下が得られる．

$$P = \rho g z_G A \tag{2-21}$$

また，全圧力の作用点位置 s_C は式（2-12）に倣って，

$$P \times s_C = \int (p \times s)\,dA = \rho g \int s^2 \sin\theta\,dA = \rho g \sin\theta I \tag{2-22}$$

となる．式（2-22）を，式（2-16），（2-19）を用いて変形すると，以下が得られる．

$$P \times s_C = \rho g \sin\theta I = \rho g \sin\theta (s_G^2 A + I_0)$$

$$\therefore s_C = \frac{\rho g \sin\theta (s_G^2 A + I_0)}{\rho g \sin\theta s_G A} = s_G + \frac{I_0}{s_G A} \tag{2-23}$$

上式より，作用点までの深さ z_C は式（2-18）より，

$$z_C = s_C \sin\theta \tag{2-24}$$

全圧力の x，z 方向成分 P_x，P_z は式（2-21）より，

$$P_x = P \sin\theta = \rho g z_G A \sin\theta = \rho g z_G A_x \tag{2-25a}$$

$$P_z = P \cos\theta = \rho g z_G A \cos\theta = \rho g z_G A_z = \rho g V \tag{2-25b}$$

となる．ここで，A_x，A_z は平面 A の x，z 軸方向の投影面積であり，また，P_z は傾斜した板から水面までの水柱の重量に相当しており，V はその体積である．

【例題 2-4：傾斜した平面に作用する全圧力】

図 2-13 のような水門 A〜D がある．これらの水門に作用する全圧力の水平成分の正味の大きさを，それぞれ F_A, F_B, F_C, F_D とするとき，これらを求め，大小関係を求めよ．ただし，水門 A〜D の奥行き長さは全て同一とする．また，図の h は水深を表す．【国家公務員 II 種試験】

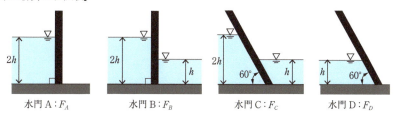

図 2-13 水門に作用する全水圧

【解答】

水門 A では，式 (2-25) より，奥行き幅を単位幅とすると

$$F_{A1} = \rho g h \times (2h \times 1), \quad F_{A2} = 0 \qquad ①$$

となる．ここで，下付き文字 1, 2 は水門の左側，右側から作用する力である．式①より，正味の力 F_A は

$$F_A = F_{A1} - F_{A2} = 2\rho g h^2 \qquad ②$$

ここでは右向きを正としている．同様に，水門 B, C, D に作用する全圧力は，

$$F_{B1} = F_{A1}, \quad F_{B2} = \rho g \frac{h}{2} \times (h \times 1) \qquad ③$$

$$F_{C1} = \rho g h \times (2h \times 1) = F_{A1} \qquad ④$$

$$F_{C2} = \rho g \frac{h}{2} \times (h \times 1)$$

$$F_{D1} = \rho g \frac{h}{2} \times (h \times 1), \quad F_{D2} = 0 \qquad ⑤$$

となる．式③〜⑤より，

$$F_B = F_{B1} - F_{B2}$$
$$= 2\rho g h^2 - \frac{1}{2}\rho g h^2 = \frac{3}{2}\rho g h^2 \qquad ⑥$$

$$F_C = F_{C1} - F_{C2}$$
$$= 2\rho g h^2 - \frac{1}{2}\rho g h^2 = \frac{3}{2}\rho g h^2 \qquad ⑦$$

$$F_D = F_{D1} - F_{D2}$$
$$= \frac{1}{2}\rho g h^2 - 0 = \frac{1}{2}\rho g h^2 \qquad ⑧$$

となる．式②と⑥〜⑧より，以下が得られる．

$$F_A > F_B = F_C > F_D \qquad ⑨$$

2.4.3 曲面に働く静水圧

鉛直・傾斜した平面に続き，曲面に作用する全圧力を求める．傾斜した平面に作用する全圧力の式 (2-25) に基づき，曲面の場合も同様に考える．ここでは，図 2-14 に示す円弧形のテンターゲート（半径 a，内角 θ [rad]）の曲面上に作用する全圧力を例示して説明する．図のように，ゲート部の上流側水深を h，奥行き幅を 1 m とする．まず，x 方向の全圧力 P_x を前項の

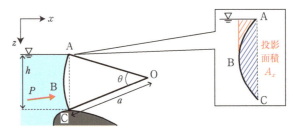

図2-14 テンターゲート上に作用する全圧力

式 (2-25a) にならい求める．x方向の投影面は長さ $h \times 1$ m の長方形である．そのため，投影面積 $A_x = h$，図心までの深さ $z_G = h/2$ となるため，P_x は次のように与えられる．

$$P_x = \rho g z_G A_x = \rho g \times \frac{h}{2} \times (h \times 1) = \frac{\rho g h^2}{2} \qquad (2\text{-}26)$$

次に，z方向の全圧力 P_z を求める際には，式 (2-25b) に基づいて与える．

$$P_z = \rho g V \qquad (2\text{-}27)$$

この V は，曲面から水面までの体積である．ゲートが水と接する線分は曲面 ABC である．このうち，曲面 BC より上側の部分は図中赤色と青色の斜線部分となる．このうち赤色の斜線部は曲面 AB より上側の部分と一致する．そのため，両者の差である図中青色の斜線，すなわち曲面 ABC の体積が上記の V となる．

同様に図 2-15 の円形ゲートに作用する全圧力 P_z を考える．式 (2-27) 中の体積 V としては，「ゲートと水が接する面」から水面高さまでの体積となる．この場合，ゲートが水と接する線分は曲面 AB であり，扇形 OAB の面積から三角形 OAC の面積を引いたものが体積 V となり，以下のように表される．

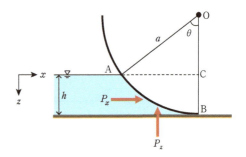

図2-15 円形ゲートに作用する全圧力

$$V = \left\{\left(\pi a^2 \times \frac{\theta}{2\pi}\right) - (a-h) \times a \sin\theta \times \frac{1}{2}\right\} \times 1 = \frac{a^2}{2}\left\{\theta - \left(1 - \frac{h}{a}\right)\sin\theta\right\}$$
$$(2\text{-}28)$$

式 (2-28) を式 (2-27) に代入すると，P_z は次のようになる．

$$P_z = \rho g V = \rho g \frac{a^2}{2}\left\{\theta - \left(1 - \frac{h}{a}\right)\sin\theta\right\} \qquad (2\text{-}29)$$

【例題 2-5：テンターゲート】

図 2-16 のような円弧形のテンターゲートがある．このゲートの単位幅当たりに作用する全水圧の合力 P [kN/m] の水平方向成分 P_x と鉛直方向成分 P_z の大きさを求めなさい．ただし，水の単位体積重量 γ を 10 [kN/m³] とする．【国家公務員II種試験】

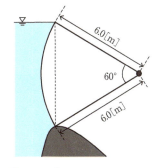

| 図2-16 | テンターゲート

【解答】

x, z 方向の全水圧は式 (2-26) より，

$$P_x = \rho g A_x z_{Gx}$$
$$P_z = \rho g V \qquad ①$$

となる．ここで，A_x は x 軸方向の投影面積，z_{Gx} は A_x の図心までの深さ，V はゲート曲面を底とする鉛直水中の体積である．題意と図 2-17 より，

$$A_x = 6.0 = 6.0\ [\text{m}^2/\text{m}] \qquad ②$$
$$z_{Gx} = 6.0/2 = 3.0\ [\text{m}] \qquad ③$$
$$\rho g = \gamma = 10\ [\text{kN/m}^3] \qquad ④$$

となる．式②〜④を式①に代入すると，P_x は以下のように表される．

$$P_x = 10000 \times 6.0 \times 3.0 = 1.8 \times 10^5\ [\text{N/m}]$$
$$= 180\ [\text{kN/m}] \qquad ⑤$$

次に，体積 V を考える．ゲートが水と接する線分は曲面 ABC である．このうち，曲面 BC より上側の部分は曲面 AB より上側を重なり合うため，両者の差である曲面 ABC の体積（図中青色の斜線）が V となる．図 2-17 より，体積 V は，単位奥行き幅では，扇形 OABC と三角形 OAC の面積の差になるため，

$$V = (6.0^2 \pi) \times \frac{60}{360} - 6.0$$
$$\quad \times (6.0 \times \cos(30°))$$
$$\quad \times \frac{1}{2} = 3.26\ [\text{m}^3/\text{m}] \qquad ⑥$$

となる．式④，⑥を式①に代入すると，

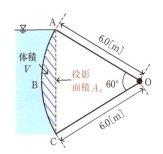

| 図2-17 | テンターゲート

$$P_z = 32.6\ [\text{kN/m}] \qquad ⑦$$

となる．この P_z は水に接している部分の体積を「水を排除している体積」に見立てればアルキメデスの原理と同じとなる．

2.4 平面と曲面に働く静水圧

2.5 浮体の安定・不安定

2.5.1 │ 安定・不安定とは？

本節では，船舶やメガフロートのような浮体が水面に安定して浮かんでいられるかを考える．

> **物理学での「安定」，「不安定」とは？**
>
> 図 2-18 のように，お椀の底と逆さまのお椀の頂点にボール（青色）を置く．両者は共に力がバランスしているため，ボールは静止する．もし，ボールを青色の位置から緑色の位置にずらしたらどうなるか？
>
> 図左側の場合，ボールは元の位置に戻ろうとする．この状態を**安定**（stability）という．一方，図右側の場合，ボールは元の位置とは逆方向に移動し，二度と元の位置に戻ることはない．この状態を**不安定**（instability）という．このように安定・不安定とは，「ある状態に何らかの力や変化が加えられたとき，元の状態に戻ることができるか否か」である．
>
>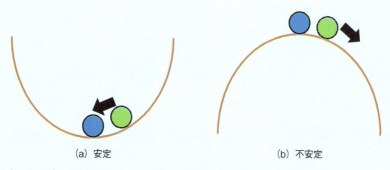
>
> 図 2-18 ｜ お椀の底（左）と逆向きのお椀の頂点（右）におけるボールの安定・不安定（青色の位置では両者は静止する）

物理学の安定・不安定の話を浮体のケースに当てはめたものを**図 2-19** に示す．図左側では，浮体に働く重力 W と浮力 B はバランスし，重心 G と浮心 C は同一鉛直線上にある．これをわずかに傾けたときに浮体が元の位置に戻るかどうかを考える．この浮体を少し右回りに傾けると（図中右側），

浮力の作用点である浮心 C は，浮体が傾くことで，浮体の中心軸からずれ，図中 C′ まで移動する．この場合，重心 G と浮心 C′ は同一鉛直線上に無くなるため，浮力によるモーメントが発生する．**図 2-19** の場合には，浮体を元に戻す復元力が作用するため「安定」となるが，モーメントの回転方向や大きさにより，安定・不安定は変化する．

　上記の考えに基づいて，浮体の安定・不安定を詳しく分類したものを**図 2-20** に示す．このように，「常に安定」，「安定」，「不安定」，「中立」の4つに分類される．各ケースには，浮体の重心 G，浮心 C，傾心 M（浮心 C′ の鉛直線と CG の延長線の交点）および重力 W と浮力 B が図示されており，これらの相対位置関係で分類されている．

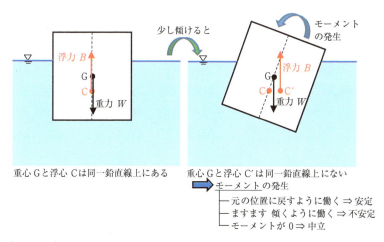

| 図 2-19 | 浮体の安定性の考え方

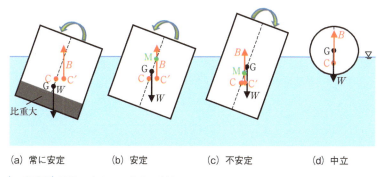

| 図 2-20 | 浮体の安定・不安定の判定

2.5 | 浮体の安定・不安定　029

・「常に安定」（**図 2-20**(a)）：浮体下部の比重が上部よりも大きく，重心 G が浮心 C よりも下に位置する場合．
・「安定」（**図 2-20**(b)）：重心 G が浮心 C より上に位置し，かつ，傾心 M が重心 G より上に位置する場合．傾心高 $h=\overline{\mathrm{MG}}$ とすると，傾心 M＞重心 G の場合では $h>0$．
・「不安定」（**図 2-20**(c)）：重心 G が浮心 C より上に位置し，かつ，傾心 M が重心 G より下に位置する場合（$h<0$）．
・「中立」（**図 2-20**(d)）：浮体を傾けても重心 G と浮心 C は同一鉛直線上にあり，モーメントが発生しない場合（円柱等）．

このように，浮体の安定・不安定は，浮体の重心・浮心・傾心の位置関係で決まる．

> **図心，重心，浮心とは？**
>
> 図心：平面図形の中心位置．
> 重心：重力の作用点．等密度の物体の場合，図心と重心は一致．
> 浮心：浮力の作用点．物体により水が排除される平面図形の図心に一致．

2.5.2 | 浮体の安定・不安定の判定式

> 浮体の安定・不安定の判定条件式は次のように表される．
> $I_y/V > a \rightarrow h>0$　安定
> $I_y/V < a \rightarrow h<0$　不安定

図 2-21 に示す浮体を例に，安定・不安定の判定基準式を導出する．浮体の安定・不安定は，前項で記述したように，浮体の重心 G，浮心 C，傾心 M の鉛直位置の相対関係で決まる．浮心 C は傾心 M の位置を決めるのに用いられるので，実質的には，「重心 G と傾心 M の位置関係」で安定・不安定は決まることになる．重心 G は物体の形状で決まるため，まず，傾心 M を求めるのに必要となる浮体が傾いたときの浮心 C′ の位置を求める．そのため，$\overline{\mathrm{CC'}}$ を求める．$\overline{\mathrm{CC'}}$ が x 軸に平行であるとすると，図心の定義式

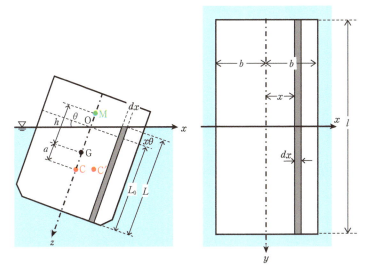

図 2-21 浮体の安定・不安定の定式化

$\left(\int_A z dA = z_G A\right)$ を用い，

$$V \cdot \overline{CC'} = \int x \cdot l dA = \int_{-b}^{b} x \cdot l L(x) dx \tag{2-30}$$

となる．ここで，V は浮体が水を排除した体積である．上式右辺を整理すると，図 2-21 より，

$$V \cdot \overline{CC'} = \int_{-b}^{b} l(L_0 + x \sin\theta) x dx = \int_{-b}^{b} l(L_0 + x\theta) x dx$$
$$= \int_{-b}^{b} l L_0 x dx + \int_{-b}^{b} l \theta x^2 dx \tag{2-31}$$

となる．ここで，傾き θ が微小としている．この浮体は z 軸に対して左右対称であるので，上式右辺第一項は 0 となる．それゆえ，

$$V \cdot \overline{CC'} = \theta \int_{-b}^{b} x^2 l dx \tag{2-32}$$

となる．上式右辺の積分項は，y 軸に関する断面二次モーメント I_y として

$$I_y = \int_{-b}^{b} x^2 l dx \tag{2-33}$$

となる．式 (2-32), (2-33) より

$$V \cdot \overline{CC'} = \theta I_y \tag{2-34}$$

となる．$\overline{MG}$ を h，$\overline{GC}$ を a とすると

$$\overline{CC'} = (\overline{MG} + \overline{GC})\theta = (h + a)\theta \tag{2-35}$$

となる．式（2-35）を式（2-34）に代入すると，以下のようになる．

$$V(h+a)\theta = \theta I_y$$

$$\therefore h+a = \frac{I_y}{V}$$

$$\therefore h = \frac{I_y}{V} - a \tag{2-36}$$

したがって，浮体の安定・不安定の判定式は以下のようになる．

$$\left.\begin{array}{l} I_y/V > a \to h > 0 \quad 安定 \\ I_y/V < a \to h < 0 \quad 不安定 \end{array}\right\} \tag{2-37}$$

なお，重心 G が浮心 C の下にある場合，$a<0$ となるため，どんな条件でも $h>0$ となるので，「常に安定」となる．

【例題 2-6】

図 2-22 のような長方形断面を持った六面体（密度 0.850 [g/cm³]）を水に浮かべる．以下の問いに答えよ．水の密度は 1000 [kg/m³] とする．

(1) 比重（＝物体の密度／水の密度）を求めよ．

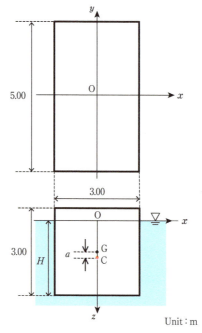

図 2-22 六面体の浮体

(2) 喫水 H を求めよ．
(3) 重心 G と浮心 C の間の高さ a を求めよ．
(4) y 軸周りの断面二次モーメント I_y を求めよ．
(5) この浮体の安定性はどうか？

【解答】

(1) 水の密度を ρ_w，物体の密度を ρ とすると，比重 s は，

$$s = \frac{\rho}{\rho_w} \quad ①$$

となる．ここで，題意より，ρ は

$\rho = 0.850 \ [\text{g/cm}^3]$
$\quad = 0.850 \times 10^3 \ [\text{kg/m}^3] \quad ②$

となる．また，ρ_w は

$\rho_w = 1.000 \times 10^3 \ [\text{kg/m}^3] \quad ③$

となる．式①に式②，③を代入すると，以下が得られる．

$$s = \frac{\rho}{\rho_w} = \frac{0.850 \times 10^3}{1.000 \times 10^3} = \underline{0.850} \quad ④$$

(2) 図 2-23 のように，六面体に作用する重力を W，浮力を B とすると，六面体は静止しているから鉛直方向の力のつり合い条件より，

$$B = W \quad ⑤$$

となる．ここで，六面体の長さを l，幅を b，高さを h とすると，W は

$$W = \rho g(lbh) \quad ⑥$$

となる．喫水を H とすると，浮力 B はアルキメデスの原理より，

$$B = \rho_w g(lbH) \quad ⑦$$

となる．式⑤に式⑥，⑦を代入すると

$$\rho_w g(lbH) = \rho g(lbh) \quad ⑧$$

となる．式①，⑧より，H は

$$H = \frac{\rho g(lbh)}{\rho_w g(lb)} = \left(\frac{\rho}{\rho_w}\right) h = sh \quad ⑨$$

となる．ここで，題意より

$$h = 3.00 \ [\text{m}] \quad ⑩$$

となる．式⑨に式④，⑩を代入すると，以下が得られる．

$$H = sh = 0.850 \times 3.00 = \underline{2.55} \ [\text{m}] \quad ⑪$$

(3) 六面体は等密度だから，重心 G は長方形断面の図心に一致する．したがって，z 軸と底面との交点を A とすると，重心 G の点 A からの高さ $\overline{\text{GA}}$ は

$$\overline{\text{GA}} = \frac{h}{2} \quad ⑫$$

となる．一方，浮心 C は水面下の

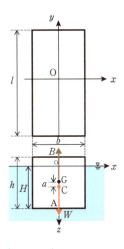

図 2-23 | 重力と浮力

2.5 浮体の安定・不安定

長方形断面の図心だから

$$\overline{\text{CA}} = \frac{H}{2} \qquad ⑬$$

となる．したがって，重心 G の浮心 C からの高さ a は，式⑩〜⑬より，以下のようになる．

$$a = \overline{\text{GC}} = \overline{\text{GA}} - \overline{\text{CA}} = \frac{h}{2} - \frac{H}{2} \qquad ⑭$$
$$= 0.225 \ [\text{m}]$$

(4) この浮体の x-y 断面の長方形の y 軸周りの断面二次モーメント I_y は，

$$I_y = \int_{-\frac{b}{2}}^{\frac{b}{2}} x^2 l dx = 2l \int_0^{\frac{b}{2}} x^2 dx$$
$$= 2l \left[\frac{x^3}{3} \right]_0^{\frac{b}{2}} = \frac{lb^3}{12} \qquad ⑮$$

となる．ここで，題意より，

$$l = 5.00 \ [\text{m}], \ b = 3.00 \ [\text{m}] \qquad ⑯$$

式⑮に式⑯を代入すると，以下が得られる．

$$I_y = \frac{lb^3}{12} = 11.3 \ [\text{m}^4] \qquad ⑰$$

(5) 傾心 M の重心 G からの高さ $\overline{\text{MG}}$ を h，重心 G の浮心 C からの高さ $\overline{\text{GC}}$ を a，浮体の排除した水の体積を V とすると，

$$h = \frac{I_y}{V} - a \qquad ⑱$$

となる．ここで，式⑪，⑯より，

$$V = lbH = 38.25 \ [\text{m}^3] \qquad ⑲$$

となる．式⑱に式⑭，⑰，⑲を代入すると，

$$h = \frac{I_y}{V} - a = \frac{11.25}{38.25} - 0.225$$
$$= 0.069118 \ [\text{m}] \qquad ⑳$$

となる．したがって，式⑳より

$$\overline{\text{MG}} = h > 0 \qquad ㉑$$

となる．すなわち，傾心 M が重心 G の上方に位置するから，この浮体は「安定」である．

Column 1

地下の構造物が浮く？

　下の写真のパルテノン神殿のような場所をご存知であろうか？　ここは，ドラマや映画の撮影によく使われ，神々しい雰囲気が漂う場所であるが，実は河川施設の１つである．これは，埼玉県の中川や綾瀬川の水を江戸川に放水するための首都圏外郭放水路の一施設であり，低地を流れる中川や綾瀬川の洪水被害を抑制するためのものである．この水槽は，地下50 m を流れるトンネルの出口に位置し，トンネルから出てきた水の勢いを弱める役割を持つ地下の水槽である（高さ18 m）．写真を見て分かるように，非常に多くの柱があるが何のためであろうか？　この水槽の大部分が地下水面よりも下に位置するため，浮力を受ける．そのため，何の対策もしないと地下水槽は浮き上がってしまう．そこで，１本約500トンの柱を59本設置し，地下水槽が浮き上がらないようにしている．このように浮力により地下の構造物が浮

き上がってしまう事例は多く，例えば首都圏の地下鉄等で現在大きな問題となっている．このように浮力は大きな力となり得る．

図 2-24 首都圏外郭放水路

Chapter 2【演習問題】

【1】一辺の長さ 5.00 [m] で立方体の形をした氷山（密度 $\rho_i = 0.916$ [g/cm^3]）が水面を浮かんでおり，重力 W と浮力 B がつり合った状態となっている．水の密度 ρ_w を 1000 [kg/m^3] とし，以下の問いに答えよ．

（1）氷の密度 ρ_i を SI 単位で示せ．（2）氷山の重力 W を求めよ．（3）氷山の喫水 H（物体底面から水面までの深さ）を求めよ．

【2】直径 5.00 [cm]，長さ 250 [cm] の均質円断面棒に重さ 2.00 [kg] の銅球（密度 8.80 [g/cm^3]）が吊り下げられている（**図 2-25**）．この棒を水中に浮かべたところ，喫水が 200 [cm] となった．以下の問いに答えよ．ただし，吊りひもは細くて体積・重量共に無視し，水の密度は 1.00 [g/cm^3] として答えよ．

（1）棒の質量を求めよ．（2）この棒の長さをどれくらい切れば，沈むことになるか？

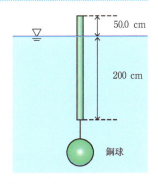

図 2-25 物体の喫水

【3】図 2-26 のように長方形断面であり，上部と下部で比重の異なる六面体を水に浮かべる．上部と下部の比重はそれぞれ 0.80，1.20 である．有効数字 3 桁として，以下の値を求めよ．

（1）喫水 H，（2）重心 G と浮心 C の間の高さ a，（3）y 軸周りの断面二次モーメント I_y，（4）この浮体の安定性．

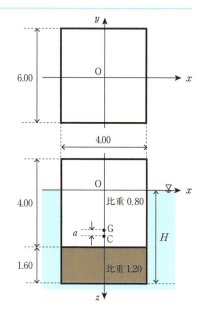

図 2-26 六面体の浮体

HYDRAULICS:Basics of Civil Engineering

Chapter 3 エネルギー保存則

流体運動に関するエネルギー保存則を「ベルヌーイの定理」という．この定理を使うことで，水槽の穴から流れ出る水の速度や，管路の流速，水路に設置されたゲートからの流出量などを極めて単純な形で解くことができる．通常，流速・流量を計測するには特殊な測定器が必要と考えるが，水理学は定規一本でそれを可能にする．

3.1 水の持つエネルギー

　エネルギー保存則は，A 地点から B 地点に物体が移動するとき，物体の持つエネルギーが変わらない，もしくは 2 点間におけるエネルギー損失量も含めてエネルギーが一定というものである．

　流体に関するこの原理を用いた具体的な測定装置としては，航空機の速度を計測するためのピトー管，管路（パイプ）内部の流量を測定するためのベンチュリー管がある．また，容器に開けた小孔（オリフィス）からの流出速度，鉛直排水管の流速，水路に設けた堰（ゲート）直下の流速などを求めることができて，これに断面積を乗ずれば流量が分かる（図 3-1）．

　さて，高校時代に物理学で習った「質点系」のエネルギー保存則と，水（流体）のエネルギー保存則とは何が違うだろうか？　先に，「A 地点から B 地点に物体が移動する際に…」と言ったが，例えば川や管路を水が流れているとき，全体としてはつながっているのでどの部分を質点のような物体と見なすのかはっきりしない．

　つまり，水は手に持つことができず，形の定まらない集合体である．これを「連続体」という（図 3-2）．空間中に無限に拡がる連続体（例えば川や海）をそのままでは扱えないので，ある特定の領域に限定して考えてみる．この

 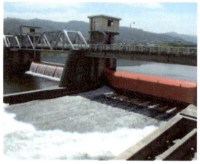

(a) 航空機のピトー管，現代でもベーシックな水理学は生きている
(b) 堰の下部からの流れと上部からの流れ，下部を潜る流れ（右）は高速流になっている

図3-1 エネルギー保存則を活用して流体の流れを解く

図3-2 質点と連続体

　任意の領域を**コントロールボリューム**（**検査領域**，control volume，CL）という．

　コントロールボリュームとして単位体積（縦・横・高さが1mの立方体）を考えると，その質量は「密度」である．したがって，質点系で用いる質量を，水の密度に置き換えることで，水のエネルギーを表現できる．さらに，コントロールボリュームの周囲には圧力（水圧）も作用しているので，それもエネルギーとしてカウントできる．

　結局，水のエネルギーは運動（速度）エネルギー，位置エネルギーと圧力によるエネルギーの3つの和で表される．

$$\frac{v^2}{2g}+z+\frac{p}{\rho g}=H \quad （一定） \tag{3-1}$$

ここで，v：流速，z：基準面からの高さ，p：圧力，ρ：流体の密度，g：重力加速度である．

なぜ，この形がエネルギーなのかは後に説明することとして，式(3-1)は長さの次元に揃えてある．つまり，水理実験や現場の河川で，水の持つエネルギーを「定規で計測できる」という特徴を持っている．例えば，オリフィスでは，容器に入れた水の深さだけを計測すると小孔からの流出速度が分かり，小孔の直径を計測すれば流出量が分かるのである．

この不思議な式を，水理学特有のエネルギー保存則として**ベルヌーイ**（Bernoulli）**の定理**といい，式の各項を**水頭**（head）という．

3.2 ベルヌーイの定理の導出

> 質点系のエネルギー保存則は，運動エネルギーと位置エネルギーで表される．
>
> $$\frac{1}{2}mv^2 + mgz = E \quad (一定)$$
>
> この考え方を流体に適用すると，圧力も加えた上でエネルギー保存式が導出される．
>
> $$\frac{v^2}{2g} + z + \frac{p}{\rho g} = H \quad (一定)$$
>
> これをベルヌーイの定理といい，定常流場の一本の流線上で成立する．

高校物理で習った質点に関するエネルギー保存則は，「運動エネルギーと位置エネルギーの和が一定」というものである．質量をm，速度をv，基準面からの高さをzとするとき，

$$\frac{1}{2}mv^2 + mgz = E \quad (一定) \tag{3-2}$$

ここで，流体は特定の形状を持った物体ではないので，質量mといってもどこからどこまでの流体を対象にしているのか決められない．そこで，特定の領域（コントロールボリューム）で囲まれた一部分を対象にして検討する．コントロールボリュームを1［m］×1［m］×1［m］の「単位体積」とすれば，その領域の質量mは密度ρ［kg/m^3］ということになる．

さらに，流体運動では「圧力」もエネルギーである．図3-3のように静止した容器内の水を考えると，A点とB点は外部からの仕事がなくても位置を入れ替えることができるので，全エネルギーは同じである．エネルギーの内訳として，2地点とも運動エネルギーはない．一方，位置エネルギーはA点の方がB点よりも高いので，このままでは2地点の全エネルギーは等しくならない．しかし，水圧はA点よりもB点の方が高い（水深が深い）ので，圧力をエネルギーとしてカウントすればつり合いが成立する．

　そこで，圧力をエネルギー保存式に加えると，

$$\frac{1}{2}\rho v^2 + \rho g z + p = E \quad (\text{一定}) \tag{3-3}$$

これを単位体積重量（ρg）当たりのエネルギーとして整理すると，

$$\frac{v^2}{2g} + z + \frac{p}{\rho g} = H \quad (\text{一定}) \tag{3-4}$$

この式をベルヌーイの定理といい，流れ場の中の一本の流線に着目したときに，流線上の2地点間で成立する．実際の現象に適用する際には，流線でつながったA点でのエネルギー H_1 とB点のエネルギー H_2 が等しくなる，もしくはその区間での損失エネルギーを加えて，両辺が等しくなる条件で解く．

　さて，式（3-4）の左辺第二項は高さになっており，そのSI単位は［m］である．第一項と第三項の次元を整理してみると，全て長さで揃っていることが分かる．式の各項を水頭，もしくはヘッド（head）といい，運動・位

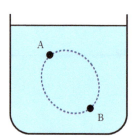

容器内の静止した水が運動エネルギーと位置エネルギーだけを持つなら，全エネルギーEは…$E_A > E_B$となってしまう

図3-3 圧力もエネルギー？

水路側壁や管路に細いチューブを取り付け，内部の液体の上昇量を水頭として計測する．この装置をマノメーターという．

図3-4 マノメーターによる水頭計測

置エネルギーと圧力の大きさを水柱の高さで表している．

$$\frac{v^2}{2g}：速度水頭，z：位置水頭，\frac{p}{\rho g}：圧力水頭，H：全水頭$$

　水頭で表記する意味は，水理実験で水路や管路における流れのエネルギー状態を知りたいとき，水路の水深やチューブ内の水の上昇量（高さ）を計測すればいいということである（図3-4）．特殊・高度な計測装置を使わなくても，定規一本でエネルギー状態が分かるのが水理学のすごいところである．

【例題3-1：水頭の単位】

(1) ベルヌーイの定理の各変数に単位を入れて，3つの水頭の単位をSI単位系で求めよ．

(2) 図3-5のように，断面積Aが0.1 [m^2]の管路を水が流れており，その流量Qは200 [L/s]である．水圧は5.0 [kPa]であり，基準面から管路中心までの高さzは1.0 [m]である．水は4度1気圧の条件下にある．このとき，速度水頭，位置水頭，圧力水頭および全水頭を求めよ．なお，有効数字3桁で示せ．

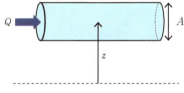

図3-5

【解答】

(1) 速度水頭は$v^2/2g$：[m/s]^2/[m/s^2] = [m]．よって，単位は[m]である．

位置水頭はz：[m]．よって単位は[m]である．

圧力水頭は$p/\rho g$：[N/m^2]/([kg/m^3]×[m/s^2]) = ((kg m/s^2)/m^2)/(kg/(m^{2}s^2)) = [m]．よって，単位は[m]である．

(2) 管内の流速vは以下のとおり．

$v = Q/A = 0.2/0.1 = 2.000$ [m/s]

よって，速度水頭は

$v^2/2g = 0.2038 ≒ 0.204$ [m]

となる．管内の圧力水頭は以下のとおり．

$p/\rho g = 5000/(1000×9.81)$
$= 0.5096 ≒ 0.510$ [m]

位置水頭は以下のとおり．

$z = 1.00$ [m]

以上より，全水頭は以下のようになる．

$E = 1.714 ≒ 1.71$ [m]

3.3 流管におけるエネルギーの流入・流出と仕事の関係による導出

流体のエネルギー保存則を，別の方法でより厳密に導出してみよう．ここでは，流れ場における「流管」という概念で，エネルギー保存を力学的に解く．流管は流線（詳しくは 5 章参照）の集合体であり，また，流管も先に述べたコントロールボリュームと見なせる．そして，コントロールボリュームに加えられる外部からの仕事によって，内部のエネルギーが増加する．

図 3-5 のように，ある流れ場（例えば川や海）の中の一部分を流管として仮想的に設定する．定常流場を仮定し，断面Ⅰと断面Ⅱで挟まれた流管には，左右から圧力が作用して，その結果，微小時間 dt の間に流体が左側から右側へと移動する．この圧力のなす仕事量の分だけ，流体のエネルギーが増加する．

・圧力のなす仕事（圧力×断面積×距離）

$$W_p = p_1 A_1 \cdot \underbrace{v_1 dt}_{\text{速度×時間＝移動距離}} + (-p_2) A_2 \cdot v_2 dt \tag{3-5}$$

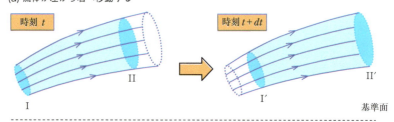

(a) 流体が左から右へ移動する

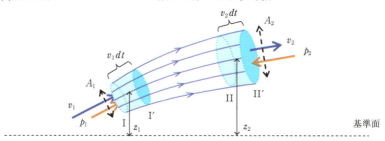

(b) 微小時間 dt におけるエネルギーの増加と圧力のなす仕事の関係

│図 3-6│ 流管におけるエネルギーの流入・流出

また，流管が時刻 t から $t+dt$ に変化したときの運動エネルギーと位置エネルギーの変化として，各流管（図 3-6(a)）の差を考える．このとき，中央部分（区間 I′-II）は共通なので，右部分と左部分の差を考えればよい（図 3-6(b)）．

・運動エネルギーの増加

$$\Delta E_v = \frac{1}{2}\underbrace{(\rho A_2 \cdot v_2 dt)}_{\text{密度×断面積×移動距離＝質量}} v_2^2 - \frac{1}{2}(\rho A_1 \cdot v_1 dt)v_1^2 \tag{3-6}$$

・位置エネルギーの増加

$$\Delta E_z = (\rho A_2 \cdot v_2 dt)gz_2 - (\rho A_1 \cdot v_1 dt)gz_1 \tag{3-7}$$

圧力のなす仕事量の分だけ，流体のエネルギーが増加するから，

$$\Delta E_v + \Delta E_z = W_p \tag{3-8}$$

よって，式（3-8）に式（3-5）～（3-7）を代入して，

$$\frac{1}{2}(\rho A_2 v_2)dt \cdot v_2^2 - \frac{1}{2}(\rho A_1 v_1)dt \cdot v_1^2 + (\rho A_2 v_2)dt \cdot gz_2 - (\rho A_1 v_1)dt \cdot gz_1$$
$$= p_1 A_1 \cdot v_1 dt - p_2 A_2 \cdot v_2 dt \tag{3-9}$$

ここで，流管を横切る流れはないので，流れは流管の左断面から右断面へと押し出されるのみである．そのため，断面 I と断面 II を通過する流体の流量（体積）は同じになるので，

$$A_1 v_1 = A_2 v_2 \tag{3-10}$$

と書ける．これを**連続式**（continuity equation）という．水路や管路を水が時間的に変化せずに流れているとき（定常流），流量は一定である．水理学の課題を解く際には，必ずと言っていいほど用いる式なので，覚えておこう．

　式（3-10）を式（3-9）に代入して整理し，

$$\rho A_1 v_1 dt \left(\frac{1}{2}v_2^2 - \frac{1}{2}v_1^2\right) + \rho A_1 v_1 dt(gz_2 - gz_1) = A_1 v_1 dt(p_1 - p_2) \tag{3-11}$$

これを $A_1 v_1 dt$ で除して，断面ごとに整理すると，

$$\frac{\rho v_2^2}{2} + \rho g z_2 + p_2 = \frac{\rho v_1^2}{2} + \rho g z_1 + p_1 \tag{3-12}$$

となり，さらに単位体積重量 ρg で除して，以下が得られる．

$$\frac{v_2^2}{2g} + z_2 + \frac{p_2}{\rho g} = \frac{v_1^2}{2g} + z_1 + \frac{p_1}{\rho g} \tag{3-13}$$

左辺は断面 II での速度水頭と位置水頭，圧力水頭の和であり，右辺は断

面Ⅰでの3つの和である．両者が等しいということは，断面によらずエネルギーが保存されていることを示し，以下のベルヌーイの定理が得られる．

$$\frac{v^2}{2g} + z + \frac{p}{\rho g} = H \quad (\text{一定}) \tag{3-14}$$

これは流管を対象にして考えたが，流管は流線で囲まれた閉曲面であるから，極限まで狭めれば流線と同じことになり，ベルヌーイの定理は一本の流線上で成立する．

【例題3-2：ベルヌーイの定理】
図3-7のような管路に水が流量Qで流れており，右側から空中に放出されている．このとき，①〜③の各地点における，速度水頭，位置水頭，圧力水頭を求めよ．なお，管路の壁面や形状による損失は考えなくてよい．

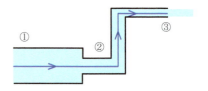

A_1=0.2 [m²], A_2=0.1 [m²], A_3=0.05 [m²]
z_1=1 [m], z_2=1 [m], z_3=2 [m], Q=200 [L/s]

図3-7

【解答】
流線として，図中に記した点線を設定する（注：実際には流線は直角には曲がらない）．
各地点の流速は，$v = Q/A$ より
　$v_1 = 0.2/0.2 = 1.00$ [m/s], $v_2 = 2.00$ [m],
　$v_3 = 4.00$ [m]
したがって，速度水頭は以下のとおり．
　$v_1^2/2g = 0.05096 ≒ 0.051$ [m]
　$v_2^2/2g = 0.2038 ≒ 0.204$ [m]
　$v_3^2/2g = 0.8154 ≒ 0.815$ [m]
また，位置水頭は以下のとおり．
　$z_1 = 1.00$ [m], $z_2 = 1.00$ [m],
　$z_3 = 2.00$ [m]
圧力水頭について，③は大気圧なので以下のようになる．

　$p_3/\rho g = 0.00$ [m]
したがって，③での全水頭は
　$E_3 = v_3^2/2g + z_3 + p_3/\rho g$
　　 $= 2.815 ≒ 2.82$ [m]
となる．エネルギーが保存されるので，
　$E_1 = E_2 = E_3$
より，①と②の圧力水頭が求まる．
　$p_1/\rho g = E_1 - (v_1^2/2g + z_1)$
　　　 $= 2.815 - 1.05096$
　　　 $= 1.764 ≒ 1.76$ [m]
　$p_2/\rho g = E_2 - (v_2^2/2g + z_2)$
　　　 $= 2.815 - 1.2038$
　　　 $= 1.611 ≒ 1.61$ [m]

3.4 ベルヌーイの定理を使ったトリチェリーの定理

ベルヌーイの定理を応用して,水槽の側面に開けられた小孔からの流体の流出速度を求める.
$$v=\sqrt{2gh}$$
これを,トリチェリーの定理という.

3.4.1 | 定理の導出

図 3-8 のような容器の側壁に空いた小孔をオリフィスという.このとき,容器の各種形状と水位は既知であり,小孔からの水の流出速度を求めたい.

Step 1 水面から小孔の出口に向かう流線を考え,その流線上の各点についてベルヌーイの定理を適用しよう.水面を点①として,容器の表面積を A_1,基準面から水面までの高さを z_1,水面低下速度を v_1,水面での圧力を p_1 とする.また,小孔を点②として,同様に断面積 A_2,基準面からの高さ z_2,小孔からの流出速度 v_2,圧力 p_2 を設定する.

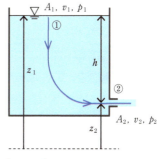

|図3-8| オリフィスからの流出

Step 2 流線上の点①,②のベルヌーイの定理は,
$$\frac{v_1^2}{2g}+z_1+\frac{p_1}{\rho g}=\frac{v_2^2}{2g}+z_2+\frac{p_2}{\rho g} \tag{3-15}$$
となる.ちなみに,エネルギー保存の考え方で流体の問題を解くときは,最初に,この式をそのまま書き出してみることが鉄則である.

Step 3 連続式の式(3-10)を導入する.
$$A_1 v_1 = A_2 v_2 \tag{3-16}$$
この式は,水面が低下すると,その低下分だけ小孔から水が押し出されるので,各断面を通過する流量は等しい,という意味である.

Step 4 ベルヌーイの定理に導入できる条件を考える.各断面に作用する圧力は大気圧であり,等しい.

$$p_1 = p_2 \tag{3-17}$$

容器内部には水圧が作用しているが，いま考えている水面や小孔の出口では水は大気中に解放されているので，作用する圧力は大気圧である．

以上より，式 (3-15) に式 (3-16) と (3-17) を代入し，v_1 を消去すると，

$$\frac{1}{2g}\left(\frac{A_2}{A_1}\right)^2 v_2^2 + z_1 = \frac{v_2^2}{2g} + z_2 \tag{3-18}$$

ここで，水面の断面積は小孔に比べて十分に大きいとすれば，左辺第一項の水面での速度水頭は 0 とおけるので，

$$\frac{v_2^2}{2g} = z_1 - z_2 \tag{3-19}$$

小孔から水面までの高さ（$=z_1-z_2$）を h とおけば，

$$v_2 = \sqrt{2gh} \tag{3-20}$$

となる．これを**トリチェリー**（Torricelli）**の定理**といい，オリフィスからの流出速度 v は小孔から水面までの高さ h のみによって決まる．

これは想像してみれば不思議な話で，容器の側面に小さな穴が空いていたとして，そこから勢いよく噴出する水の速度が，水面までの高さだけを計測すれば分かるというのである．速度計のような装置を使わなくても．

3.4.2 | 流出量に対する出口形状の影響

流出口の形状が流線を滑らかに導くような曲がりを有する場合（**図3-9**(a)），水は出口形状に従って流出する．一方，壁に直接孔が開けられている場合（**図3-9**(b)），流線は直角には曲がれないので，水脈が出口形状よりも細くなって流出する．これを，縮流，あるいは縮脈という．

小孔の断面積を A，流出水の断面積を a とすると，縮脈係数 C は次のようになる．

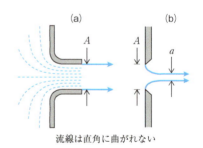

図3-9 オリフィスからの流出

$$C = \frac{a}{A} \tag{3-21}$$

つまり，C は水の通過断面積の縮小率であり，図 (a) の場合は $C=1.0$，図 (b)

の場合は $C=0.6$ 程度である．使い方として，流出量 Q は次のように表される．
$$Q = v \times CA \tag{3-22}$$

> 【例題 3-3：オリフィスからの流出】
> 直径が 10 [m]，深さが 5 [m] の円形タンクに水が満たしてあり，底面から 1 [m] の高さの側面に直径が 10 [cm] の小孔が開いている．穴の縁は直角であり，水は縮脈となって流出する．縮脈係数は $C=0.6$ である．このとき，(1) 小孔から流出する水の流量を求めよ．また，(2) 水面と小孔での速度水頭を比較せよ．

> 【解答】
> (1) 水面から小孔につながる流線を考え，2 地点についてベルヌーイの定理を適用する．
> 小孔の断面積はタンク水面の 1/10000 なので，小孔は十分に小さいとものとして，トリチェリーの定理を適用できる．
> $$v_2 = \sqrt{2g(z_1 - z_2)}$$
> $$= \sqrt{2 \times 9.81 \times (5-1)}$$
> $$= 8.858 \text{ [m/s]}$$
> したがって，小孔からの流出量は
> $$Q = v_2 C A_2 = 0.04172$$
> $$\fallingdotseq 0.0417 \text{ [m}^3\text{/s]}$$
> となる．
> (2) 小孔から水が流出した分だけ水面が低下するから，水面低下速度は次のように求まる．
> $$v_1 = Q/A_1 = 0.04172/78.5$$
> $$= 0.0005314 \text{ [m/s]}$$
> 以上より，各地点の速度水頭は
> $$v_1^2/2g = 1.439 \times 10^{-8}$$
> $$\fallingdotseq 1.44 \times 10^{-8} \text{ [m]}$$
> $$v_2^2/2g = 3.999 \fallingdotseq 4.00 \text{ [m]}$$
> となる．これより，水面では速度水頭は無視できるほど小さく（0.0144 [μm]），式 (3-15) の左辺第一項がゼロに近似できることが分かる．そのため，トリチェリーの定理は水面から小孔までの高さだけで表現される．

3.5 ベルヌーイの定理の応用例

> ベルヌーイの定理を使って，流体の流速や流量，圧力を求める方法を考えるとき，共通している手順は次の通りである．これを身につけよう．
> **Step 1** 流線を引いて，検討する点（断面）を 2 箇所（もしくはそれ以上）決める．

- **Step 2** その2箇所についてベルヌーイの式を組み立てる．
- **Step 3** 連続式を立てる．
- **Step 4** 速度，圧力，位置に関して簡略化する仮定を導入し，未知量（流速，流量，圧力）を求める．

3.5.1 | ピトー管

流体の速度や大気中での飛行機の移動速度を計測するときにピトー（Pitot）管は用いられる（**図 3-1**）．**図 3-10** に示すピトー管はL字形の細い二重管であり，管の1つは流れと正対する向きに孔①が開けられており，もう1つの管は流れに沿うように孔②が開けられている．手順に従って考えていこう．

- **Step 1** 図 3-10 のようにピトー管周囲の流線を考え，孔①，②を通る流線について検討する．
- **Step 2** 点①と点②にベルヌーイの定理を適用する．

$$\frac{v_1^2}{2g} + z_1 + \frac{p_1}{\rho g} = \frac{v_2^2}{2g} + z_2 + \frac{p_2}{\rho g} \tag{3-23}$$

この時点では，変数がどのような値なのか，どのような条件を持つのかはあまり考えなくてよい．とりあえず，各断面の添字を付してベルヌーイの定理を書き出してみる．

- **Step 3** この装置では流れに伴う断面積の変化はないので，連続式については考えない．

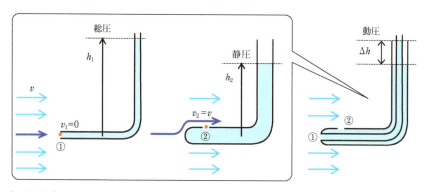

図 3-10 | ピトー管

Step 4 式(3-23)を順に見ていくと，まず速度水頭に関して，点①では流体がL字管の頂部で一旦停止して（淀み点），そこから管に沿うように流下していく．一方，点②では周囲の流体と等しい流速で流れている．したがって，

$$v_1 = 0 \quad \text{および} \quad v_2 = v \tag{3-24}$$

となる．次に位置水頭に関して，点①と点②は同じ高さにある．

$$z_1 = z_2 \tag{3-25}$$

最後に，圧力水頭である．点①につながる管内の水位は h_1 まで上昇しており，これはその場所の圧力を表している．同様に，点②につながる管の水位は h_2 まで上昇しているので，次のように表せる．

$$p_1 = \rho g h_1 \quad \text{および} \quad p_2 = \rho g h_2 \tag{3-26}$$

以上の準備により，式(3-23)に式(3-24)〜(3-26)を代入すると，

$$\cancel{\frac{v_1^2}{2g}} + \cancel{z_1} + \frac{\rho g h_1}{\rho g} = \frac{v^2}{2g} + \cancel{z_2} + \frac{\rho g h_2}{\rho g} \tag{3-27}$$

よって，次のようになる．

$$h_1 = \frac{v^2}{2g} + h_2 \tag{3-28}$$

すなわち，以下が得られる．

$$v = \sqrt{2g(h_1 - h_2)} \tag{3-29}$$

管内の水位差を Δh とおけば，

$$v = \sqrt{2g\Delta h} \tag{3-30}$$

となり，トリチェリーの定理と同じ形であることが分かる．二重管の水位差を読み取れば，流速が分かる仕組みになっている．

孔①につながる管を総圧管といい，孔②につながる管を静圧管という．式(3-27)を見直すと，総圧管の水位 h_1 と静圧管の水位 h_2 の差は，

$$h_1 - h_2 = \frac{v^2}{2g} \tag{3-31}$$

となり，水位差が速度水頭を表していることが分かる．点②で捉えている p_2 はその場の圧力（静圧）である．点①では，淀み点で流れが止められたことで，その運動のエネルギーが圧力に転換されて（動圧），h_2 よりも余分に水頭が上昇して h_1 になる．そのため，p_1 は静圧＋動圧＝総圧という．

【例題 3-4：ピトー管】

ピトー管を高速船の水中部分に設置して移動速度を計測したい．船の性能として，対水速度が時速 50 [km] で走行できる場合，

(1) 総圧管と静圧管の水位差はいくらか．
(2) 高速流を計測したい場合は，図 3-11 のようなタイプのピトー管を用いる．これは総圧管と静圧管が連結していて，内部に水銀が封入されている．この装置で計測される速度を図中の記号を用いて表せ．
(3) 船の対水速度が時速 50 [km] では，Δh はいくらになるか．4 度 1 気圧の条件において，水銀の比重は 13.6 とする．

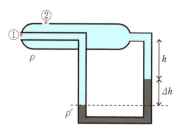

図 3-11

【解答】

(1) $v = 50$ [km/h] $= 13.88$ [m/s]
よって，
$$\Delta h = v^2/2g = 9.819 \fallingdotseq \underline{9.82} \ [\text{m}]$$
このように，高速流では水位差が非常に大きくなり，装置の大きさが現実的でない．

(2) 点①, ②にベルヌーイの定理を適用すると，
$$\frac{v_1^2}{2g} + z_1 + \frac{p_1}{\rho g} = \frac{v_2^2}{2g} + z_2 + \frac{p_2}{\rho g}$$
淀み点①では流速はゼロになり，点②では外部の流速 v に等しい．また，2 点間で位置水頭は等しいから，
$$\frac{p_1}{\rho g} = \frac{v^2}{2g} + \frac{p_2}{\rho g}$$
となり，流速は以下のように表される．
$$v = \sqrt{\frac{2}{\rho}(p_1 - p_2)} \qquad ①$$

ここで管内の力のつり合いは，水銀の密度を ρ' とすると
$$p_1 + \rho g(h + \Delta h) = p_2 + \rho g h + \rho' g \Delta h$$
となるから，
$$p_1 - p_2 = (\rho' - \rho) g \Delta h$$
が得られる．これを式①に代入すると，
$$v = \sqrt{2g\Delta h \frac{\rho' - \rho}{\rho}} \qquad ②$$
となり，密度差の項が付加された．

(3) 式②より，以下のようになる．
$$\Delta h = \frac{v^2}{2g} \cdot \frac{\rho}{\rho' - \rho}$$
$$= \frac{13.88^2}{2 \times 9.81} \cdot \frac{1000}{13600 - 1000}$$
$$= 0.7801 \fallingdotseq \underline{0.780} \ [\text{m}]$$
このように，図 3-11 の装置では水位差を小さくできるので，高速流の計測に適している．

3.5.2 | ベンチュリー管

　管路の流量はベンチュリー（Venturi）管（**図 3-12**）で計測できる．これは，管路の断面を絞ったものであり，2箇所にマノメーターが取り付けられている．そして，水平に置かれた管の直径と2点間の水頭差のみから管内流量を推定するものである．

Step 1 流線を図3-12のよう描き，流線上の点①と②で検討を進める．

Step 2 点①と点②にベルヌーイの定理を適用する．

$$\frac{v_1^2}{2g} + z_1 + \frac{p_1}{\rho g} = \frac{v_2^2}{2g} + z_2 + \frac{p_2}{\rho g} \tag{3-32}$$

ここでは，流れ場のエネルギーの損失を考えない．

Step 3 連続式として，断面①と断面②を通過する流量は一定だから，

$$Q = A_1 v_1 = A_2 v_2 \tag{3-33}$$

となる．

Step 4 式（3-32）を順に見ていくと，速度（流量）は未知なので，位置と圧力を考える．まず，位置水頭に関して，管は水平に置かれているので，基準点からの高さは同じである．

$$z_1 = z_2 \tag{3-34}$$

また，圧力水頭は次のようになる．

$$p_1 = \rho g h_1 \quad \text{および} \quad p_2 = \rho g h_2 \tag{3-35}$$

　以上より，式（3-32）に式（3-34），（3-35）を代入して簡略化する．

$$\frac{v_1^2}{2g} + h_1 = \frac{v_2^2}{2g} + h_2 \tag{3-36}$$

よって，次のようになる．

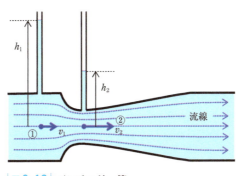

図 3-12 | ベンチュリー管

$$v_2^2 - v_1^2 = 2g(h_1 - h_2) \tag{3-37}$$

ここで式（3-33）より，2つの流速の関係を求める．

$$v_2 = v_1 \frac{A_1}{A_2} \tag{3-38}$$

これを式（3-37）に代入して v_2 を消去し，管内流速 v_1 を求める．

$$v_1^2 \left(\frac{A_1^2}{A_2^2} - 1 \right) = 2g(h_1 - h_2) \tag{3-39}$$

よって，

$$v_1 = \sqrt{\frac{A_2^2}{A_1^2 - A_2^2} \times 2g(h_1 - h_2)} \tag{3-40}$$

が得られる．さらに，流量を求めると，

$$Q = A_1 v_1 = A_1 A_2 \sqrt{\frac{2g(h_1 - h_2)}{A_1^2 - A_2^2}} \tag{3-41}$$

となる．このように，管内の流速および流量をマノメーターの水位のみから計測できる．

また，管の直径（断面積 A_1），ベンチュリー管の縮小率（断面積の比）が与えられて，マノメーターの水位差 Δh のみを計測した場合，

$$\frac{A_2}{A_1} = m \tag{3-42}$$

であるから，これを式（3-41）に代入すると以下が得られる．

$$Q = A_1 m \sqrt{\frac{2g\Delta h}{1 - m^2}} \tag{3-43}$$

【例題 3-5：ベンチュリー管のエネルギー確認】

水平に置かれた管路の流量を，ベンチュリー管を用いて計測した．管の断面積は100 [cm^2] で，ベンチュリー管の絞りは50 [％] である．マノメーターの水位上昇量は，ベンチュリー管上流部で 2.00 [m]，絞り部分で 1.00 [m] であった．水は4度，1気圧の状態にある．
(1) 管内の流量を求めよ．
(2) 各地点の流速と水圧を求めよ．
(3) 各地点のエネルギー（水頭）のバランスを棒グラフで示せ．

【解答】

(1) ベンチュリー管の上流側を①，絞り部を②とする．管の断面積は $A_1 = 0.01$ [m²] であり，ベンチュリー管絞り部では $A_2 = 0.005$ [m²] となる．したがって式 (3-35) より，

$$Q = A_1 A_2 \sqrt{\frac{2g(h_1 - h_2)}{A_1^2 - A_2^2}}$$

$$= 0.02557 \text{ [m}^3\text{/s]} \fallingdotseq \underline{25.6 \text{ [L/s]}}$$

となる．ちなみに，式 (3-41) は覚えるというよりは導出過程を理解しておくことが重要である．

(2) 流速は，$v = Q/A$ より

$v_1 = 2.557 \text{ m/s} \fallingdotseq \underline{2.56}$ [m/s]
$v_2 = 5.114 \text{ m/s} \fallingdotseq \underline{5.11}$ [m/s]

この計算から分かるように，流量が一定で流れていて，管の断面積が半分になれば，流速は2倍になる．「管や水路が狭くなると，流速が増大する」というのは頭の中でイメージして覚えておこう．

また，マノメーターの上昇量 h は圧力水頭を表すから，$h = p/\rho g$ より，

$p_1 = \rho g h_1 = 1000 \times 9.81 \times 2$
   $= 19620$ [Pa] $\fallingdotseq \underline{19.6}$ [kPa]

同様にして，

$p_2 = 9810$ [Pa] $\fallingdotseq \underline{9.81}$ [kPa]

(3) 管は水平に置かれているので，位置水頭は考えなくてよい．速度水頭は，

$v_1^2/2g = 0.333 \fallingdotseq \underline{0.33}$ [m]
$v_2^2/2g = 1.332 \fallingdotseq \underline{1.33}$ [m]

となる．圧力水頭は，

$p_1/\rho g = h_1 = 2.000 \fallingdotseq \underline{2.00}$ [m]
$p_2/\rho g = h_2 = 1.000 \fallingdotseq \underline{1.00}$ [m]

となる．したがって全水頭は，

$E_1 = E_2 = \underline{2.33}$ [m]

となる．これから分かるように，断面①から断面②に移行すると，断面積が減少した分，速度が増加する．そして速度水頭が増加した分だけ圧力水頭が減少して，全体としてエネルギーが保存される．

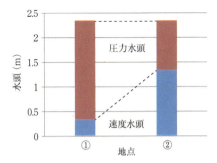

図3-13 2地点の水頭

管の途中が細くなると，水の流速が早くなって，さらに圧力も増大するようなイメージを持つ人がいるかもしれない．あるいは，マノメーターを噴水のように捉えれば，細くなった管の側壁からは勢いよく水が噴出するように思われるかもしれない．実際には逆で，圧力は低下して，それによってマノメーターの水位が下がるのである．

3.5.3 水槽の穴からの排水

農地や森林を都市開発すると，土壌の保水効果が失われて雨水が急激に河川に集中し，洪水が発生しやすくなるため，雨水調整池を設置することがあ

る（図3-14）．これは，雨水を一旦，大きな施設（池）に水を貯めて，小さな孔から徐々に水を排出する仕組みになっている．施設の性能は，容積と流入量・放流量のバランスで決まる．

オリフィスの類題であり，水槽の小孔から水が流出するときの調整池内の水面の低下速度や低下時間を考える．

小孔の位置から上向きにη（イータ）座標をとる（図3-15）．水面が初期状態で$\eta = h$のとき，これが$\eta = h_T$に低下するまでの時間Tを求める．方針は，「水面が下がると，その分だけ小孔から水が押し出される」という連続の関係を解くことである．つまり，微小時間に水面が低下する量（断面積×速度）と，その間に小孔から流出する量（断面積×速度）は等しい，という内容を微分方程式にする．

なぜ，微分方程式になるかというと，小孔からの流出速度は水位の関数であるから（トリチェリーの定理），時間の経過と共に水位が低下して流出速度も減少していくからである．

まず，水面の低下速度v_1を微分形式で表すと，

$$v_1(t) = -\frac{d\eta}{dt} \tag{3-44}$$

となる．ここで，軸は上向きに取っているから，水面が低下するとηは減少する．しかし，速度はプラスの値を取るので，マイナスを付けることで向きをそろえている．

次に，小孔からの流出速度v_2は，

図3-14 新興住宅街に建設された洪水調整池

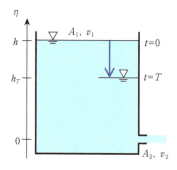

図3-15 水槽とオリフィスの座標設定

$$v_2(t) = \sqrt{2g\eta} \tag{3-45}$$

となる．そして，水面の低下量とオリフィスからの流出量の連続式は，

$$Q(t) = A_1 \cdot v_1(t) = A_2 \cdot v_2(t) \tag{3-46}$$

となるから，以下のような微分方程式がたてられる．

$$-A_1 \frac{d\eta}{dt} = A_2 \sqrt{2g\eta} \tag{3-47}$$

これを変数分離すると（t と η を両辺に割り振ると），次式が得られる．

$$\frac{A_1}{A_2} \frac{1}{\sqrt{2g\eta}} d\eta = -dt \tag{3-48}$$

ここで，時間と水面高さの関係を整理すると，初期時刻 $t=0$ のときに水面の高さは $\eta=h$ で，そこから水面が低下して，$t=T$ のときに水面の高さが $\eta=h_T$ になる．そこで，時刻 t と高さ η に関してそれぞれ積分区間を設定すると，

$$-\int_h^{h_T} \frac{A_1}{A_2} \frac{1}{\sqrt{2g\eta}} d\eta = \int_0^T dt \tag{3-49}$$

となり，さらに定数項を外に出すと，

$$-\frac{A_1}{A_2\sqrt{2g}} \int_h^{h_T} \frac{1}{\sqrt{\eta}} d\eta = \int_0^T dt \tag{3-50}$$

となる．これを積分すると，

$$T = -\frac{A_1}{A_2\sqrt{2g}} \left[2 \cdot \eta^{\frac{1}{2}} \right]_h^{h_T} = \frac{A_1}{A_2} \sqrt{\frac{2}{g}} (\sqrt{h} - \sqrt{h_T})$$

$$= \frac{A_1}{A_2 g} (\sqrt{2gh} - \sqrt{2gh_T}) \tag{3-51}$$

となる．

水位低下曲線は次のように求まる．任意の水位 η までの低下時間 t は，

$$t = \frac{A_1}{A_2} \sqrt{\frac{2}{g}} (\sqrt{h} - \sqrt{\eta}) \tag{3-52}$$

であるから，これを変形すると

$$\sqrt{h} - \sqrt{\eta} = \frac{A_2}{A_1} \sqrt{\frac{g}{2}} \cdot t \tag{3-53}$$

が得られ，さらに

$$\eta = t^2 k^2 - 2tk\sqrt{h} + h \tag{3-54}$$

と変形できる．ここで $k=\dfrac{A_2}{A_1}\sqrt{\dfrac{g}{2}}$ である．オリフィスの場合 $A_1 \gg A_2$ であるから k は非常に小さい値になり，右辺第一項よりも第二項のマイナスが効いて，**図 3-16** のように水位が低下する．

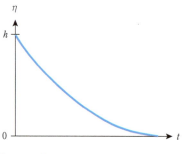

図 3-16 | 水位と時間の関係

水理学に必要な数学〈変数分離形〉

微分方程式が $\dfrac{dy}{dx}=f(x)g(y)$ のように x の関数と y の関数の積で表されるとき，左辺と右辺に同じ変数をまとめる（分離する）．

$$\frac{1}{g(y)}dy = f(x)dx$$

さらに，両辺を各変数の積分区間で積分すると解くことができる．

$$\int \frac{1}{g(y)}dy = \int f(x)dx$$

【例題 3-6：水槽からの排水時間】

大きな水槽の底部側面に小孔が空いている（**図 3-15**）．水槽表面の面積 A_1 は $30\,[\text{m}^2]$，小孔から水面までの高さ h は $4\,[\text{m}]$，小孔の断面積 A_2 は $10\,[\text{cm}^2]$ である．また，流出水は縮脈になっており，その係数が $C=0.6$ である．このとき，(1) 水が小孔から流出し始めた瞬間（$t=0$）の水面の低下速度 v_1，および (2) 水面が $1\,[\text{m}]$ 低下するのに要する時間 T を求めよ．

【解答】

(1) 小孔からの流出速度はトリチェリーの定理より，

$$v_2 = \sqrt{2gh} = 8.858 \fallingdotseq 8.86\,[\text{m/s}]$$

したがって，水面低下速度は連続式より，

$$A_1 v_1 = C A_2 v_2$$

となるから，

$$v_1 = \frac{CA_2}{A_1}v_2 = \frac{0.6 \times 10 \times 10^{-4}}{30} 8.858$$
$$= 1.771 \times 10^{-4}\,\text{m/s}$$
$$\fallingdotseq 0.177\,[\text{mm/s}]$$

(2) 水面低下速度は，式 (3-51) において縮脈を考慮すると，次のようになる（式 (3-39) から展開するとよい）．

$$T = \frac{A_1}{CA_2}\sqrt{\frac{2}{g}}(\sqrt{h} - \sqrt{h_T})$$

これに, $A_1 = 30$ [m²], $A_2 = 0.001$ [m²], $C = 0.6$, $h = 4$ [m] および $h_T = (4-1) = 3$ [m] を入れると,

$$T = \frac{30 \times \sqrt{2}}{0.6 \times 0.001\sqrt{9.81}}(\sqrt{4} - \sqrt{3})$$

$$= 6049 \text{ s} \fallingdotseq \underline{6050} \text{ [s]}$$

3.5.4 | 鉛直排水管

鉛直排水管とは, 高いところに水槽を設置して, そこから真下に向かって水を管路で排出するものである (図 3-17). あるいは, 高架道路の雨水排水用に橋脚に下向きに沿わせてある管路である. 後者では, 豪雨時に排水口に水が集中して, 満管状態で水が流れ落ちる場合が相当する. このような鉛直排水管では, 管路内部に負圧が作用して圧壊する (管が内側にへこむ) ことがある. この負圧が発生する仕組みをベルヌーイの定理から考えてみよう.

Step 1 水面から管路中央を通過する流線を考え, 水面・管路内・管路下端を点①, ②, ③として設定する.

Step 2 各点にベルヌーイの定理を適用する. なお, ②は管路出口からの高さ η の位置を表している.

$$\frac{v_1^2}{2g} + z_1 + \frac{p_1}{\rho g} = \frac{v_2^2}{2g} + z_2 + \frac{p_2}{\rho g} = \frac{v_3^2}{2g} + z_3 + \frac{p_3}{\rho g} \tag{3-55}$$

Step 3 連続式は以下の通りである.

$$Q = A_1 v_1 = A_2 v_2 = A_3 v_3 \tag{3-56}$$

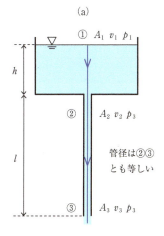 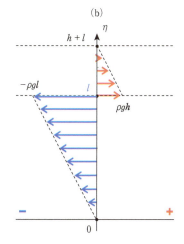

図 3-17 | (a) 鉛直排水管の設定と (b) 圧力分布

Step 4 式（3-55）を順に見ていくと，管径に対して十分に大きな断面積を有する水槽の場合，トリチェリーの定理で導出したように①の速度水頭は無視しうる．

$$\frac{v_1^2}{2g} \fallingdotseq 0 \tag{3-57}$$

なお，$v_1 = 0$ とはならないので注意を要する．

次に位置水頭に関して，基準面を管路最下部にとれば，

$$z_1 = h + l, \quad z_2 = \eta, \quad z_3 = 0 \tag{3-58}$$

となる．また，圧力水頭について，p_1 と p_3 は大気圧なので 0 としてよい．これらの準備により，式（3-55）は，

$$0 + (h+l) + \frac{0}{\rho g} = \frac{v_2^2}{2g} + \eta + \frac{p_2}{\rho g} = \frac{v_3^2}{2g} + 0 + \frac{0}{\rho g} \tag{3-59}$$

となる．さらに，排水管の直径は不変なので，連続式（3-56）から，

$$v_2 = v_3 \Rightarrow v \tag{3-60}$$

とすると，式（3-59）は以下のようになる．

$$h + l = \frac{v^2}{2g} + \eta + \frac{p_2}{\rho g} = \frac{v^2}{2g} \tag{3-61}$$

この式の第一項と第三項から，排出口での流速として，以下が求まる．

$$v = \sqrt{2g(h+l)} \tag{3-62}$$

すなわち，排出口から水表面までの距離により流出速度は決まり，トリチェリーの定理と同じことになる．

さらに，式（3-61）の第二項と第三項から，圧力に関して以下が得られる．

$$p_2 = -\rho g \eta \tag{3-63}$$

排出管内部の任意の点 η における圧力は，管路下端の点③をゼロとして，そこから管路上部②に向かって減少していくマイナスの静水圧分布になる．これを図示すると**図 3-17**(b) のようになる．そのため，接続部付近では負圧が最大となり，管路をへこませるような力が作用することが分かる．

ここで，**負圧**というのは，大気圧をゼロとしたときのマイナスであり（ゲージ圧），真空状態から見れば（絶対圧では）プラスである．

【例題 3-7：鉛直排水管の圧力】
水槽の下部に排水管が接続されており，水槽の表面積に比べて鉛直管の断面積は十分に小さい（**図 3-17**）．鉛直管の長さ l は 10 [m]，断面積は 20 [cm^2] であり，流出量

は 31 [L/s] であった．このとき (1) 水槽の水位を求めよ，(2) 水槽底部および鉛直管上部（接続部）における水圧を求めよ．

【解答】
(1) 管末端からの流出速度は $v = Q/A$ = 15.5 [m/s] また，鉛直排水管の流出速度は $v = \sqrt{2g(h+l)}$ であるから，$h + l = v^2/2g = 15.5^2/(2 \times 9.8) = 12.24$ [m] となる．
よって，$h = 12.245 - 10 = 2.245$ ≒ $\underline{2.25}$ [m]

(2) 水槽内は静水圧分布であるから，底部では

$p_+ = \rho g h = 1000 \times 9.81 \times 2.245$
= 22020 ≒ $\underline{22.0}$ [kN/m^2]

となる．また，鉛直管では管路長さに相当する負圧（静水圧）となり，管路上部では

$p_- = -\rho g l = -1000 \times 9.81 \times 10$
= -98100 ≒ $\underline{-98.1}$ [kN/m^2]

となる．

3.5.5 | スルースゲートからの排出量

水平な水路に図 3-18 のような堰（スルースゲート）が設置されており，下側から水が放流されている（図 3-1(b) 参照）．水深 h_1 と h_2，および水路幅 B が既知であるとき，流量を求めてみよう．

Step 1 水路底面の近傍を通る流線を考え，点①と点②で検討する．

Step 2 点①と点②にベルヌーイの定理を適用する．

$$\frac{v_1^2}{2g} + z_1 + \frac{p_1}{\rho g} = \frac{v_2^2}{2g} + z_2 + \frac{p_2}{\rho g} \tag{3-64}$$

Step 3 連続式は以下の通りである．

$$Q = Bh_1 v_1 = Bh_2 v_2 \tag{3-65}$$

Step 4 条件に関することとして，式 (3-64) を順に見ていくと，速度は未知なのでこの段階では保留とする．

位置水頭に関して，基準面から底面付近の流線までの高さは等しいので，

$$z_1 = z_2 \tag{3-66}$$

となる．また，圧力水頭について，底面付近の流線から水面までの静水圧は，

$$p_1 = \rho g h_1 \quad \text{および} \quad p_2 = \rho g h_2 \tag{3-67}$$

となる．以上の準備により，式 (3-64) に式 (3-66) と式 (3-67) を代入すると，

$$\frac{v_1^2}{2g} + \cancel{z_1} + \frac{\rho g h_1}{\rho g} = \frac{v_2^2}{2g} + \cancel{z_2} + \frac{\rho g h_2}{\rho g} \tag{3-68}$$

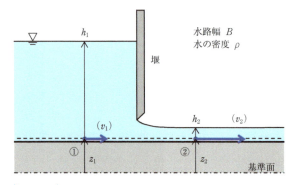

図3-18 スルースゲートからの流出量

となり，次のように変形される．
$$v_1^2 - v_2^2 = 2g(h_2 - h_1) \tag{3-69}$$

式（3-65）より（幅 B は一定），
$$v_2 = \frac{h_1}{h_2} v_1 \tag{3-70}$$

であるから，これを式（3-68）に代入すると，次のようになる．
$$v_1^2 \left(1 - \frac{h_1^2}{h_2^2}\right) = 2g(h_2 - h_1) \tag{3-71}$$

よって，上流側の流速が次のように得られる．
$$v_1 = h_2 \sqrt{\frac{2g}{h_1 + h_2}} \tag{3-72}$$

最後に，流速に断面積（川幅・水深）を乗じて流量が得られる．
$$Q = B h_1 v_1 = B h_1 h_2 \sqrt{\frac{2g}{h_1 + h_2}} \tag{3-73}$$

このように，堰の上流と下流の水深を測れば「流量」が分かる．

【例題3-8：スルースゲートの流量】

スルースゲートの下部を水が流れている．水路の条件は，$h_1 = 3.0$ [m]，$h_2 = 0.2$ [m]，$B = 10$ [m] である．水は4度1気圧の条件下にある．このとき，(1) 流量 Q を求めよ．(2) ゲート上流と下流におけるエネルギー保存を確認せよ．

【解答】

(1) 流量は式（3-73）より，
$$Q = B h_1 h_2 \sqrt{\frac{2g}{h_1 + h_2}}$$

$$= 10 \times 3 \times 0.2 \sqrt{\dfrac{2 \times 9.81}{3.2}}$$

$$= 14.85 \fallingdotseq \underline{14.9} \ [\mathrm{m^3/s}]$$

(2) 流速は，$v = Q/A$ より

$v_1 = 0.495$ [m/s]

$v_2 = 7.425$ [m/s]

となる．速度水頭は次のとおり．

$v_1^2/2g = 0.01248 \fallingdotseq \underline{0.0125}$ [m]

$v_1^2/2g = 2.809 \fallingdotseq \underline{2.81}$ [m]

圧力水頭は次のとおり．

$p_1/\rho g = h_1 = \underline{3.00}$ [m]

$p_2/\rho g = h_2 = \underline{0.200}$ [m]

以上より，全水頭は次のようになる．

$E_1 = v_1^2/2g + p_1/\rho g = \underline{3.01}$ [m]

$E_2 = v_2^2/2g + p_2/\rho g = \underline{3.01}$ [m]

これより，ゲート上流側では速度水頭は全水頭の 0.4% しかなく，ゲート下流側では 93% に達することから，圧力水頭が速度水頭に切り替わることで，高速流になって流れていることが分かる．

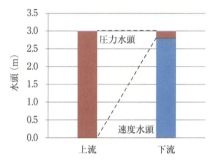

図 3-19

Column 2

速度を測る様々な機器

ピトー管はシンプルな装置であり，今も航空機に取り付けてある．航空機が揚力を得るには対地速度（絶対速度）よりも対気速度（風速との合成速度）が必要である．機体の移動速度と風速の合成速度が翼周りの流速となって揚力が発生するので，合成速度を計測できるピトー管が重宝される．

流速計には，ピトー管のほかに，回転式流速計，電磁流速計，超音波流速計，電波流速計などがある．回転式流速計は，プロペラなどの回転数をカウントする機械式の装置である．電磁流速計はファラデーの電磁誘導の法則を用いて流速を測定する．両方とも一点の流速を計測する装置である．電波流速計は，河川の表面流速を計測できる．橋にセンサーを取り付け，水面に発振した電波の反射波を捉えて，その周波数変調（ドップラーシフト）を解析することで，表面流速を求める．センサーを水中に入れる必要がないので，洪水時の流況観測に適している．

超音波流速計（**図 3-20**）は 1990 年代から普及し始めた．ボートなどにセンサーを取り付けて，水面から超音波を発振すると，水流と共に浮遊する

粒子に当たって反射する．その反射波のドップラーシフトを解析する．反射時間は対象物までの距離に比例するので，連続的に反射波を受信すると，流速の鉛直分布が計算される．さらにボートで移動しながら計測すると，検査断面の流速分布を計測できる．例えば川幅200 m，水深5 mの河川に対して，横断方向に5 m間隔（40点），水深方向に0.25 m間隔（20点）を設定したとき，800点の流速を計測するのに，超音波流速計では10分程度しかかからない．そのため，流速の空間分布の計測に適している．

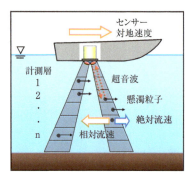

図3-20 超音波流速計の原理と船での調査例

Chapter 3【演習問題】

【1】図3-21のような水圧鉄管の中を水が流下している．断面Ⅰにおける水圧p_1が12 [kN/m²]，流速v_1が2.0 [m/s]のとき，断面Ⅱにおける水圧p_2を求めよ．ただし，水の密度を1000 [kg/m³]，重力加速度を9.81 [m/s²]として，管路のエネルギー損失は考えないものとする．

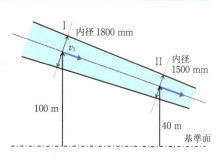

図3-21

【2】図3-22のように水平に設置された縮小管を流量Qが流れているとき，2つのマノメーターの水頭差がhであった．この水頭差が$2h$になるときの流量を求めよ．ただし，2点間の各種エネルギー損失は無視できるものとする．

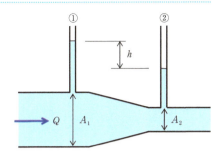

図3-22

【3】オリフィスから放水したとき，水位が$\eta=H$から$\eta=0$になるまでに時間Tを要した．このときの全排水量をQ_1とする．一方，水を補給して水位を一定に保つとき，先ほど設定された時間Tの間に排水される量をQ_2とする．

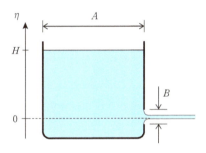

図3-23

このとき，(1) 時間T，(2) 排水量Q_1，(3) 排水量Q_2をそれぞれ求め，(4) 全排水量の比Q_2/Q_1を示せ．ただし，水槽の断面積をA，オリフィスの断面積をBとし，縮脈係数はCとする．

【4】図3-24に示すようなベンチュリー管において，①点と②点に水銀を利用したマノメーターが取り付けられている．断面①の直径をd，②の直径をD，水銀の水面差をh，水の密度をρ，水銀の密度をσとしたとき，次の問に答えよ．(1) 断面①と②におけるx軸

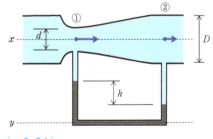

図3-24

基準のエネルギー保存式，y軸を基準にした圧力の満たす条件式，および連

続式をたてよ．なお，各断面での圧力を p_1, p_2 とおく．(2) 管内流量を設問の記号を用いて表せ．

【5】図 3-25 のように十分に大きな水槽から細い円管を通じて水が空中に流出している．放出管の途中は③で縮小しており，ここに小管が取り付けてある．小管の反対の端を水槽につけた際に，水位が h だけ上昇した．このとき，水位上昇量 h はどのように表されるか．

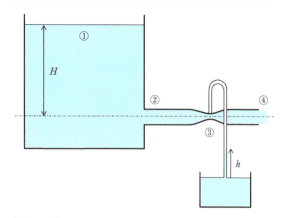

図 3-25

なお，管の②と④における直径は等しく，③の②に対する縮小率を m とする．管の形状変化部分における損失は考慮しなくてよい．

HYDRAULICS: Basics of Civil Engineering

Chapter 4 運動量保存則

> 運動量保存則は，エネルギー保存則（ベルヌーイの定理）や質量保存則（連続式）と並んで，水の運動に関する3大保存則の1つである．この運動量保存則の導出を，質点系の概念から出発して説明する．また，運動量保存則の応用例を，例題と共に紹介する．

4.1 なぜ「運動量保存則」を学ぶのか？

　水理学で出てくる3大保存則は，①「質量保存則」，②「エネルギー保存則」，③「運動量保存則」である．対象とする系内において，これらの物理量の総和は変化しない，すなわち保存される．**3章**において，質量保存則をベースとする連続式およびエネルギー保存則を学んだので，本章では運動量保存則を取り上げる（質量保存則と連続式の詳細は**5章**で記述する）．

　運動量保存則は，その根幹がニュートンの第二法則である運動方程式（力 $F=$ 質量 $m\times$ 加速度 a）であるので，エネルギー保存則との大きな違いは「力 F」を明示的に扱うことである．また，エネルギーは**スカラー量**（scalar）という方向性を持たない大きさのみの物理量であるのに対して，運動量（後述の運動量束）は方向と大きさを有する**ベクトル量**（vector）であることも，大きな違いである．

　前章では，質量保存則とエネルギー保存則という2つの式を駆使して，流れ場における各場所の流速や圧力を求めている．本章では，この2つの保存則に運動量保存則を加えた3つの保存則を用いて，流れ場中の流速・圧力のみならず，"プラス α" を求める．このプラス α とは何であろうか？　運動量保存則では運動方程式をベースとするため，「力のつり合い」が式中に含

(a) 橋脚(明石海峡大橋)

(b) 水道橋(東京都・境川)

図 4-1 実務において運動量保存則が必要な場面

まれる．そこから，流れ場中の物体や管路などに作用する力を簡便に算出することができる．この"力"がプラス α である．

その具体例を見ていく．図 4-1(a) は海を横断する橋梁を支える複数の橋脚を示す．この橋梁の設計には，流体が橋梁に及ぼす力（**流体力**，fluid force）を考慮する必要がある．この流体力の大元は，橋脚の表面に作用する圧力と粘性力の総和である．これを精緻に求めるためには流体の運動方程式を数値的に解析するという大変な作業が必要となるが，運動量保存則を用いれば，設計に最も必要となる橋脚への流体力のみを簡便に算出することが可能となる．図 4-1(b) は河川上を横断する水道専用の橋（水道橋）である．水を河川から水利用者に運ぶ水道管は，必ずしも直線的な配置にならない．特に，水道橋の場合には，河川を跨ぐため，必ず水道管の曲がり部分（曲管

部）が発生する．この曲管部には直線部には生じない力が発生するが，その力も運動量保存則により算出可能である．図4-1(c)は水ロケット（ペットボトルロケット）の発射時の様子である．これは「水」を燃料としてロケットを飛ばすものである．ロケットから噴射される水の力がロケットの推進力となるが，この推進力の評価にも運動量保存則の考え方が使われる．このように，運動方程式から導出される運動量保存則は，エネルギー保存則だけでは得られない様々な「力」の評価が簡便にできる．ここに大きな特徴がある．

また，3つの保存則のうち，質量保存則は必ず満たされるものであるが（厳密にいえば，非圧縮性流体ならば連続式も必ず満たされる），エネルギー損失が顕著な流れ場ではエネルギーは保存されない．一方，運動量保存則は，その根幹がニュートンの第二法則（力 F＝質量 m ×加速度 a）であるので，必ず成立する．そのため，エネルギー保存則が適用できないような流れ場を扱う際にも運動量保存則は有用となる．

(c) 水ロケット

図4-1 実務において運動量保存則が必要な場面（続き）

4.2 運動量保存則の導出

> 質点系：運動量の変化＝力積
> $$d(m\boldsymbol{v}) = \boldsymbol{F}dt$$
>
> 流体系：運動量束の変化＝働く力の総和
> $$\underbrace{\rho Q\{(v_x)_2 - (v_x)_1\}}_{\text{運動量束の変化}} = \underbrace{(A_1 p_1)_x - (A_2 p_2)_x}_{\text{圧力差}} + \underbrace{(S_P)_x}_{\substack{\text{境界の}\\\text{圧力}}} - \underbrace{(S_\tau)_x}_{\substack{\text{境界の}\\\text{せん断力}}} - \underbrace{(\rho g V)_x}_{\text{重力}}$$
>
> これを流体系の運動量保存則という．

4.2.1 | 質点系の運動量保存則

水理学で扱う流体系の運動量保存則を説明する前に，ニュートンの第二法則による質点系の運動量保存則を説明しよう．ニュートンの第二法則である質点系の運動方程式は，質点の質量を m，加速度ベクトルを $\boldsymbol{a}$，質点に作用する力ベクトルを $\boldsymbol{F}$ とすると，以下のようになる．

$$m\boldsymbol{a} = \boldsymbol{F} \tag{4-1}$$

加速度ベクトル $\boldsymbol{a}$ は速度ベクトル $\boldsymbol{v}$ の時間微分であるので，式（4-1）は

$$m\frac{d\boldsymbol{v}}{dt} = \boldsymbol{F} \tag{4-2}$$

となる．この微分演算子を分解すると，質量 m は一定であるので，

$$d(m\boldsymbol{v}) = \boldsymbol{F}dt \tag{4-3}$$

となる．式（4-3）の左辺は運動量 $m\boldsymbol{v}$ の変化量，右辺は力積（＝力 $\boldsymbol{F}$ ×微小時間 dt）であり，これが質点系の運動量保存則「運動量の変化は力積と等しい」である．なお，運動量保存則として「外力が働かない場合，運動量の総和は変化しない」と説明されることが多い．これは，式（4-3）の力 $\boldsymbol{F}$ が 0 であれば運動量の変化も 0 となるので，「運動量の変化は力積と等しい」は「外力が働かない場合，運動量の総和は変化しない」を包含した運動量保存則の定義となっている．

表4-1 | 質量と運動量の関係

	質点系	流体系
質量 m		単位時間当たりの断面通過質量 ρQ
運動量 $m\boldsymbol{v}$		運動量束（任意の断面を単位時間当たりに通過する流体の持つ運動量）$\rho Q\boldsymbol{v}$

4.2.2 | 運動量束の導入

質量と速度の積となる運動量は質点系では明確に定義できるが，流体系ではその定義が不明確になる．これは，質点系では対象物体が確定しているが，水を始めとする流体は連続体であり，定義する空間範囲が一意に決められず，質量や運動量の定義が不明確なためである．

そこで流体系では質量や運動量を

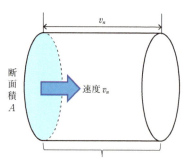

図4-2 | 断面通過質量

明確にするために，**表4-1**に示すように，質量としては単位時間当たりに断面を通過する流体の質量（断面通過質量）を用い（**図4-2**），運動量としてはこの断面通過質量に速度を掛けたものとし，これを**運動量束**もしくは**運動量フラックス**（momentum flux）と呼ぶ．

この断面通過質量は単位時間当たりに断面を通過した体積 $Av_n(=Q)$ に密度 ρ を掛けた ρQ となる．運動量束 M は断面通過質量に流速ベクトル $\boldsymbol{v}$ を掛けた次式で表される．

$$\boldsymbol{M} = \rho A v_n \boldsymbol{v} = (\rho A v_n v_x, \rho A v_n v_y, \rho A v_n v_z) \tag{4-4}$$

4.2.3 | 流管における定常流場の運動量保存則

質点系の運動量保存則をベースとして，流体系の運動量保存則を導出する．ここでは，ベルヌーイの定理の導出と同じく，**図4-3**のような流管（または管路）における定常流場を考える．この流管内の断面 I，II 間の流体塊をコントロールボリュームとして考え，δt 時間後に断面 I′，II′ に移動したとする．この流れ場に対して，質点系の運動量保存則である「運動量の変化＝力積」を適用する．

まず，δt 時間内の運動量の増加量 $\delta \boldsymbol{Mp}$ は，断面 I，II 間および I′，II′ 間の

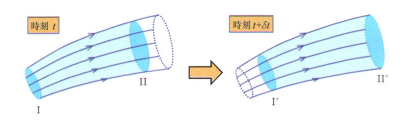

微小時間 δt における運動量の変化と力積の関係

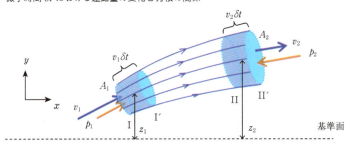

|図 4-3| 運動量保存則の導出

運動量をそれぞれ $[\boldsymbol{Mp}]_{\mathrm{I,II}}$, $[\boldsymbol{Mp}]_{\mathrm{I',II'}}$ とすると，

$$\delta \boldsymbol{Mp} = [\boldsymbol{Mp}_{\mathrm{I',II'}}] - [\boldsymbol{Mp}_{\mathrm{I,II}}] \tag{4-5}$$

となる．流れ場は定常流であり断面 I', II 間は共通するので，上式は，

$$\delta \boldsymbol{Mp} = [\boldsymbol{Mp}]_{\mathrm{II,II'}} - [\boldsymbol{Mp}]_{\mathrm{I,I'}} \tag{4-6}$$

となる．ここで，上式右辺各項の x 方向成分は，

$$[\boldsymbol{Mp}_x]_{\mathrm{I,I'}} = \rho A_1 v_1 \delta t \times (v_x)_1, \quad [\boldsymbol{Mp}_x]_{\mathrm{II,II'}} = \rho A_2 v_2 \delta t \times (v_x)_2 \tag{4-7}$$

また，連続式 $(A_1 v_1 = A_2 v_2 = Q)$ より，式 (4-6)，(4-7) は，

$$\delta Mp_x = \rho Q \{(v_x)_2 - (v_x)_1\} \delta t \tag{4-8}$$

一方，断面 I，II 間に働く力の x 方向成分の総和 $\sum f_x$ としては，主要な 3 つの力である圧力，粘性力，重力を用いて，以下のように記述できる．

断面 I に働く圧力	$:(A_1 p_1)_x$
断面 II に働く圧力	$:-(A_2 p_2)_x$
流管の側面に作用する圧力と壁面摩擦力	$:(S_P)_x - (S_\tau)_x$ (4-9)
断面 I，II 間に働く重力	$:-(\rho g V)_x$

質点系の運動量保存則は，

$$\delta Mp_x = \sum f_x \delta t \tag{4-10}$$

となるので，上式に式 (4-8)，(4-9) を代入し，両辺を δt で除すと，

$$\underbrace{\rho Q\{(v_x)_2 - (v_x)_1\}}_{\text{運動量束の変化}} = \underbrace{(A_1 p_1)_x - (A_2 p_2)_x}_{\text{圧力差}} + \underbrace{(S_P)_x}_{\substack{\text{境界の}\\\text{圧力}}} - \underbrace{(S_\tau)_x}_{\substack{\text{境界の}\\\text{せん断力}}} - \underbrace{(\rho g V)_x}_{\text{重力}} \tag{4-11}$$

これが流体系の運動量保存則であり，流体系では「運動量束の変化が働く力の総和に等しい」となる．

4.3 運動量保存則の応用

本節では，運動量保存則の応用例について紹介する．これまで習った連続式，ベルヌーイの定理も合わせて用いて，水流が及ぼす力を求める．具体的な手順は，**3章**を参考にすると，次のとおりである．

> **Step 1** 運動量保存則を適用する水流の一部をコントロールボリュームとして選定する．合わせて流線を引く．
>
> **Step 2** 連続式とベルヌーイの式を立てる．

- **Step 3** 運動量保存則を立てる．その際には，①運動量束の変化を求め，②働く力の総和を求め，③それらを運動量保存則に代入する．
- **Step 4** 上記より対象の水路壁面（もしくは物体）が水流に及ぼす力を求める．最後に，作用反作用の法則により，水流が水路壁面（もしくは物体）に及ぼす力を求める．

4.3.1 | 曲管部に働く力

まず，管路の曲がり部（曲管部）において働く力を対象とする（**図 4-1**(b)）．**図 4-4** に示すように，一様な管径 d の円管路流れにおいて曲管部に働く力を求める．ここでは，簡単のため，管路壁面での摩擦力（壁面摩擦）を無視し，管路は同一水平面上を流れているものとする（重力を無視）．曲管部に作用する力（管路流れが曲管部壁面に及ぼす力）を求めるため，水理学の3大保存則である連続式，ベルヌーイの定理，運動量保存則を適用する．

Step 1 曲管部を挟む2つの断面 I, II をコントロールボリュームとして考える（図中赤点線）．断面 I, II の流速を v_1, v_2，圧力を p_1, p_2 とする．流線は，管路中心軸に沿って引くものとする（図省略）．

Step 2 管径が一様であるため，連続式より

$$v_1 = v_2 = v \quad (4\text{-}12)$$

となり，v_1 と v_2 は等しくなるため，ここでは v とおく．

断面 I, II を通る流線に対するベルヌーイの定理と式 (4-12)，管路高さが同じであることより，

$$p_1 = p_2 = p \quad (4\text{-}13)$$

ここでも両断面の圧力を p とおく．

Step 3-① 次に，断面 I, II 間における運動量保存則を考える．両断面間の運動量束の変化 $\delta \mathbf{M} = (\delta M_x, \delta M_y)$ は，流量を Q とすると，以下のようになる．

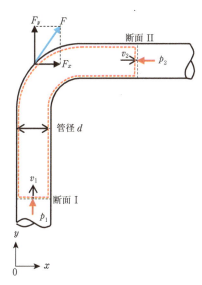

図 4-4 | 曲管部に働く力

$$
\begin{aligned}
&\quad\quad\quad\quad\text{断面 II \quad 断面 I}\\
&\left.\begin{aligned}\delta M_x &= \rho Q v - 0 = \rho Q v\\ \delta M_y &= 0 - \rho Q v = -\rho Q v\end{aligned}\right\} \quad (4\text{-}14)
\end{aligned}
$$

ここで，流量 Q と速度 v の関係は，

$$Q = \frac{\pi d^2}{4} v \quad (4\text{-}15)$$

Step 3-② 断面 I, II 間における働く力の総和（$\sum f_x$, $\sum f_y$）を求める．上述したように壁面摩擦力（式 (4-11) では境界のせん断力）と重力を無視する場合，式 (4-9) に基づき管壁が水流に及ぼす力を $\boldsymbol{F} = (F_x, F_y)$ とすると，次式が得られる．

$$\left.\begin{aligned}\sum f_x &= 0 - \frac{\pi d^2}{4} p + F_x\\ \sum f_y &= \frac{\pi d^2}{4} p + 0 + F_y\end{aligned}\right\} \quad (4\text{-}16)$$

なお，力 $\boldsymbol{F}$ は，符号のとり方のミスをなくすため，本章では，統一的に正の方向に定義する．また，式 (4-9) の $\boldsymbol{S}_P$ を力 $\boldsymbol{F}$ と表記している．

Step 3-③ 式 (4-14)〜(4-16) を運動量保存則（式 (4-10)）に代入すると，

$$\left.\begin{aligned}\rho Q v &= -\frac{\pi d^2}{4} p + F_x\\ -\rho Q v &= \frac{\pi d^2}{4} p + F_y\\ \therefore F_x &= \frac{\pi d^2}{4} p + \rho Q v = \frac{\pi d^2}{4}(p + \rho v^2)\\ F_y &= -\frac{\pi d^2}{4} p - \rho Q v = -\frac{\pi d^2}{4}(p + \rho v^2)\end{aligned}\right\} \quad (4\text{-}17)$$

Step 4 今求めたい水流が管壁に及ぼす力 $\boldsymbol{F}' = (F_x', F_y')$ は，図 **4-5** に示す作用反作用の法則より，

$$\boldsymbol{F}' = -\boldsymbol{F} \quad (4\text{-}18)$$

となる．式 (4-17), (4-18) より，$\boldsymbol{F}'$ は

$$\left.\begin{aligned}F_x' &= -\frac{\pi d^2}{4}(p + \rho v^2)\\ F_y' &= \frac{\pi d^2}{4}(p + \rho v^2)\end{aligned}\right\} \quad (4\text{-}19)$$

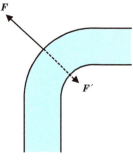

図 **4-5** 作用反作用の法則

となる．この式（4-19）が曲管部に働く力である．

【例題 4-1：曲管部に働く力】

図 4-6 に示すような曲管部を有する円管路の定常流を考える．ここで，流量 $Q=0.500 \,[\mathrm{m^3/s}]$，断面 I, II での管の直径 d_1, d_2 を $0.500 \,[\mathrm{m}]$，$0.350 \,[\mathrm{m}]$，断面 I での圧力 $p_1 = 40.0 \,[\mathrm{kPa}]$，密度 $\rho = 1.00 \times 10^3 \,[\mathrm{kg/m^3}]$ とし，非粘性であり，管路は同一高さ上を流れるものとして，以下の問いに答えよ．

(1) 断面 I, II での流速 v_1, v_2 を求めよ．
(2) 断面 II での圧力 p_2 をベルヌーイの定理より求めよ．
(3) 断面 I・II 間における運動量保存則を示せ（式のみでよい）．
(4) 水流が管壁に及ぼす力を求めよ．

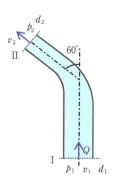

図 4-6 曲管部に働く力

【解答】

(1) **図 4-7** のような円管路定常流の流量を Q，断面 I, II の直径（内径）を d_1, d_2，流速を v_1, v_2 とすると，連続式より，

$$Q = v_1\left(\frac{\pi d_1^2}{4}\right) = v_2\left(\frac{\pi d_2^2}{4}\right) \quad ①$$

ここで，題意より，

$Q = 0.500 \,[\mathrm{m^3/s}]$，$d_1 = 0.500 \,[\mathrm{m}]$，$d_2 = 0.350 \,[\mathrm{m}]$ ②

式①，②より，v_1, v_2 を求めると，

$$v_1 = \frac{4Q}{\pi d_1^2} = \frac{4 \times 0.500}{\pi \times (0.500)^2}$$

$$\fallingdotseq 2.55 \,[\mathrm{m/s}]$$

$$v_2 = \frac{4Q}{\pi d_2^2} = \frac{4 \times 0.500}{\pi \times (0.350)^2}$$

$$\fallingdotseq 5.20 \,[\mathrm{m/s}] \quad ③$$

(2) 題意より非粘性であり，管路は同一高さにあるから，この高さに「基準面」をとって，断面 I, II を通る流線にベルヌーイの定理を適用すると，

$$\frac{v_1^2}{2g} + 0 + \frac{p_1}{\rho g} = \frac{v_2^2}{2g} + 0 + \frac{p_2}{\rho g} \quad ④$$

ここに，p_1, p_2 は断面 I, II の圧力であって，圧力 p_1 と密度 ρ は題意より，

$p_1 = 40.0 \,[\mathrm{kPa}] = 4.00 \times 10^4 \,[\mathrm{Pa}]$

$\rho = 1.00 \times 10^3 \,[\mathrm{kg/m^3}] \quad ⑤$

式③，④，⑤より p_2 を求めると，

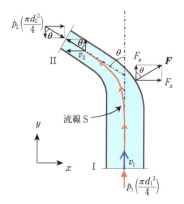

図 4-7 曲管部の運動量保存則

$$p_2 = p_1 + \frac{\rho}{2}(v_1^2 - v_2^2)$$

$$= \underline{2.97 \times 10^4 \,[\mathrm{Pa}]} \quad ⑥$$

(3) 曲管の曲げ角を θ とすると（**図4-7**），断面 I, II 間の運動量束の変化（$\delta M_x, \delta M_y$）は，

$$\left.\begin{aligned}\delta M_x &= \rho Q(-v_2 \sin\theta) - \rho Q \times 0 \\ &= -\rho Q v_2 \sin\theta \\ \delta M_y &= \rho Q(v_2 \cos\theta) - \rho Q v_1 \\ &= \rho Q(v_2 \cos\theta - v_1)\end{aligned}\right\} ⑦$$

非粘性であり，管路は同一高さにあるから，断面 I, II 間の流れに作用する力の総和（$\sum f_x, \sum f_y$）は，管壁が水流に及ぼす力を $\boldsymbol{F} = (F_x, F_y)$ とすると，

$$\left.\begin{aligned}\sum f_x &= \left\{p_1\!\left(\frac{\pi d_1^2}{4}\right)\right\} \times 0 \\ &\quad + \left\{p_2\!\left(\frac{\pi d_2^2}{4}\right)\right\}\sin\theta + F_x \\ &= p_2\!\left(\frac{\pi d_2^2}{4}\right)\sin\theta + F_x \\ \sum f_y &= p_1\!\left(\frac{\pi d_1^2}{4}\right) \\ &\quad - \left\{p_2\!\left(\frac{\pi d_2^2}{4}\right)\right\}\cos\theta + F_y\end{aligned}\right\} ⑧$$

ここで，運動量保存則より，

$$\delta M_x = \sum f_x, \quad \delta M_y = \sum f_y \quad ⑨$$

式⑨に，式⑦，⑧を代入すると，

$$\left.\begin{aligned}-\rho Q v_2 \sin\theta &= p_2\!\left(\frac{\pi d_2^2}{4}\right)\sin\theta + F_x \\ \rho Q(v_2 \cos\theta - v_1) &\\ = p_1\!\left(\frac{\pi d_1^2}{4}\right) &- p_2\!\left(\frac{\pi d_2^2}{4}\right)\cos\theta + F_y\end{aligned}\right\} ⑩$$

(4) 題意より，曲げ角 θ は，

$$\theta = 60\,[°] = \frac{\pi}{3} \quad ⑪$$

式⑩に，式②，③，⑤，⑥，⑪を代入して F_x, F_y を求めると，

$$\left.\begin{aligned}F_x &= -\rho Q v_2 \sin\theta - p_2\!\left(\frac{\pi d_2^2}{4}\right)\sin\theta \\ &= -4728.2\,[\mathrm{N}] \\ F_y &= \rho Q(v_2 \cos\theta - v_1) - p_1\!\left(\frac{\pi d_1^2}{4}\right) \\ &\quad + p_2\!\left(\frac{\pi d_2^2}{4}\right)\cos\theta \\ &= -6397.4\,[\mathrm{N}]\end{aligned}\right\} ⑫$$

よって，水流が管壁に及ぼす力 $\boldsymbol{F}'$ は，作用反作用の法則と式⑫より，

$$\boldsymbol{F}' = -\boldsymbol{F} = (-F_x, -F_y)$$
$$= \underline{(4.73\,[\mathrm{kN}], 6.4\,[\mathrm{kN}])} \quad ⑬$$

4.3.2｜平板に衝突する噴流

2つ目の応用例として，**図4-8**に示すように，ノズルから大気中に噴出する流れ（噴流）が平板に斜めに衝突する際に生じる力を考える．平板に衝突した噴流は平板に沿って二方向に分流している．流れは非粘性で，同一平面上にあるものとし，ノズルから出た直後の流速と流量を v, Q，平板衝突後

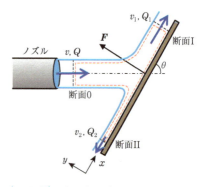

|図4-8| **平板に衝突する噴流**

の上側，下側の流速を v_1, v_2, 流量を Q_1, Q_2 とする．

Step 1　衝突前の断面 0, 衝突後の断面 I, II を囲む範囲をコントロールボリュームとして考える（図中赤点線）．

Step 2　まず，流れ場は全て大気中にあるため，圧力 p は全て大気圧であり，ゲージ圧の場合，

$$p = 0 \quad (4\text{-}20a)$$

となる．

また，ベルヌーイの定理より，式（4-20a）と同一平面を流れるため，

$$v = v_1 = v_2 \quad (4\text{-}20b)$$

となる．

平板に衝突する前後の連続式より，

$$Q = Q_1 + Q_2 \quad (4\text{-}21)$$

Step 3-①　次に，運動量保存則を考える．平板に沿う方向（x 方向）と垂直な方向（y 方向）における運動量束の変化 $\delta \boldsymbol{M} = (\delta M_x, \delta M_y)$ は，以下のようになる．

$$\delta M_x = (\rho Q_1 v_1 - \rho Q_2 v_2) - \rho Q v \cos \theta \quad (4\text{-}22a)$$
$$\delta M_y = (0 - 0) - \rho Q(-v \sin \theta) = \rho Q v \sin \theta \quad (4\text{-}22b)$$

Step 3-②　また，衝突前後における働く力の総和（$\sum f_x, \sum f_y$）は，非粘性で重力を無視する場合，<u>平板が水流に及ぼす力</u>を $\boldsymbol{F} = (F_x, F_y)$ とすると，式（4-9）より，

$$\sum f_x = 0 + F_x$$
$$\sum f_y = 0 + F_y$$

となる．元々圧力である「平板が水流に及ぼす力」$\boldsymbol{F}$ は，平板に垂直方向のみに作用するため，$F_x = 0$ となるから，上式は，

$$\sum f_x = 0 \quad (4\text{-}23a)$$
$$\sum f_y = F_y \quad (4\text{-}23b)$$

Step 3-③　x 方向の運動量保存則と式（4-22a），（4-23a）より，

$$Q_1 v_1 - Q_2 v_2 - Q v \cos \theta = 0$$

式（4-20b）より，上式は

$$Q_1 - Q_2 - Q \cos \theta = 0 \quad (4\text{-}24)$$

連続式（式（4-21））と式（4-24）より，衝突後の流量 Q_1, Q_2 は次式のようになる．

$$Q_1 = \frac{Q(1+\cos\theta)}{2}$$
$$Q_2 = \frac{Q(1-\cos\theta)}{2} \quad \quad (4\text{-}25)$$

また，y 方向の運動量保存則より，
$$\rho Q v \sin\theta = F_y \quad \quad (4\text{-}26)$$

Step 4 したがって，水流が平板に及ぼす力 $\boldsymbol{F'} = (F'_x, F'_y)$ は作用反作用の法則と式（4-26）より，
$$F'_x = 0, \quad F'_y = -\rho Q v \sin\theta \quad \quad (4\text{-}27)$$

【例題 4-2：平板に衝突する噴流】

図 4-9 のように，直径 30.0 mm のノズルを水平に固定して，$v = 6.00$ m/s で空気中に放出した噴流を傾斜した平板（$\theta = 30.0°$）に衝突させる．平板は固定されているものとし，平板上の摩擦がなく，噴流は同一平面上にあるものとして以下の問いに答えよ．

(1) 平板上側と下側への流量 Q_1, Q_2 を求めよ．
(2) 水流が平板に及ぼす力を求めよ．

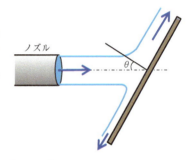

図 4-9 平板に衝突する噴流

【解答】
(1) 図 4-10 のように噴流に対して傾斜角 θ の平板の向きに x 軸，垂直に y 軸をとる．ノズル出口の直後に断面 0，平板に衝突後，流線が平板と平行になったところに断面 I, II をとる．各断面の流量，断面積，圧力を Q_i, A_i, p_i とおくと，まず連続式より，
$$Q_0 = Q_1 + Q_2 \quad \quad ①$$

次に，断面 I, II を通る流線 S_1, S_2 にベルヌーイの定理を適用する．平板に沿う方向の摩擦がなく，噴流は同一水平面上にあるから，その位置に

基準面をとると，
$$\frac{v_0^2}{2g} + 0 + \frac{p_0}{\rho g} = \frac{v_1^2}{2g} + 0 + \frac{p_1}{\rho g}$$

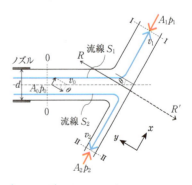

図 4-10 平板に衝突する噴流

$$= \frac{v_2^2}{2g} + 0 + \frac{p_2}{\rho g} \quad ②$$

各断面は大気と接しているから，ゲージ圧をとると，

$$p_0 = p_1 = p_2 = 0 \quad ③$$

式②，③より，

$$\frac{v_0^2}{2g} = \frac{v_1^2}{2g} = \frac{v_2^2}{2g}$$

$$\therefore v_0 = v_1 = v_2 \quad ④$$

次に，断面0, I, II間の流れに運動量保存則を適用する．運動量束の変化 (δM_x, δM_y) は，式④より，

$$\delta M_x = \{\rho Q_1 v_1 + \rho Q_2(-v_2)\}$$
$$\quad - \rho Q_0(v_0 \sin\theta)$$
$$= \rho v_0(Q_1 - Q_2 - Q_0 \sin\theta)$$
$$\delta M_y = (\rho Q_1 \times 0 - \rho Q_2 \times 0)$$
$$\quad - \rho Q_0(-v_0 \cos\theta)$$
$$= \rho Q_0 v_0 \cos\theta \quad ⑤$$

平板が水流に及ぼす力は摩擦力がなく，圧力 R だけだから，断面間に作用する力の総和 ($\sum f_x$, $\sum f_y$) は，式③より，

$$\sum f_x = (A_0 p_0 \sin\theta - A_1 p_1 + A_2 p_2) + 0$$
$$= 0$$
$$\sum f_y = (-A_0 p_0 \cos\theta + 0 + 0) + R$$
$$= R \quad ⑥$$

ここで x 方向の運動量保存則より，

$$\delta M_x = \sum f_x \quad ⑦$$

式⑦に式⑤，⑥を代入すると，

$$\rho v_0(Q_1 - Q_2 - Q_0 \sin\theta) = 0$$

$$\therefore Q_1 - Q_2 = Q_0 \sin\theta \quad ⑧$$

式①，⑧より

$$Q_1 = \frac{1}{2} Q_0 (1 + \sin\theta),$$

$$Q_2 = \frac{1}{2} Q_0 (1 - \sin\theta) \quad ⑨$$

ここで，題意よりノズルの内径 d および v_0, θ は，

$$d = 30.0 \,[\text{mm}] = 0.0300 \,[\text{m}], \; v_0 =$$
$$6.00 \,[\text{m/s}], \; \theta = 30.0\,[°] = \frac{\pi}{6} \quad ⑩$$

流量 Q_0 は式⑩より，

$$Q_0 = v_0 \left(\frac{\pi d^2}{4}\right)$$
$$= 4.2412 \times 10^{-3} \,[\text{m}^3/\text{s}] \quad ⑪$$

式⑨に式⑩，⑪を代入すると，

$$Q_1 = \frac{1}{2} Q_0 (1 + \sin\theta)$$
$$\approx \underline{3.18 \times 10^{-3}} \,[\text{m}^3/\text{s}]$$
$$Q_2 = \frac{1}{2} Q_0 (1 - \sin\theta)$$
$$\approx \underline{1.06 \times 10^{-3}} \,[\text{m}^3/\text{s}] \quad ⑫$$

(2) 次に y 方向の運動量保存則より，

$$\delta M_y = \sum f_y \quad ⑬$$

式⑬に式⑤，⑥を代入すると，

$$\rho Q_0 v_0 \cos\theta = R \quad ⑭$$

したがって，水流が平板に及ぼす力 R' は，作用反作用の法則と，式⑩，⑪，⑭より

$$R' = -R = -\rho Q_0 v_0 \cos\theta$$
$$\approx \underline{-22.0} \,[\text{N}] \quad ⑮$$

4.3.3 │ 水槽からの推進力

運動量保存則を用いて，小孔の開いた水槽を載せた台車の水平運動（図4-11）について定式化する．水槽の水平運動の推進力は，水ロケット（図

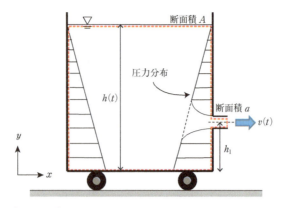

図4-11 台車上の水槽の水平運動

4-1(c)) と同様に，小孔からの水の噴出による運動量束の発生に起因する．ここでは，まず推進力を求め，その後，水槽と台車の水平運動を考える．図4-11のように，水槽の断面積を A，水槽内の水位の初期値を h_0，時刻 t の水位を $h(t)$，小孔の水槽底面からの高さを h_1，小孔の断面積を a，縮脈係数を C，台車と水槽の質量を M として，以下の定式化を行う．

(1) 推進力の算出

Step 1 まず，水表面と小孔をそれぞれ上流・下流断面とするコントロールボリュームを考える（図中赤点線）．

Step 2 時刻 t における小孔での流出速度 $v(t)$ は，トリチェリーの定理より，

$$v(t) = \sqrt{2g(h(t) - h_1)} \tag{4-28}$$

一方，水面と小孔における連続式より，

$$A\left(-\frac{dh}{dt}\right) = Cav \tag{4-29}$$

が得られる．式（4-28），（4-29）より，

$$A\left(-\frac{dh}{dt}\right) = Ca\sqrt{2g(h - h_1)}$$

上式を，変数分離法を用いて積分すると，

$$\int \frac{dh}{\sqrt{(h - h_1)}} = \int -\frac{Ca\sqrt{2g}}{A} dt$$

$$\therefore 2(h-h_1)^{1/2} = -\frac{Ca\sqrt{2g}}{A}t + C' \tag{4-30}$$

となる．ここで，C' は積分定数である．水位の初期条件は以下のように与えられている．

$$h(0) = h_0 \tag{4-31}$$

式（4-31）を式（4-30）に代入すると，C' は，

$$C' = 2\sqrt{h_0 - h_1} \tag{4-32}$$

と表される．式（4-32）を式（4-30）に代入して整理すると，$h(t)$ は以下のようになる．

$$\sqrt{h - h_1} = -\frac{Ca\sqrt{g}}{A\sqrt{2}}t + \sqrt{h_0 - h_1}$$

$$\therefore h(t) = h_1 + \left\{-\frac{Ca\sqrt{g}}{A\sqrt{2}}t + \sqrt{h_0 - h_1}\right\}^2 \tag{4-33}$$

また，式（4-33）を式（4-28）に代入すると，$v(t)$ は以下のようになる．

$$v(t) = \sqrt{2g}\left(\sqrt{h_0 - h_1} - \frac{Ca\sqrt{g}}{A\sqrt{2}}t\right) \tag{4-34}$$

Step 3-① 次に，水平（x）方向の運動量保存則を考える．コントロールボリュームの設定に基づき，x 方向の運動量束の変化 δM_x は

$$\delta M_x = \rho Q v - 0 = \rho Q v \tag{4-35}$$

となる．ここで，Q は流量（$= Cav$）である．

Step 3-② また，水槽が水流に及ぼす x 方向の力を F_x とすると，水面と小孔が大気に接しているため，水面から小孔までの区間における働く力の総和 $\sum f_x$ は，

$$\sum f_x = F_x \tag{4-36}$$

となる．式（4-35），（4-36）を運動量保存則に代入すると，次式が得られる．

$$\rho Q v = F_x \tag{4-37}$$

Step 3-③ 水流が水槽に及ぼす力 F'_x は，式（4-37）と作用反作用の法則より，

$$F'_x = -F_x = -\rho Q v \tag{4-38}$$

となる．これが，水槽の水平運動の駆動力となり，小孔での運動量束と同じ大きさで，噴流の方向と逆向きとなることが分かる．

なお，噴流の運動量束により力が発生する要因を別の角度から検討する．

図 4-11 中には，水槽内に作用する圧力分布を示す．水槽内は静水中であるため，図中左側の壁面には静水圧分布が作用する．一方，小孔を有する図中右側の壁面では小孔付近では大気圧となるため，静水圧分布からのずれが発生する．このように全圧力は左壁面＞右壁面となり，この圧力差が推進力となっている．

(2) 水平運動の定式化

次に，台車上の水槽の水平運動を考える．その際には，台車の運動に対する摩擦の影響は無視する．まず，水槽の水平位置を X とすると，水槽と台車に関する運動方程式は，次のように与えられる．

$$(M+\rho A h)\frac{d^2 X}{dt^2} = F'_x \tag{4-39}$$

ここで，左辺の質量には，時刻 t における水槽内の水の質量も含めている．式 (4-34)，(4-38) を式 (4-39) に代入すると，

$$(M+\rho A h)\frac{d^2 X}{dt^2} = -\rho Q v = -\rho C a v^2$$

$$\therefore \frac{d^2 X}{dt^2} = -\frac{2g\rho C a}{(M+\rho A h)}\left(\sqrt{h_0-h_1} - \frac{Ca\sqrt{g}}{A\sqrt{2}}t\right)^2 \tag{4-40}$$

となる．ここで，$a \ll A$ および初期運動のみを考えると ($h \approx h_0$)，式 (4-40) は

$$\therefore \frac{d^2 X}{dt^2} = -\frac{2g\rho C a}{(M+\rho A h_0)}(h_0-h_1) \tag{4-41}$$

となる．初期条件として，$t=0$ にて $X=0$，$dX/dt=0$ とすると，上式は，

$$X = -\frac{g\rho C a}{(M+\rho A h_0)}(h_0-h_1)t^2 \tag{4-42}$$

となる．

【例題 4-3：噴流による推進力】

図 4-12 のように，直径 5.00×10^{-2} [m] の小孔を開けたとき，以下の量を求めよ．ただし，縮脈係数 $C = 0.900$ とする．
(1) 小孔からの流出速度 v，(2) 小孔での流量 Q，(3) 水流が水槽に及ぼす力 F'（水槽が水流に及ぼす力を F として解く）

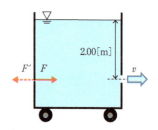

図 4-12 水槽からの噴流による推進力

【解答】

(1) 水槽の断面積が小孔の断面積より十分大きく，水面と小孔が共に大気に面しているとすると，小孔からの流出速度 v はトリチェリーの定理より，

$$v = \sqrt{2gh} \quad ①$$

ここで題意より，小孔の水面からの深さ h は，

$$h = 2.00 \, [\text{m}] \quad ②$$

式①に式②を代入すると，

$$v = \sqrt{2 \times 9.81 \times 2.00} \fallingdotseq \underline{6.26 \, [\text{m/s}]} \quad ③$$

(2) 小孔の断面積を a，縮脈係数を C とすると，小孔での流量 Q は，

$$Q = Cav \quad ④$$

ここで題意より，小孔の直径 d，縮脈係数 C は，

$$d = 5.00 \times 10^{-2} \, [\text{m}], \quad C = 0.900 \quad ⑤$$

式③，④，⑤より，

$$Q = Cav = C\left(\frac{\pi d^2}{4}\right)v$$

$$\fallingdotseq \underline{0.0111 \, [\text{m}^3/\text{s}]} \quad ⑥$$

(3) **図 4-13** のように水平上向きの噴流の向きに x 軸，鉛直方向に z 軸をとり，水面の断面 I，小孔直後の断面 II の間の流れに x 方向の運動量

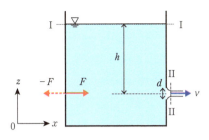

図 4-13 水槽からの噴流

保存則を適用する．まず運動量保存則の変化 δM_x は，

$$\delta M_x = \rho Q v - \rho Q \times 0 = \rho Q v \quad ⑦$$

非粘性であり，重力は z 方向のみに作用し，水面と小孔は大気に面しているから，x 方向の力の総和 $\sum f_x$ は，水槽が水流に及ぼす力を F とすると，

$$\sum f_x = \left\{-C\left(\frac{\pi d^2}{4}\right) \times 0 + 0\right\} + F = F$$

$$\quad ⑧$$

ここで，運動量保存則より，

$$\delta M_x = \sum f_x \quad ⑨$$

式⑨に式⑦，⑧を代入すると，

$$\rho Q v = F \quad ⑩$$

したがって，水流により水槽が受ける力を F' とすると，作用反作用の法則および式③，⑥，⑩より

$$F' = -F = -\rho Q v \fallingdotseq \underline{-69.3 \, [\text{N}]} \quad ⑪$$

4.3.4 | 物体に働く抗力

運動量保存則を用いて，流れ場に置かれた物体に作用する流体力を求める．流体力には，流れと平行方向の**抗力**（drag）とその垂直方向の**揚力**（lift）がある．また，静水中では，物体の移動方向に対して，平行・垂直方向の力を各々抗力・揚力とする．これらは物体表面上の圧力と粘性応力の表面全体

にわたり面積分したものである．物体表面の圧力・粘性応力分布を精緻に計測・評価することは容易ではないが，これらの情報がなくても運動量保存則により，流体力の評価を簡便に行うことができる．

図 **4-14** のように，流速 U の一様流場中に物体を置いた場合を考える．このとき，物体背後では，一様流 U よりも遅い部分が形成され，それを**後流**（wake）と呼ぶ．

Step 1 物体の上下流および側面からなるコントロールボリュームを考える（図中赤点線）．

Step 2 後流の影響により，上流断面と下流断面の流量差 ΔQ が生じる．

$$\Delta Q = \int_A U dA - \int_A u dA \tag{4-43}$$

ここで，A は上・下流側（I-I′面，II-II′面）の断面積，u は下流断面の流速分布である．ここで生じた流量差 ΔQ は，連続条件より，図中上側（I-II面）と下側断面（I′-II′面）より流出し，上下対称とすると，各断面では $\Delta Q/2$ の流量となる．

Step 3-① このような場で運動量保存則を考える際には，検査断面として，上流側断面は I-I′ 面，下流側断面は II-II′ 面に加えて，側面の I-II 面，I′-II′ 面となり，十分広いコントロールボリュームとする．

まず，流下（x）方向の運動量束の変化 δM_x を求めると，

$$\delta M_x = \left\{ \int_A \rho u^2 dA + \rho \Delta Q U \right\} - \int_A \rho U^2 dA \tag{4-44}$$

となる．ここで，右辺第一項は II-II′ 面，第二項は I-II 面と I′-II′ 面，第三項は I-I′ 面の運動量束をそれぞれ表し，図中上・下側断面は物体から十分離

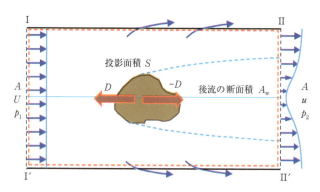

図 **4-14** 物体に働く抗力 D

れたところに設定されているので，x 方向流速は U となる．

Step 3-② 一方，同じ検査断面間において働く力の総和 $\sum f_x$ は，同一平面上の流れとすると，

$$\sum f_x = \int_A p_1 dA - \int_A p_2 dA - D \tag{4-45}$$

となる．ここで，p_1, p_2 は上流・下流断面の圧力であり，D は物体の抗力である．

Step 3-③ 式（4-43）〜（4-45）を運動量保存則に代入すると，

$$\left\{ \int_A \rho u^2 dA + \rho \int_A U(U-u) dA \right\} - \int_A \rho U^2 dA = \int_A p_1 dA - \int_A p_2 dA - D \tag{4-46}$$

となる．ここで，コントロールボリュームを十分物体の後方にとれば，$p_1 = p_2$ となり，かつ，$u \approx U$ とおけるため，抗力 D は式（4-46）を整理して次のように与えられる．

$$D = \rho \int_A u(U-u) dA \approx \rho U \int_{A_w} (U-u) dA \tag{4-47}$$

ここで，上式右辺の積分範囲は，下流側断面全体の必要はなく，後流部分の断面積 A_w のみとしている．

このように，物体の抗力 D は物体の後流の大きさ，すなわち投影面積 S に関係し，かつ，上流側の一様流 U の2乗にほぼ比例していると見なせる．そのため，抗力 D は一般に以下のように表される．

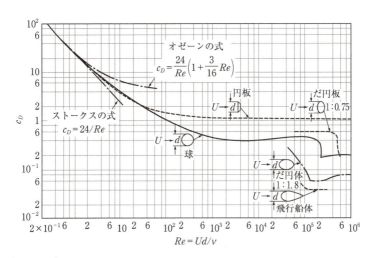

図 4-15 C_D と Re の関係（「基礎からの流れ学」江尻英治，日新出版）

$$D = C_D S \frac{\rho U^2}{2} \tag{4-48}$$

ここで，C_D は抗力係数であり，物体の形状やレイノルズ数の関数となる（図 4-15）

> **Column 3**
>
> ## 野球の変化球と流体力
>
> 　野球の醍醐味は，大谷投手のような時速 160 km を越える剛速球投手と打者の対決であるが，球速が遅くても打者を抑える投手はいっぱいいる．これらの投手は，カーブやシュート，フォークといった変化球を駆使していることが多い．投手の手から離れて，打者のバットに届くまで，重力以外の力としては，野球のボールと周囲の空気の間の力，すなわち流体力しか作用していない．そのため，様々な変化球は，流体力の作用の賜物である．
>
> 　カーブを例に，流体力の発生状況を考えてみよう．図 4-16 は投手と打者の位置を上から見た平面図である．カーブの場合，反時計回りに回転させながら投げられたとする．図右側のように，ボールと共に動く座標系で見ると，ボールの回転方向と一様流の向きの関係により，ボール上側の流速は小さくなる一方，下側の流速は大きくなる．ベルヌーイの定理を考えると，流速の大・小は，圧力の小・大となる．この上側と下側の圧力差が揚力となり，ボールの進行方向と垂直な向きの変化球をもたらす．このように，野球やサッカーなどの球技における様々な変化球は，流体力が引き起こしている．
>
>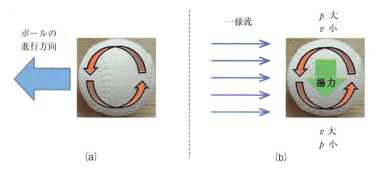
>
> 図 4-16　ボールに回転を与えた（カーブ）ときに作用する揚力（(a) 静止した座標系から見た場合，(b) ボールと共に動く座標系から見た場合）

Chapter 4【演習問題】

【1】 図 4-17 のように，水平面内で断面積 $A_1 = 0.1\ [\mathrm{m}^2]$ の管が断面積 $A_2 = 0.05\ [\mathrm{m}^2]$ に縮小されて，大気中に水が放出されている．管内には一定流量 $Q = 0.5\ [\mathrm{m}^3/\mathrm{s}]$ の水が流れている．この縮小管に作用する流れ方向の力の大きさはおよそいくらか．

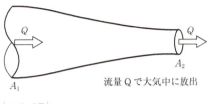

図 4-17

ただし，水の密度は $\rho = 1000\ [\mathrm{kg/m}^3]$ とし，摩擦力やエネルギー損失は無視できるものとする．【国家公務員 I 種試験】

【2】 図 4-18 のように直径 D の円管路を設置したとき，1，2 断面間の壁面が流体に及ぼす力の鉛直成分 F_z として最も妥当なのはどれか．

ただし，管路内の流体は非圧縮性理想流体であり，定常流とする．また，管路内の断面形状および寸法は変化しないものとする．F_z の表示に当たり，管路内の流体の密

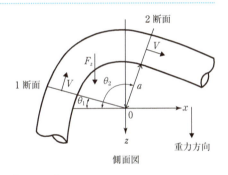

図 4-18

度を ρ，1，2 断面での断面平均圧力をそれぞれ p_1, p_2，断面平均流速を V，流量を Q，重力加速度を g とする．【国家公務員 I 種試験】

1. $\rho Q V (\cos\theta_1 - \cos\theta_2) - \rho g \dfrac{\pi D^2}{4}\left(a + \dfrac{D}{2}\right)(\theta_2 - \theta_1) + p_1 \dfrac{\pi D^2}{4}\cos\theta_1 + p_2 \dfrac{\pi D^2}{4}\cos\theta_2$

2. $\rho Q V (\cos\theta_1 - \cos\theta_2) - \rho g \dfrac{\pi D^2}{4}\left(a + \dfrac{D}{2}\right)(\theta_2 - \theta_1) + p_1 \dfrac{\pi D^2}{4}\cos\theta_1 - p_2 \dfrac{\pi D^2}{4}\cos\theta_2$

3. $\rho Q V (\cos\theta_1 - \sin\theta_2) - \rho g \dfrac{\pi D^2}{4}\left(a + \dfrac{D}{2}\right)(\theta_2 - \theta_1) + p_1 \dfrac{\pi D^2}{4}\cos\theta_1 - p_2 \dfrac{\pi D^2}{4}\sin\theta_2$

4. $\rho Q V (\sin\theta_2 - \cos\theta_1) - \rho g \dfrac{\pi D^2}{4}\left(a + \dfrac{D}{2}\right)(\theta_2 - \theta_1) + p_1 \dfrac{\pi D^2}{4}\cos\theta_1 + p_2 \dfrac{\pi D^2}{4}\sin\theta_2$

5.　$\rho QV(\cos\theta_2 - \cos\theta_1) - \rho g \dfrac{\pi D^2}{4}\left(a + \dfrac{D}{2}\right)(\theta_2 - \theta_1) + p_2 \dfrac{\pi D^2}{4}\cos\theta_1 + p_2 \dfrac{\pi D^2}{4}\cos\theta_2$

【3】図 4-19 のように水平面内において，断面積 1 [m²] の 2 つの管路（管路 1，管路 2）が左右から角度 30° ずつで合流し，断面積 1 [m²] の管路 3 で大気中に水を放出している．管路 1, 2 ともに 0.2 [m³/s] の流量が流れているとき，この合流部に作用する力の大きさはいくらか．

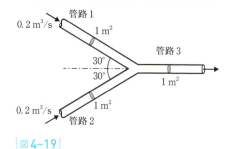

図 4-19

ただし，水の密度を 1000 [kg/m³] とし，すべてのエネルギー損失は無視できるものとする．また，$\sqrt{3}=1.73$ とする．【国家公務員 I 種試験】

HYDRAULICS:Basics of Civil Engineering

Chapter 5 | 流体の運動方程式

3章，4章では，対象とするコントロールボリュームにおける流体のエネルギーや運動量の保存則を考えたが，コントロールボリューム内部の流体の振る舞いは触れてこなかった．ここでは，時々刻々と変化する流体運動を規定する連続式とナビエ・ストークスの式を学ぶ．微分形式で表す運動方程式を解くことで，流れの詳細像を明らかにすることができる．

5.1 はじめに

我々の生活を脅かす台風，竜巻，洪水氾濫，津波，はたまた熱波や汚染物質の襲来など，時々刻々と変化する流体現象を予測，評価し，適切な対策を供することは工学上極めて重要である．では，このような流体現象の予測は一体どのように行われているのだろうか．また近年では映画やTVを通して，実現象と見間違うほどリアリティーのある流体現象のコンピューター・グラフィックスに触れることができる．あのような映像はどのように作られているのだろうか．グラフィックデザイナーのイマジネーションの賜物であろうか．そうではない，これらは流体の運動方程式を解くことで実現されている．

本章では流体の振る舞いを記述する運動方程式について学ぶ．運動方程式は微分形式で表されておりそれを解くことで，流れの詳細像が明らかになる．運動方程式と聞いて真っ先に思い浮かぶのはニュートンの運動方程式「質量×加速度＝作用する力の合力」であろう．流体運動においても基礎となるのは，ニュートンの運動方程式であるが，形が定まらないという流体の性質により，質点系よりも複雑な式となる．

本章の内容は微分演算が頻出し他の章と比較すると難解で，毛色が異なると思われるかもしれない．しかし，ここで学ぶ運動方程式は水理学における

根本原理であり，ベルヌーイの定理，運動量保存則，静水圧式など，水理学で学ぶ理論全てはここから派生したものといえる．水理現象と運動方程式をリンクさせ，式から現象をイメージできたときにさらなる水理学の面白さを体験できるだろう．流体現象と式をリンクさせるためには式の導出過程を理解することが重要である．そのため，本書では導出過程を詳細に記述している．難解さの先にある水理学の奥深さに触れられることを期待する．

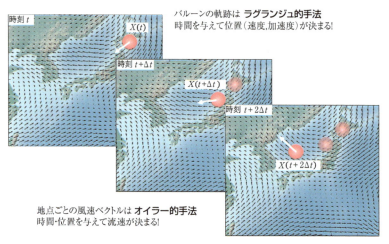

| 図 5-1 | 流体計算の例，およびオイラー的手法とラグランジュ的手法

5.2 流体運動の記述方法

質点系の運動方程式では，時間 t を独立変数とし，位置 $X(t)$ は求めるべき従属変数であった．また，速度 $V(t)$ や加速度 $\alpha(t)$ は位置 $X(t)$ を時間で微分することで求まる．このように1つ1つの物体の移動に焦点をあてた運動の記述法を**ラグランジュ的手法**（Lagrangian description）という．

一方，流体は個々の流体粒子を追跡することは不可能でありラグランジュ的な運動の記述は適さない．そこで，時間に加え空間座標も独立変数とし，時間および位置座標ごとに速度を定義するオイラー的手法（Euler description）が用いられる（**図 5-1**）．オイラー的手法では，位置の微分はもはや何の意味も持たない．一見すると難解に感じるかもしれないが，オイラー的手法による情報は身近に溢れており読者諸氏も知らず知らずの内に慣れ親しんでいると思われる．例えば，天気予報では地点ごとの風速や気温が

表 5-1 　質点系と流体系の独立・従属変数

	質点系（ラグランジュ的手法）	流体系（オイラー的手法）
独立変数	時間 t	時間 t, 空間座標 (x, y, z)
従属変数	物体位置 X（速度 X', 加速度 X'')	速度 (u, v, w), 圧力 p

＊従属変数：求めたい物理量.
　独立変数：従属変数を求める際に代入される変数．求めたい物理量の座標を示す.

予測され，波浪予報も，海岸・海洋上の地点ごとに波高の情報が提供される．気象庁や自治体が測定する風速も計測器を固定点に設置し測定されている．時間に加え空間位置を決めることで欲しい気象情報を得ることができる．図 5-1 は日本付近の風速のシミュレーション例であるが，地点ごとの風速ベクトルはオイラー的手法に分類され，風速に流されるバルーンの軌跡に注目した場合はラグランジュ的手法で評価していることになる．

表 5-1 にラグランジュ的手法，オイラー的手法での独立変数と従属変数をまとめる．オイラー的手法では，直交座標 x, y, z 軸に沿う速度をそれぞれ u, v, w と定義する．

5.3　流体運動の基礎方程式

図のような座標系を考えた場合，流体の運動方程式は次式で表される．

ナビエ・ストークスの方程式

x 軸
$$\frac{\partial u}{\partial t} + u\frac{\partial u}{\partial x} + v\frac{\partial u}{\partial y} + w\frac{\partial u}{\partial z} = F_x - \frac{1}{\rho}\frac{\partial p}{\partial x} + \nu\left(\frac{\partial^2 u}{\partial x^2} + \frac{\partial^2 u}{\partial y^2} + \frac{\partial^2 u}{\partial z^2}\right) \quad (5\text{-}1\text{a})$$

y 軸
$$\frac{\partial v}{\partial t} + u\frac{\partial v}{\partial x} + v\frac{\partial v}{\partial y} + w\frac{\partial v}{\partial z} = F_y - \frac{1}{\rho}\frac{\partial p}{\partial y} + \nu\left(\frac{\partial^2 v}{\partial x^2} + \frac{\partial^2 v}{\partial y^2} + \frac{\partial^2 v}{\partial z^2}\right) \quad (5\text{-}1\text{b})$$

z 軸
$$\frac{\partial w}{\partial t} + u\frac{\partial w}{\partial x} + v\frac{\partial w}{\partial y} + w\frac{\partial w}{\partial z} = F_z - \frac{1}{\rho}\frac{\partial p}{\partial z} + \nu\left(\frac{\partial^2 w}{\partial x^2} + \frac{\partial^2 w}{\partial y^2} + \frac{\partial^2 w}{\partial z^2}\right) \quad (5\text{-}1\text{c})$$

　　　局所加速度　　　移流加速度　　　　外力　　圧力　　　　粘性力
　　　　　　　　　加速度項

ただし，外力として重力のみを考えれば $(F_x, F_y, F_z) = (0, 0, -g)$

連続式

$$\frac{\partial u}{\partial x} + \frac{\partial v}{\partial y} + \frac{\partial w}{\partial z} = 0 \quad (5\text{-}2)$$

座標系

直交座標系における非圧縮性流体の運動方程式，連続式は式（5-1），（5-2）でそれぞれ表される．
　式（5-1）は x 軸，y 軸，z 軸方向の単位質量当たりの運動方程式であり，**ナビエ・ストークスの方程式**（Navier-Stokes equation）と呼ばれる．左辺は流体の加速度を表し，時間に関する微分である第一項を**局所加速度**（local acceleration），空間に関する微分である第二から四項を**移流加速度**（convective acceleration）という．局所加速度は質点系の運動方程式でも現れるため理解に難くない．移流加速度は質点系では考えないオイラー的手法特有の加速度である．移流加速度をイメージするため，**図5-2**の管路内流れを考えよう．流れが定常であるとすれば，どの地点でも流速は時間変化せず局所加速度はゼロである．一方，連続式（$Q=Av$）よりPからQへの移動に際し流体は加速されなければならない．流体の移流に伴う加速・減速を表現するのが移流加速度である．

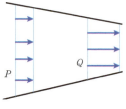

図 5-2　移流に伴う流れの加速

　式（5-1）右辺は単位質量当たりの流体に作用する力を示している．**1.4.3**において水理学において扱う力は重力，圧力，粘性力であると記述した．つまり，式（5-1）の右辺はこれらの力が該当する．第一項は**外力**（external force）であり，水理学の範囲では外力として重力を考えれば良い．右辺第二項は**圧力**（pressure）である．流体に対する圧力の作用は**1章**，**2章**で既に学んだ．非圧縮性流体では圧力の絶対値ではなく，圧力勾配が流体運動に影響することに注意しよう．右辺第三項は**粘性力**（viscous force）を表す．外力は系の外から作用する力であり流体の体積に比例する力であることから**体積力**（body force）とも呼ばれる．一方，圧力，粘性力は面積に比例する力であり**面積力**（surface force）と呼ばれる．体積力は，力の大きさと方向を考慮すれば良いが，面積力はそれらに加え力の作用する面を考慮する必要がある．

　さて，流体運動の従属変数は u, v, w, p の4つであり，ナビエ・ストークスの式（5-1）のみでは式が1つ不足し解くことができない．そのため，**連続式**（5-2）（continuity equation）を加えた4つの式が流体運動の基礎方程式となる．**3章**，**4章**で学んだ連続式 $Q=A\times v=\mathrm{const.}$（式3-10）と本章の連続式では式自体は異なるが，共に流体の質量が系の中で保存することを示すものであり，その本質は全く同じである．式（5-2）を領域にわたって

積分することで式 (3-10) を導出できる．式 (5-2) を特に微分形の連続式と呼ぶこともある．本章で連続式といえば式 (5-2) を指すものとする．

> **常微分と偏微分**
>
> 微分は次式で定義され，その物理的な意味は変数の勾配である．
>
> $$\frac{df}{dx} = \lim_{\Delta x \to 0} \frac{f(x+\Delta x) - f(x)}{\Delta x}$$
>
> 従属変数 f が1つの独立変数を持つときの微分を常微分 (ordinary differential) と呼び，微分記号には d を用いる．一方，複数の独立変数を持ち，その内の1つの独立変数に対する微分を偏微分 (partial differential) といい，微分記号にギリシャ文字 ∂ (ラウンド) を用いる．偏微分の定義は次式で与えられる．
>
> $$\frac{\partial f}{\partial x} = \lim_{\Delta x \to 0} \frac{f(x+\Delta x, y, z, t) - f(x, y, z, t)}{\Delta x}$$
>
> u, v, w, p は (x, y, z, t) を独立変数に持つため，微分形式は偏微分となる．

【例題 5-1：ナビエ・ストークス式の応用例—静水圧—】

2章では静止流体中の力のつり合いより静水圧の式を導出した．ここでは，運動方程式 (5-1) より静水圧の式を導出しよう．なお，外力には重力のみを考える．

(1) 図 5-3 のような静止流体中で，ナビエ・ストークスの式はどのように簡略化されるか．

(2) 上で求めた式を解き，静水圧の式を導出せよ．

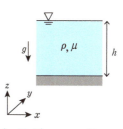

図 5-3 | 静水圧の導出

【解答】

(1) ナビエ・ストークス式の簡略化

静止流体であるので，流速全てゼロ ($u = v = w = 0$) である．よって式 (5-1) は次のようになる．

$$x \text{軸} : 0 = -\frac{1}{\rho}\frac{\partial p}{\partial x} \quad \text{①}$$

$$y \text{軸} : 0 = -\frac{1}{\rho}\frac{\partial p}{\partial y} \quad \text{②}$$

$$z \text{軸} : 0 = -g - \frac{1}{\rho}\frac{\partial p}{\partial z} \quad \text{③}$$

(2) 静水圧の式導出

式①，②より p は x 軸，y 軸方向には定数となる．また，時間に関する微分項も省略されたため，p は z についてのみの関数となり，偏微分から常微分に直すことができる．

$$z \text{軸} : 0 = -g - \frac{1}{\rho}\frac{dp}{dz} \quad \text{④}$$

上式を不定積分すれば次式を得る．

$$p(z) = -\rho g z + D \qquad ⑤$$

ここで，D は積分定数である．一方，ゲージ圧を考えれば水面での境界条件 $p_{z=h}=0$ より D が求まる．

$$p_{z=h} = -\rho g z + D = 0$$
$$D = \rho g h$$

これを式⑤に代入すれば静水圧の式⑥が得られる．**2章**で導出した式と異なっているのは本例題での z 軸の向きが反転しているためである．

$$p(z) = -\rho g (z - h) \qquad ⑥$$

【例題 5-2：連続式の応用例】

水路床において流体が水平方向に収束する場合を考える．行き場をなくした流体は上昇流を形成することは容易にイメージできよう．このことを連続式（5-2）を用いて確かめよ．なお，流れは定常とする．

【解答】

図 **5-4** のようにコントロールボリュームを設定する．$\partial u/\partial x$ を差分表記し，u_1, u_2 を代入すれば，次式のように負符号となる．

$$\frac{\partial u}{\partial x} \fallingdotseq \frac{u(x+\Delta x, y, z) - u(x, y, z)}{\Delta x}$$

$$= \frac{-u_2 - u_1}{\Delta x} < 0$$

$\partial v/\partial y$ も同様に負符号となり，

$$\frac{\partial v}{\partial y} \fallingdotseq \frac{-v_2 - v_1}{\Delta y} < 0$$

これらの関係を連続式（5-2）に代入し $\partial w/\partial z$ について整理すれば次式となる．

$$\frac{\partial w}{\partial z} \fallingdotseq \frac{w(x, y, z+\Delta z) - w(x, y, z)}{\Delta z}$$

$$= -\frac{\partial u}{\partial x} - \frac{\partial v}{\partial y} > 0$$

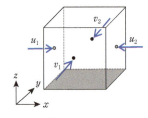

図 **5-4** 例題2のコントロールボリューム

水路床を突き抜ける流れはないため $w(x, y, z) = 0$ である．よってコントロールボリューム上面の流速 $w(x, y, z+\Delta z)$ は正となり上昇流となることが示された．

【例題 5-3：ナビエ・ストークス式の応用例ーポアズイユ流れー】

図 **5-5** のように，一様な平行平板が無限に続く場合の平板内部の流体流れを考える．なお，流れは定常であり，また水深は十分深く，流れは x-y 方向の二次元流れと見なせるものとする．

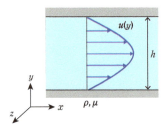

図 **5-5** 例題3の問題設定および流速分布

(1) 与条件のもとでは式 (5.1), (5.2) はどのように簡略化されるか示せ．
(2) 簡略化された式を解き，流体内の速度分布を求めよ．

【解答】

(1) ナビエ・ストークス式の簡略化

x, y に関する二次元場であるから z 軸に関する式 (5-1c) と，式 (5-1a)，(5-1b)，(5-2) の z に関する微分項が省略される．

また，定常流であるから，局所加速度項はゼロである．さらに，無限に続く一様な平行平板であるため，流速は流下方向に加速も減速もされず一定となる（$\partial u/\partial x = 0$）．二次元の連続式に $\partial u/\partial x = 0$ を代入すれば v は定数となる．

$$\frac{\partial u}{\partial x} + \frac{\partial v}{\partial y} = 0 \Leftrightarrow v = c$$

さらに壁面での境界条件（滑りなし条件）$v_{y=0} = v_{y=h} = 0$ より，$v = 0$ を得る．

上記条件を式 (5-1) に代入すれば流体の運動方程式は次のように簡略化される．

$$0 = -\frac{1}{\rho}\frac{\partial p}{\partial x} + \nu\left(\frac{\partial^2 u}{\partial y^2}\right) \qquad ①$$

$$0 = -\frac{1}{\rho}\frac{\partial p}{\partial y} \qquad ②$$

式②より，p は y 軸方向には定数であり，かつ流れは定常であるため p は x についてのみの関数である．さらに，u は y についてのみの関数であるので，式①は次のように常微分で表記される．

$$0 = -\frac{1}{\rho}\frac{dp}{dx} + \nu\left(\frac{d^2 u}{dy^2}\right) \qquad ③$$

(2) 速度分布の導出

式③を y について不定積分しよう．圧力項は y について定数であるため，次式のように積分される．

$$\frac{d^2 u}{dy^2} = \frac{1}{\mu}\frac{dp}{dx}$$

$$\frac{du}{dy} = \frac{1}{\mu}\frac{dp}{dx}y + C$$

$$u = \frac{1}{2\mu}\frac{dp}{dx}y^2 + Cy + D \qquad ④$$

上式に境界条件を代入し積分定数 C, D を決定しよう．壁面では滑りなし条件により速度はゼロになる．

$$u_{y=0} = D = 0$$

$$u_{y=h} = \frac{1}{2\mu}\frac{\partial p}{\partial x}h^2 + Ch = 0$$

$$\Leftrightarrow C = -\frac{1}{2\mu}\frac{\partial p}{\partial x}h$$

得られた積分定数を式④に代入すれば，流速分布は次のようになる．

$$u(y) = \frac{1}{2\mu}\frac{dp}{dx}(y^2 - hy)$$

流速 u は壁面で 0，中心部で最大流速を持つ放物型の流速分布となる．このような平行平板間の流れは数少ないナビエ・ストークス式の厳密解でありポアズイユ流れと呼ばれる．

5.4 ナビエ・ストークスの式,連続式の導出

5.4.1 流体の加速度

点 $P(x, y, z)$ にあった流体塊が Δt 後に点 $Q(x+\Delta x, y+\Delta y, z+\Delta z)$ に移動する場合を考える(**図 5-6**).点 P での流速を (u, v, w),点 Q での流速を (u', v', w') とし,非圧縮性流体における加速度を求めよう.

図 5-6 流体塊の移動

x 軸方向の加速度は次式で定義される.

$$\alpha_x = \lim_{\Delta t \to 0} \frac{u' - u}{\Delta t} \tag{5-3}$$

質点系で考えれば上式は du/dt となる.

式 (5-3) をオイラー的手法で表すことを考えよう.速度の時間・空間座標を明示すれば

$$u' = u(x+\Delta x, y+\Delta y, z+\Delta z, t+\Delta t), \quad u = u(x, y, z, t)$$

であり,u' を (x, y, z, t) 周りでテイラー展開し 2 次以上の微小項を無視すれば次式を得る.

$$u' = u + \Delta x \frac{\partial u}{\partial x} + \Delta y \frac{\partial u}{\partial y} + \Delta z \frac{\partial u}{\partial z} + \Delta t \frac{\partial u}{\partial t}$$

これを式 (5-3) に代入し整理すれば,次の関係が得られる.

$$\alpha_x = \frac{Du}{Dt} = \frac{\partial u}{\partial t} + u\frac{\partial u}{\partial x} + v\frac{\partial u}{\partial y} + w\frac{\partial u}{\partial z}$$

$$\left(\because u = \lim_{\Delta t \to 0}\frac{\Delta x}{\Delta t},\ v = \lim_{\Delta t \to 0}\frac{\Delta y}{\Delta t},\ w = \lim_{\Delta t \to 0}\frac{\Delta z}{\Delta t} \right) \tag{5-4a}$$

y, z 軸方向の加速度も同様に導出され次式を得る.

$$\frac{Dv}{Dt} = \frac{\partial v}{\partial t} + u\frac{\partial v}{\partial x} + v\frac{\partial v}{\partial y} + w\frac{\partial v}{\partial z} \tag{5-4b}$$

$$\frac{Dw}{Dt} = \frac{\partial w}{\partial t} + u\frac{\partial w}{\partial x} + v\frac{\partial w}{\partial y} + w\frac{\partial w}{\partial z} \tag{5-4c}$$

ただし,$\dfrac{D}{Dt} = \dfrac{\partial}{\partial t} + u\dfrac{\partial}{\partial x} + v\dfrac{\partial}{\partial y} + w\dfrac{\partial}{\partial z}$ (5-5)

位置も独立変数として扱うオイラー的手法では,流体塊の移動に伴う加速度

(移流加速度) が生じる.

式 (5-5) は**実質微分**, もしくは**ラグランジアン微分** (substantial differential) と呼ばれる微分演算子である. 実質微分は, 流体塊の特性量に関する変化率を表すものであり, 速度以外の変数に適用することも可能である (**5.4.3 参照**).

5.4.2 | 流体に作用する力

(1) 外力

図 5-7 のような微小直方体をコントロールボリュームと設定する. 外力として重力のみが作用する場を考え, 重力加速度を g とおけばコントロールボリュームの流体に作用する外力ベクトル $\boldsymbol{F}'$ は次式となる.

$$\boldsymbol{F}' = (F'_x, F'_y, F'_z)$$
$$= \rho \Delta x \Delta y \Delta z \times (0, 0, -g) \quad (5\text{-}6\text{a})$$

また, 上式を単位質量当たりの力に直せば, 次式となる.

$$\boldsymbol{F} = (F_x, F_y, F_z) = (0, 0, -g) \quad (5\text{-}6\text{b})$$

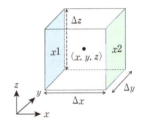

図 5-7 | 流体中のコントロールボリューム

(2) 圧力

コントロールボリュームの各面に作用する圧力の合力を求めて, 式 (5.1) の圧力項を導出する. 図 5-8 のコントロールボリュームを考え, 各面に作用する圧力を評価しよう. 圧力は面に垂直に作用する力である. $x1$ 面に作用する圧力による力 P_{x1} は次式となる.

$$P_{x1} = p(x - \Delta x/2, y, z, t) \times \Delta y \Delta z$$

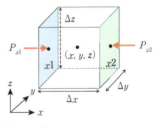

図 5-8 | 流体に作用する圧力

上式を (x, y, z, t) 周りでテイラー展開し微小項を無視すれば次式を得る.

$$P_{x1} \fallingdotseq \left\{ p + \left(-\frac{\Delta x}{2} \right) \frac{\partial p}{\partial x} \right\} \times \Delta y \Delta z$$

$x2$ 面に作用する圧力による力 P_{x2} も同様に導出され次式を得る.

$$P_{x2} = p(x + \Delta x/2, y, z, t) \times \Delta y \Delta z \Leftrightarrow P_{x2} \fallingdotseq \left\{ p + \left(\frac{\Delta x}{2} \right) \frac{\partial p}{\partial x} \right\} \times \Delta y \Delta z$$

よって x 軸に垂直な面に作用する圧力の合力 ΔP_x は次のようになる．

$$\Delta P_x = P_{x1} - P_{x2} = -\frac{\partial p}{\partial x}\Delta x \Delta y \Delta z$$

y, z 軸も同様に導出され，コントロールボリュームに作用する圧力による正味の力 $\Delta \boldsymbol{P}$ として次式を得る．

$$\Delta \boldsymbol{P} = -\left(\frac{\partial p}{\partial x}, \frac{\partial p}{\partial y}, \frac{\partial p}{\partial z}\right)\Delta x \Delta y \Delta z \tag{5-7}$$

(3) 粘性力

コントロールボリュームに作用する粘性応力の合力より，式（5-1）の粘性項が導出される．

粘性応力も圧力同様に面積力であるが，圧力が面に垂直に作用する力であったのに対し，粘性応力では，垂直に作用する力に加え，平行に作用する力を考慮する必要がある（図 5-9）．三次元での粘性応力は 3 面×3 方向の 9 成分を考えなければならない．

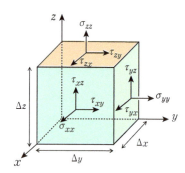

図 5-9 流体に作用する粘性応力の全成分

$$\tau_{ij} = \begin{bmatrix} \sigma_{xx} & \tau_{yx} & \tau_{zx} \\ \tau_{xy} & \sigma_{yy} & \tau_{zy} \\ \tau_{xz} & \tau_{yz} & \sigma_{zz} \end{bmatrix} \tag{5-8}$$

式（5-8）の τ_{ij} における 1 番目の添字は応力の作用面を表し，1 番目の添字で表される座標軸に垂直な面を作用面とする．2 番目の添字は応力の向きを表している．例えば，τ_{xy} は x 軸に垂直な面に作用する y 軸方向の応力を示す．作用する面と向きが等しい場合は σ（シグマ）記号を用い σ_{xx} と表すのが慣例である．σ は面に垂直に作用する応力で伸縮変形に対する粘性応力である．一方，τ は面に平行に作用する応力で，せん断変形に対する粘性応力を表す（図 5-10）．

さて，**1 章**では，ずり変形速度に比例する形で粘性応力を示した（式 1.1）．これは流速が一次元的な変化に限定された場合であり，三次元場を取り扱う場合のずり変形は式（1.1）では足りない．また，ずり変形以外の流体変形

| 図 5-10 | コントロールボリュームに作用する粘性応力の例 (a) 垂直応力, (b) せん断応力

も考慮しなければならない．全ての流体変形を考慮した場合の粘性応力は式 (5-9) となる．流体変形については 5.5 節に記述する．

$$\begin{bmatrix} \sigma_{xx} & \tau_{yx} & \tau_{zx} \\ \tau_{xy} & \sigma_{yy} & \tau_{zy} \\ \tau_{xz} & \tau_{yz} & \sigma_{zz} \end{bmatrix} = \begin{bmatrix} 2\mu\dfrac{\partial u}{\partial x} & \mu\left(\dfrac{\partial u}{\partial y}+\dfrac{\partial v}{\partial x}\right) & \mu\left(\dfrac{\partial u}{\partial z}+\dfrac{\partial w}{\partial x}\right) \\ \mu\left(\dfrac{\partial u}{\partial y}+\dfrac{\partial v}{\partial x}\right) & 2\mu\dfrac{\partial v}{\partial y} & \mu\left(\dfrac{\partial w}{\partial y}+\dfrac{\partial v}{\partial z}\right) \\ \mu\left(\dfrac{\partial u}{\partial z}+\dfrac{\partial w}{\partial x}\right) & \mu\left(\dfrac{\partial w}{\partial y}+\dfrac{\partial v}{\partial z}\right) & 2\mu\dfrac{\partial w}{\partial z} \end{bmatrix} \quad (5\text{-}9)$$

x 軸方向の合力

図 5.10(a) のようなコントロールボリュームに垂直応力 σ_{xx} が作用している場合を考える．

圧力の場合と同様に σ_{xx} を (x, y, z, t) 周りでテイラー展開し，2 次以上の微小項を無視すれば σ_{xx} の合力は次式のようになる．

$$\left\{-\sigma_{xx}\left(x-\frac{\Delta x}{2}, y, z, t\right)+\sigma_{xx}\left(x+\frac{\Delta x}{2}, y, z, t\right)\right\}\times \Delta y \Delta z \fallingdotseq \frac{\partial \sigma_{xx}}{\partial x}\Delta x \Delta y \Delta z \tag{5-10a}$$

同様に，図 5-9(b) のように τ_{yx} が作用する場合，τ_{yx} の合力は次式のようになる．

$$\left\{-\tau_{yx}\left(x, y-\frac{\Delta y}{2}, z, t\right)+\tau_{yx}\left(x, y+\frac{\Delta y}{2}, z, t\right)\right\}\times \Delta x \Delta z \fallingdotseq \frac{\partial \tau_{yx}}{\partial y}\Delta x \Delta y \Delta z \tag{5-10b}$$

τ_{zx} に関しても，同様に導出される．

$$\left\{-\tau_{zx}\left(x, y, z-\frac{\Delta z}{2}, t\right)+\tau_{zx}\left(x, y, z+\frac{\Delta z}{2}, t\right)\right\}\times \Delta x \Delta y \fallingdotseq \frac{\partial \tau_{zx}}{\partial z}\Delta x \Delta y \Delta z \tag{5-10c}$$

式 (5-10) を合算すれば，粘性応力の x 軸方向の合力 T_x として次式が得られる．

$$T_x = \left(\frac{\partial \sigma_{xx}}{\partial x} + \frac{\partial \tau_{yx}}{\partial y} + \frac{\partial \tau_{zx}}{\partial z}\right)\Delta x \Delta y \Delta z \tag{5-11a}$$

y, z 軸方向の合力 T_y, T_z も全く同様に導出される．

$$T_y = \left(\frac{\partial \tau_{xy}}{\partial x} + \frac{\partial \sigma_{yy}}{\partial y} + \frac{\partial \tau_{zy}}{\partial z}\right)\Delta x \Delta y \Delta z \tag{5-11b}$$

$$T_z = \left(\frac{\partial \tau_{xz}}{\partial x} + \frac{\partial \tau_{yz}}{\partial y} + \frac{\partial \sigma_{zz}}{\partial z}\right)\Delta x \Delta y \Delta z \tag{5-11c}$$

式（5-11）に式（5-9）の関係を代入し整理すると，流体に作用する正味の粘性力 $\boldsymbol{T}$ は以下のようになる．

$$\boldsymbol{T} = \mu\left(\frac{\partial^2 u}{\partial x^2} + \frac{\partial^2 u}{\partial y^2} + \frac{\partial^2 u}{\partial z^2}, \frac{\partial^2 v}{\partial x^2} + \frac{\partial^2 v}{\partial y^2} + \frac{\partial^2 v}{\partial z^2}, \frac{\partial^2 w}{\partial x^2} + \frac{\partial^2 w}{\partial y^2} + \frac{\partial^2 w}{\partial z^2}\right)\Delta x \Delta y \Delta z \tag{5-12}$$

(4) ナビエ・ストークスの式

ニュートンの運動方程式（質量×加速度＝作用する力の合力）に流体の加速度項（式 5-4），外力項（式 5-6），圧力項（式 5-7），粘性項（式 5-12）を代入する．x 軸方向の運動方程式のみ記せば次式を得る．

$$\rho \Delta x \Delta y \Delta z \times \frac{Du}{Dt} = F_x \rho \Delta x \Delta y \Delta z + \left(-\frac{\partial p}{\partial x}\right)\Delta x \Delta y \Delta z$$
$$+ \mu\left(\frac{\partial^2 u}{\partial x^2} + \frac{\partial^2 u}{\partial y^2} + \frac{\partial^2 u}{\partial z^2}\right)\Delta x \Delta y \Delta z \tag{5-13}$$

上式を $\rho \Delta x \Delta y \Delta z$ で除し，単位質量当たりに直したものが式（5-1）である．

5.4.3 ｜ 連続式の導出

> **質量保存則**
>
> ① Δt 間のコントロールボリューム全体の質量変化
> ＝② コントロールボリューム各面を Δt 間に出入する質量の総和

連続式は流体の質量保存則から導出される．地点 (x, y, z) に位置する微小直方体をコントロールボリュームとし，Δt 時間にコントロールボリュームを出入りする流体の質量について保存則を適用する（**図 5-11**）．

①コントロールボリューム内の質量の時間変化

コントロールボリューム内の密度 ρ の時間変化にコントロールボリューム体積 ΔV を乗じたものがコントロールボリューム内の質量の時間変化 ΔM_t に相当する．ρ の時間変化を (x, y, z, t) 周りでテイラー展開し2次以上の微小項を無視することで次式が得られる．

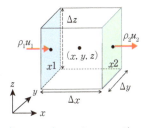

図 5-11 コントロールボリューム

$$\Delta M_t = \{\rho(x, y, z, t+\Delta t) - \rho(x, y, z, t)\} \times \Delta V \fallingdotseq \frac{\partial \rho}{\partial t} \Delta V \Delta t \quad (5\text{-}14)$$

② Δt にコントロールボリューム各面を出入する質量の総和

$x1$ 断面から密度 ρ_1 が流速 u_1 によって移流されている．このとき，$x1$ 面から流入する質量の総和 M_{x1} は次式となる．

$$M_{x1} = \rho_1 \times u_1 \times \Delta y \Delta z \times \Delta t$$
$$= \rho\left(x - \frac{\Delta x}{2}, y, z, t\right) \times u\left(x - \frac{\Delta x}{2}, y, t\right) \times \Delta y \Delta z \Delta t$$

上式を (x, y, z, t) 周りでテイラー展開し2次以上の微小項を無視すれば次式となる．

$$M_{x1} = \left(\rho u - \frac{1}{2}\frac{\partial \rho u}{\partial x}\Delta x\right)\Delta y \Delta z \Delta t \quad (5\text{-}15\text{a})$$

$x2$ 面を通過する質量の総和も同様に求めることが可能である．

$$M_{x2} = \rho_2 u_2 \times \Delta y \Delta z \times \Delta t = \left(\rho u + \frac{1}{2}\frac{\partial \rho u}{\partial x}\Delta x\right)\Delta y \Delta z \Delta t \quad (5\text{-}15\text{b})$$

よって，x 軸に沿って流入する正味の質量は次式となる．

$$\Delta M_x = M_{x1} - M_{x2} = -\frac{\partial \rho u}{\partial x}\Delta V \Delta t \quad (5\text{-}16\text{a})$$

y, z 断面を通過する質量に関しても同様に得られる．

$$\Delta M_y = -\frac{\partial \rho v}{\partial y}\Delta V \Delta t, \quad \Delta M_z = -\frac{\partial \rho w}{\partial z}\Delta V \Delta t \quad (5\text{-}16\text{b}), (5\text{-}16\text{c})$$

式 (5-14)，(5-16) を質量保存則に代入する．

$$\Delta M_t = \Delta M_x + \Delta M_y + \Delta M_z$$
$$\frac{\partial \rho}{\partial t} + \frac{\partial \rho u}{\partial x} + \frac{\partial \rho v}{\partial y} + \frac{\partial \rho w}{\partial z} = 0 \quad (5\text{-}17)$$

式（5-17）が流体の質量保存則である．

式（5-17）を積の微分公式で展開し，実質微分演算子（式 5-5）で整理すれば質量保存則は次のように展開される．

$$\frac{\partial \rho}{\partial t} + \frac{\partial \rho u}{\partial x} + \frac{\partial \rho v}{\partial y} + \frac{\partial \rho w}{\partial z} = \frac{D\rho}{Dt} + \rho\left(\frac{\partial u}{\partial x} + \frac{\partial v}{\partial y} + \frac{\partial w}{\partial z}\right) = 0 \qquad (5\text{-}18)$$

ここで，$D\rho/Dt$ は流体移動に伴う密度 ρ の実質的な変化量を表している．ρ の実質的変化とは流体の圧縮，膨張変化に他ならず，$D\rho/Dt=0$ である流体は**非圧縮性流体**と呼ばれる．式（5-18）から非圧縮性流体を仮定すれば連続式（5-2）が導かれる．連続式は非圧縮性流体の質量保存則に相当する．

Column 4

数値流体力学

ナビエ・ストークス（NS）の方程式は数学的には非線形の偏微分方程式に分類される．本章では限定的な問題に対し NS 式を簡略化し線形化することで解を求めたが，完全な NS 方程式の理論的解法は明らかになっていない．解の存在を証明することは，米国クレイ数学研究所による 7 つのミレニアム懸賞問題（賞金 100 万ドル）の 1 つとなっている．

一方で，冒頭でも触れた天気予報やハリウッド映画でのダイナミックな CG 映像，はたまたヒートアイランド抑制に向けた風通しの良い街区構造の提案などには，NS 方程式による流体計算の結果が活かされており，NS 方程式は我々の日々の生活に大きな恩恵をもたらしている．これを可能にしているのが，コンピューターを用いた数値流体力学（Computational Fluid Dynamics：CFD）の台頭である．図 5.1 の流れ場は CFD による計算の一例である．CFD では，微分方程式を四則演算のみの代数方程式で近似し，それらの大規模な連立方程式を解くことで，解が計算される．確からしい解を得るために多種多様な手法・マナーが提案・研究されており，ホットな学問分野の 1 つである．

5.5 流体の基本運動要素と渦度

鳴門の渦潮や竜巻，突風など複雑な振る舞いをする流体であるが，その運動を分解すれば次の 4 つの運動要素のみから成り立っている．

(1) 並進運動（**図 5-12**(a)）
(2) 伸縮変形（**図 5-12**(b)）
(3) ずり変形（**図 5-12**(c)）
(4) 回転運動（**図 5-12**(d)）

　流体の基本運動を流速から整理することを試みる．流体中に設定した辺長 δx，δy の微小要素 ABCD の運動と内部の流速分布を考える．

(1) 並進運動

　流下方向に速度勾配がない場合，微小要素 ABCD は変形することなく流速 u_0 で移流され A'B'C'D' に移る（**図 5-12**(a)）．これを並進運動という．

(2) 伸縮変形

　流下方向にのみ速度勾配を持つ場を考える．**図 5-12**(b) では x 軸方向のみの変化を示しており，線素 AD は変化せずその場に留まるが線素 BC は x 軸方向に移流され B'C' へ移る．このような変形を伸縮変形という．

　流下方向に δx だけ離れた異なる 2 地点間の相対的な速度変化を δu とおけば，δu はテイラー展開より次式のようになる．

$$\delta u = u(x+\delta x, y) - u(x, y) \fallingdotseq u(x, y) + \frac{\partial u(x, y)}{\partial x}\delta x - u(x, y) = \frac{\partial u}{\partial x}\delta x$$

$\delta u > 0$ では流体要素は伸長し $\delta u < 0$ では収縮するため，$\partial u/\partial x$ が x 方向への伸縮を規定するパラメータである．これを伸び速度 ε_x という（y 方向の伸縮では $\varepsilon_y = \partial v/\partial y$）．

$$\varepsilon_x = \frac{\partial u}{\partial x} \tag{5-19}$$

(3) ずり変形

　ずり変形とは，微小要素 ABCD が面積の等しいひし形に変化するような変形をいう（**図 5-12**(c)）．このときのずり変形速度は線素 AB では $\partial v/\partial x$，線素 AD では $\partial u/\partial y$ である．両者の和が xy 平面のずり変形を規定するパラメータであり，これをずり変形速度 γ_{xy} という．

$$\gamma_{xy} = \frac{\partial v}{\partial x} + \frac{\partial u}{\partial y} \tag{5-20}$$

(4) 回転運動

　微小要素 ABCD が剛体的に A 点周りを反時計回りに回転する場合を考え

(a) 並進運動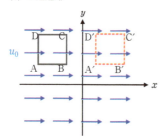

(b) 伸縮変形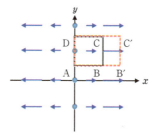

(c) ずり変形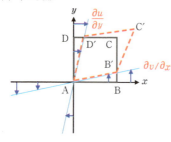

(d) 回転運動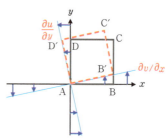

図5-12 流体の基本運動要素

る．線素 AB の角速度は反時計回りに $\partial v/\partial x$ で与えられ，線素 AD では反時計回りに $-\partial u/\partial y$ である．z 軸に関する反時計回りの角速度はこれらを平均し次のように与えられる．これを**回転角速度** $\varOmega_z$ という．

$$\varOmega_z = \frac{1}{2}\left(\frac{\partial v}{\partial x} - \frac{\partial u}{\partial y}\right) \tag{5-21}$$

伸び速度（式 5-19），ずり変形速度（式 5-20）は，ニュートン流体の粘性応力の式（5-9）に内包されていたことに気付くであろう．

さて，上で説明した基本運動要素を数学的に導いてみよう．xy 平面にある点 A の速度を (u_0, v_0)，点 A から (dx, dy) 離れた場所にある点 B での速度を $(u_0 + du, v_0 + dv)$ とおく．点 A から点 B に流体が移る際の速度変化 (du, dv) は全微分を用い次のように表すことができる．

$$du = u - u_0 = \frac{\partial u}{\partial x}dx + \frac{\partial u}{\partial y}dy, \quad dv = v - v_0 = \frac{\partial v}{\partial x}dx + \frac{\partial v}{\partial y}dy \tag{5-22}$$

上式を変形すれば式（5-23）を得る．

$$du = u - u_0 = \frac{\partial u}{\partial x}dx + \frac{1}{2}\left(\frac{\partial v}{\partial x} + \frac{\partial u}{\partial y}\right)dy - \frac{1}{2}\left(\frac{\partial v}{\partial x} - \frac{\partial u}{\partial y}\right)dy$$

$$\Leftrightarrow u = u_0 + \varepsilon_x dx + \frac{1}{2}\gamma_{xy}dy - \Omega_z dy \tag{5-23a}$$

$$dv = v - v_0 = \frac{\partial v}{\partial y}dy + \frac{1}{2}\left(\frac{\partial v}{\partial x} + \frac{\partial u}{\partial y}\right)dx + \frac{1}{2}\left(\frac{\partial v}{\partial x} - \frac{\partial u}{\partial y}\right)dx$$

$$\Leftrightarrow v = v_0 + \varepsilon_y dy + \frac{1}{2}\gamma_{xy}dx + \Omega_z dx \tag{5-23b}$$

つまり，流体塊の運動は流体の基本運動要素である並進運動 $\boldsymbol{v}_0$，伸縮変形 $\boldsymbol{\varepsilon}$，ずり変形 $\boldsymbol{\gamma}$，回転運動 $\boldsymbol{\Omega}$ で表現することができる．

5.6 速度ポテンシャルと流関数

回転角速度 $\boldsymbol{\Omega}$ の2倍のベクトル量を渦度という．

$$\boldsymbol{\omega} = 2\boldsymbol{\Omega} = \begin{pmatrix} \omega_x \\ \omega_y \\ \omega_z \end{pmatrix} = \begin{pmatrix} \partial w/\partial y - \partial v/\partial z \\ \partial u/\partial z - \partial w/\partial x \\ \partial v/\partial x - \partial u/\partial y \end{pmatrix} \tag{5-24}$$

式（5-24）は上から x, y, z 軸周りの回転を表し，渦度は座標軸の向きに右ねじを進ませる回転方向を正の向きととる．

　渦度がない流れを渦なし流れ，またはポテンシャル流れと呼ぶ．渦なし流れでは，ポテンシャル理論という数学理論によりナビエ・ストークスの式を解かずとも流れの解析解を求めることができる．ここでは，ポテンシャル理論の基礎となるスカラー関数である，速度ポテンシャル ϕ（ファイ）と流関数 ψ（プサイ）を導入する．本書ではポテンシャル理論は対象としないため，興味のある読者は水理学・流体力学や複素関数論に関する他書を参照されたい．

5.6.1 渦なし流れと速度ポテンシャル

　簡単のため，xy 平面の二次元場で考える．渦なし流れの条件（$\omega_z = \partial v/\partial x - \partial u/\partial y = 0$）を満足させるスカラー関数として次のような関数 ϕ を定義することができる．

$$\frac{\partial v}{\partial x} - \frac{\partial u}{\partial y} = 0 \Leftrightarrow u = \frac{\partial \phi}{\partial x},\ v = \frac{\partial \phi}{\partial y} \tag{5-25}$$

ϕ の勾配で速度ベクトルが評価されるため，ϕ は**速度ポテンシャル**（velocity potential）と呼ばれる．u, v 2つの未知変数は渦度ゼロの関係式を用いれば

1つの未知変数 ϕ に集約させることができる.

5.6.2 | 流線と流関数

二次元の連続式からは別のスカラー関数 ψ を定義することができる.

$$\frac{\partial u}{\partial x}+\frac{\partial v}{\partial y}=0 \Leftrightarrow u=\frac{\partial \psi}{\partial y}, \quad v=-\frac{\partial \psi}{\partial x} \tag{5-26}$$

u, v 2つの未知変数は連続式から1つの未知変数 ψ に集約させることができる. ψ を**流関数**（stream function）と呼ぶ. 流関数を定義することで連続式は自動的に満足される.

式（5-26）の1つを積分すれば，次の関係が得られる.

$$\int_{\psi_a}^{\psi_b} d\psi = \int_a^b u\, dy$$

上式右辺は $a \leq y \leq b$ の単位幅流量を表しており，ψ の差分がその区間の流量となる.

流速ベクトルを連ねた線を**流線**（stream line）と呼び（**図 5-13**），流線の線素を (dx, dy) で表せばその方程式は次式で与えられる.

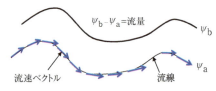

図 5-13 | 流線と流速ベクトル

$$\text{流線の方程式}: \frac{dx}{u}=\frac{dy}{v}, \quad \text{もしくは} \quad -vdx+udy=0 \tag{5-27}$$

また，$\psi=\text{const.}$ の曲線上にて ψ の全微分を取り，式（5-26）の関係を用いれば，流線の方程式が導かれる（式 5-28）.

$$d\psi=\frac{\partial \psi}{\partial x}dx+\frac{\partial \psi}{\partial y}dy=-vdx+udy=0 \tag{5-28}$$

流関数 ψ は一本の流線を表すことが確認できる.

連続式が成立（非圧縮性流体）し，かつ渦度がない場合，ψ と ϕ は次のラプラス方程式を満足させる.

$$\frac{\partial v}{\partial x}-\frac{\partial u}{\partial y}=0 \Leftrightarrow \frac{\partial^2 \psi}{\partial x^2}+\frac{\partial^2 \psi}{\partial y^2}=0 \tag{5-29a}$$

$$\frac{\partial u}{\partial x}+\frac{\partial v}{\partial y}=0 \Leftrightarrow \frac{\partial^2 \phi}{\partial x^2}+\frac{\partial^2 \phi}{\partial y^2}=0 \tag{5-29b}$$

ラプラス方程式は線形の偏微分方程式であり解析解を求めることが可能で

ある．適切な境界条件の下でラプラス方程式を解き，式（5-26），（5-37）から流速が評価される．

Chapter 5【演習問題】

【1】 式（5-11），（5-9）より流体に作用する正味の粘性力（式5-12）を導出せよ．

【2】粘性項を無視したナビエ・ストークスの方程式をオイラーの運動方程式と呼ぶ．オイラーの運動方程式を積分することでベルヌーイの定理が導出される．定常流場，かつ z 方向のみの一次元場の限定的な条件下においてベルヌーイの定理を導出せよ．

【3】無限に続く平行平板間の片側の平板が一定速度 U_0 で移動している．このときナビエ・ストークスの式はどのように簡略化されるか．また，流速分布を導出せよ．なお，流れは定常とし，水深は十分深く流れは x-y の二次元場と見なせるものとする．

HYDRAULICS:Basics of Civil Engineering

Chapter 6 | 層流と乱流

> 実在する流体は，速度が遅く整った流れ（層流）と速度が速くて乱れを伴う流れ（乱流）に分類される．分類指標は「レイノルズ数」であり，慣性項と粘性項の比で表される．乱流の考え方は，レイノルズ応力の概念，混合距離理論を経て開水路の流速分布を導き出すに至り，粘性流体の運動を理解する上で重要なものである．

6.1 層流・乱流の性質

「乱流」という言葉を聞いたことがある人もいるのではないだろうか．飛行機に乗ると，「気流の乱れによって機体が揺れます」とアナウンスされることがある．上空の風が渦巻いているような場所を通過するのである．

川の流れも同様で，洪水時の水面は流れが渦巻いている．このとき，川の中のある一点で流速を連続計測すれば，表示器のメーターは安定せず，速くなったり遅くなったり，不規則に変動する．このような不規則な流体運動を**乱流**（turbulent flow）という（図 6-1(a)）．水道の蛇口から勢いよく水を

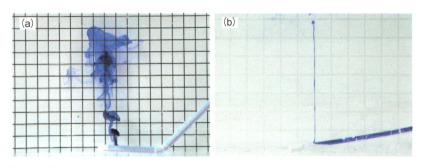

図 6-1 インクの浮上による (a) 乱流, (b) 層流の比較

流しているときも水脈は乱流になっている．

これに対して，流体粒子があちこち移動せずに層状に（粒子が流軸と並行に）流れてゆく様子が**層流**（laminar flow）である（**図 6-1**(b)）．水道の栓を絞っていき，少量の水を流すとき，つまり流速を遅くして水脈が揺らぎや乱れのない一本の整った筋になったとき，これを層流とイメージすればよい．

層流と乱流を分類する指標が**レイノルズ数** Re（Reynolds number）である．レイノルズ数は，代表速度 U，代表長さ L と動粘性係数 ν（$=\mu/\rho$）によって表される．

$$Re = \frac{UL}{\nu} \tag{6-1}$$

粘性が小さく，広い空間を高速で移動できる流体は乱流になり，このときレイノルズ数は大きくなる．

さて，層流・乱流の考え方は，パイプラインの設計や自動車・船舶の抵抗低減による燃費向上，水域における物質の拡散・混合現象を解析するなど，非常に幅広い分野で重要になってくる．

水・原油・ガスを輸送するためのパイプラインでは，流体が管路の壁面に接触する際に摩擦抵抗が発生するので，輸送のエネルギー（圧力）が失われる．摩擦損失の上昇および圧力の低下は層流よりも乱流において顕著であり，管内の流れが層流から乱流に移行すると輸送能力が低下する．そのため，小さなエネルギーで遠くまで流体を輸送するには，流れの状態と抵抗を考慮した設計が必要である．原油パイプラインでは，ポリマー（高分子剤）を少量添加することで，流体中の乱流を抑制し，摩擦抵抗を低減させることで輸送効率を上げている．なお，管路の摩擦抵抗については次の**第7章**で詳述する．

川の1点に染料を投下すると，いずれ川幅全体に拡がってゆく．煙が風に流されていく間に拡散していくことも同様である．この混合・拡散の様子は層流・乱流で異なる．流体が完全に静止した状態や層流においても，流体粒子は分子運動をしているので，その影響で物質は徐々に拡がっていく（分子拡散）．しかし，乱流場では渦運動による激しい混合が生じているので，物質は短時間に急速に拡散していく．環境中の物質の移動や拡がりを数値シミュレーションで予測する際には，乱流の考え方が非常に重要になってくる．

図 6-2 は管路の流速分布を用いて，層流・乱流の違いを説明したものである．粘性がないと仮定した完全流体（a）では，流体が壁面で摩擦の影

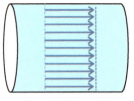 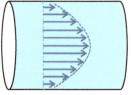 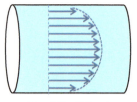

(a) 完全流体：一様　　(b) 層流：放物線分布　　(c) 乱流：対数分布

図 6-2　層流・乱流が管路内の流速分布に及ぼす影響

を受けないので，流速分布は断面全体で一様になる．これに対して，実在の流体（b），(c) では壁面摩擦の影響を受けるので，壁面で流速が 0 となり，中心に向かって流速が上昇していく．層流 (b) では，流速が**ハーゲン・ポアズイユ流れ**（Hagen-Poiseuille flow）の放物線分布になる．乱流 (c) では，渦運動の影響で壁付近の流速と中心の流速が均一化しやすくなり，流速が対数分布になる．

6.2 レイノルズ数

> 粘性流体では，層流と乱流という 2 つの流れの状態に分類される．管路や開水路流れにおいて，どちらの流れの状態になるかは，レイノルズ数 Re という無次元数の大きさによって決まる．
>
> $$Re = \frac{UL}{\nu}$$
>
> これは運動方程式の慣性項と粘性項の比を表しており，レイノルズ数が小さいと層流になり，レイノルズ数が大きくなると乱流になる．

レイノルズは，管路を流れる水の流速と流れ方の特徴の関係を実験により調べた（**図 6-3**）．管路に水を流して，入り口から着色液を細い筋のよう注入すると，極めて遅い流速では着色液は拡がることなく一本の筋として流れる．水脈が滑らかに直線的に流れる状態を層流といい，着色液は流体粒子の分子運動でわずかに拡がるほかは，流れの下流方向にそのまま移動していく．

しかし，流速を大きくしていき，ある値を超えると，着色液が乱れて管内一杯に拡がる．これは，流体粒子が時間的にも空間的にも不規則に変動しは

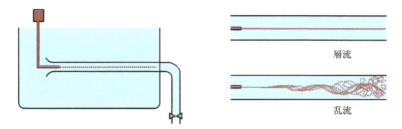

図6-3 レイノルズの実験装置と層流・乱流

じめることを表しており，大小様々な渦運動により着色液が周囲の水と混合する．この状態を乱流といい，混合の進みやすさは層流よりはるかに大きい．

流体粒子の運動という観点から見ると，流速だけではなく，流れ場の長さ（管径など）と流体の粘性も影響してくる．流れ場のスケールが大きければ周囲から与えられた微小な攪乱が増幅して渦が発達しやすくなり，流体粒子は不規則に混合する．一方，流体の粘性が大きい場合は，不規則な渦運動が抑制されて，流体粒子は流軸と並行に層状に移動し，粘性が小さいと渦運動が発達しやすい．

そこで，実在の非圧縮性粘性流体に関する運動方程式（式（5-1））から，慣性項（左辺の移流加速度）と粘性項（右辺第三項）の比を取ると，次のようになる．

$$Re \rightarrow \frac{u\frac{\partial u}{\partial x}}{\nu \frac{\partial^2 u}{\partial x^2}} \rightarrow \frac{U\frac{U}{L}}{\nu \frac{U}{L^2}} = \frac{U \cdot L}{\nu} \tag{6-2}$$

分母が粘性項，分子が慣性項である．これをレイノルズ数といい，［代表速度 U × 代表長さ L］と［動粘性係数 ν］の比で表される．代表長さとは，管路であれば直径，河川なら川幅など，流体粒子の運動の自由度を規定する空間スケールである．

速度が遅く幅が狭い流れや，粘性の大きな流体は層流を形成し，レイノルズ数は小さな値となる．これは，地下水の流れなども相当する．一方，速度が速く，幅が広い流れは乱流を形成し，レイノルズ数は大きな値となる．乱流は流体の粘性の効果が小さい流れであり，流れの慣性力の影響が強い．河川流など，日常的に目にする流れのほとんどが乱流である．

6.3 限界レイノルズ数

> 乱流と層流を分けるしきい値を**限界レイノルズ数**という．これは乱流を維持できる下限のレイノルズ数であり，管路では約 2000 となる．

層流状態から徐々に流速を増大させて乱流に移行する場合と，乱流から徐々に流速を下げて層流に移行する場合では，その変化点となる流速（レイノルズ数）の大きさが異なる．

この様子を，管路の流速と圧力勾配の関係から確認する（**図 6-4**）．**3 章**ではエネルギー保存則を管路に適用したが，これは非常に短い区間の現象に対して適用可能である．ある一定以上の長さを持つ管路では，管壁での摩擦のためにエネルギーが失われ，摩擦損失は圧力低下として現れる．

次節（**6.4**）で述べるように，円管路における圧力勾配 $-dp/dx$ と層流の流速 u は比例関係にある（式 (6-13)）．そして，流速あるいはレイノルズ数を徐々に上げていくと（粘性と管径が一定なら，速度とレイノルズ数は比例する），圧力勾配が X 点において急上昇する．これは圧力をかけても流速が上昇しにくいことを意味し，流れが層流を維持できなくなって，乱流状態に変化したことを表している．X 点のレイノルズ数は 2000〜4000 の範囲で一定せず，安定した層流を作り出すと 24000 という実験例もあり，上昇過程では遷移点が変化する．

乱流域では，圧力勾配が流速の 1.7〜2 乗に比例することが実験から明らかにされた（**図 6-4** の乱流域の傾きが 1.7〜2 になる）．そのため，管壁の摩擦損失水頭は流速 u の 2 乗と区間長 l に比例する形で表現されている（詳細は **7 章**）．

一方，高速流から徐々に速度を下げていくと，乱流状態から Y 点を経て層流状態

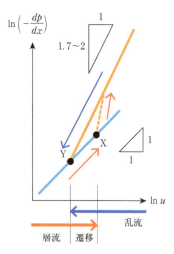

図 6-4 層流・乱流の遷移過程

に移行し，Y点のレイノルズ数は約2000で安定している．

このように，流速（レイノルズ数）の上昇過程と，下降過程では経路が異なり，上昇過程では遷移点を定義できないことから，乱流状態を維持できる下限のレイノルズ数を限界レイノルズ数と定義する．層流・乱流を分類する単純なしきい値ではないので，注意してほしい．

【例題 6-1：限界レイノルズ数】

真っ直ぐな円管内を20度の水が流れていて，流速を徐々に下げていく．(1) 内径が15 [cm] のとき，層流が形成される断面平均流速を求めよ．(2) 内径が2 [m] ではどうか．(3) 層流が実現象として見られるかどうか考えよ．

ここで，レイノルズ数に現れる L は管の直径，20度の水の密度は 998.20 [kg/m³]，粘性係数 μ は 1.002×10^{-3} [Pa·s] とする．

【解答】

(1) $\nu = \mu/\rho = 1.004 \times 10^{-6}$ [m²/s]

層流は $Re < 2000$ で形成されるから，

$$U \leq \frac{Re \cdot \nu}{L} = \frac{2000 \times 1.004 \times 10^{-6}}{0.15}$$

$$= 0.0133 = \underline{1.33} \text{ [cm/s]}$$

(2) $L = 2$ [m] のときは，

$$U \leq \frac{Re \cdot \nu}{L} = \frac{2000 \times 1.004 \times 10^{-6}}{2}$$

$$= 0.001 = \underline{1.00} \text{ [mm/s]}$$

(3) 非常に遅い流れで層流が発生することが分かる．実際の水道管や環境中の流れでは，層流はほとんど見られないと考えられる．

6.4 層流の流速分布―円管路の場合―

円管路を流れる層流の流れをハーゲン・ポアズイユ流れといい，流速分布は放物線分布の式になる．流速 u，および流量 Q は，圧力勾配 $-dp/dx$ に比例し，粘性係数 μ に逆比例する．

$$u = \frac{1}{4\mu}\left(-\frac{dp}{dx}\right)(a^2 - r^2) \qquad Q = \left(-\frac{dp}{dx}\right)\frac{\pi a^4}{8\mu}$$

層流に関しては，非圧縮性粘性流体に関するナビエ・ストークスの運動方程式（式 (5-1)）の理論解が得られる．その一例を以下に示す．水平面内に置かれた一様断面を持つ円管路の流れを，円筒座標系で考える（図 6-5(a)）．

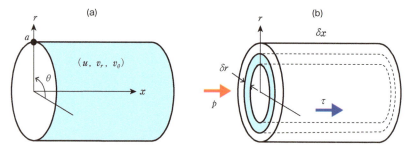

図 6-5 (a) 円筒座標系の設定, (b) 円管路流れの力のつり合い

流下方向を x 軸, 半径方向を r 軸, 中心軸周りに θ 軸をとる. 各方向成分の流速を (u, v_r, v_θ) とすると, x 方向の式は次のようになる.

$$\frac{\partial u}{\partial t} + u\frac{\partial u}{\partial x} + v_r \frac{\partial u}{\partial r} + v_\theta \frac{\partial u}{r \cdot \partial \theta}$$
$$= F_x - \frac{1}{\rho}\frac{\partial p}{\partial x} + \nu\left(\frac{\partial^2 u}{\partial x^2} + \frac{\partial^2 u}{\partial r^2} + \frac{1}{r}\frac{\partial u}{\partial r} + \frac{1}{r^2}\frac{\partial^2 u}{\partial \theta^2}\right) \tag{6-3}$$

ここで F_x は外力項(重力)の x 成分である(式(5-6)).

流れは定常状態にあり ($\partial/\partial t = 0$), 流速は流下方向と中心軸周りに一様 ($\partial/\partial x = 0$, $\partial/\partial \theta = 0$), さらに流下方向以外の流速成分はゼロ ($v_r = 0$, $v_\theta = 0$) とする. 重力加速度の水平成分はないので ($F_x = 0$), 式(6-3)は,

$$0 = -\frac{1}{\rho}\frac{\partial p}{\partial x} + \nu\left(\frac{\partial^2 u}{\partial r^2} + \frac{1}{r}\frac{\partial u}{\partial r}\right) \tag{6-4}$$

となる. u は r のみの関数で, p は x のみの関数なので, 次のように書き換えられる.

$$\frac{1}{r}\frac{d}{dr}\left(r\frac{du}{dr}\right) = \frac{1}{\mu}\frac{dp}{dx} \tag{6-5}$$

一方この式は, 半径 r と $r + \delta r$ の環状の流体に作用する2つの力(左右からの圧力 p と側面のせん断応力 τ)のつり合いから導くことも可能である(図6-5(b)).

$$\underbrace{\left\{p \cdot 2\pi r \cdot \delta r - \left(p + \frac{dp}{dx}\delta x\right)2\pi r \cdot \delta r\right\}}_{\text{左右断面に作用する圧力の差}}$$

$$+ \underbrace{\left\{2\pi r \cdot \tau \cdot \delta x - \left(2\pi r \cdot \tau + \frac{d(2\pi r \cdot \tau)}{dr}\delta r\right)\delta x\right\}}_{\text{円筒の側面に作用するせん断力の差}} = 0 \tag{6-6}$$

これより，

$$-r\frac{dp}{dx} - \frac{dr\tau}{dr} = 0 \quad (6\text{-}7)$$

となる．ここで，せん断応力は管路の壁面を基準にして考えるので，壁面から流軸に向かう方向を y 軸とすると，y 軸と r 軸は向きが逆になる．

$$\tau = \mu \frac{du}{dy} = -\mu \frac{du}{dr} \quad (6\text{-}8)$$

よって，

$$-r\frac{dp}{dx} + \mu \frac{d}{dr}\left(r\frac{du}{dr}\right) = 0 \quad (6\text{-}9)$$

のようになり，式（6-5）と同様になる．

式（6-5）あるいは式（6-9）を r に関して一回積分すると，

$$r\frac{du}{dr} = \frac{r^2}{2\mu}\frac{dp}{dx} + C_1 \quad (6\text{-}10)$$

となる．境界条件としては，管の半径を a とすると管の壁面（$r=a$）で流速 u がゼロである．また，流軸上（$r=0$）では流速 u が最大で，かつ，軸対称の流れになるので $du/dr=0$ である．積分定数 C_1 は $r=0$ での境界条件より，$C_1=0$ となる．さらに，もう一度積分すると，

$$u = \frac{r^2}{4\mu}\frac{dp}{dx} + C_2 \quad (6\text{-}11)$$

となり，壁面（$r=a$）での境界条件から，積分定数 C_2 が次のように求まる．

$$C_2 = -\frac{a^2}{4\mu}\frac{dp}{dx} \quad (6\text{-}12)$$

以上より，流速分布は次のように表され，

$$u = \frac{1}{4\mu}\left(-\frac{dp}{dx}\right)(a^2 - r^2) \quad (6\text{-}13)$$

円管内の層流の流速分布は放物線分布になることが分かる（**図6-6**）．この流れをハーゲン・ポアズイユ流れという．なお，摩擦損失の影響で圧力は流下（x）方向に低下していくので，dp/dx にマイナスの符号が付いている．

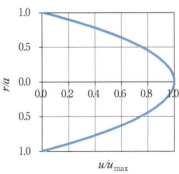

y 軸は管中央からの相対距離
x 軸は最大流速で無次元化した流速

図6-6 層流の流速分布

ここから，流量 Q を求めると，次のようになる．

$$Q = \int_0^a u \cdot 2\pi r dr = \left(-\frac{dp}{dx}\right)\frac{\pi a^4}{8\mu} \tag{6-14}$$

また，管の直径 D を用いて流量を表すと，次のようになる．

$$Q = \left(-\frac{dp}{dx}\right)\frac{\pi D^4}{128\mu} \tag{6-15}$$

断面平均流速 U_0 は次のようになる．

$$U_0 = \frac{Q}{\pi a^2} = \left(-\frac{dp}{dx}\right)\frac{a^2}{8\mu} \tag{6-16}$$

管中心の最大流速 $u_{\max}$ は式（6-13）において $r=0$ とすれば求まり，断面平均流速 U_0 は最大流速 $u_{\max}$ の 1/2 になる．

以上より，図 6-4 に示したように，層流における円管内の圧力勾配は流速の 1 乗に比例することが分かる．なお，**5 章例題 8** で導いた平行平板間の流れも，式（6-13）と同じ放物線分布となっており，上記の考え方は円管路以外にも適用できる．

6.5 乱流とレイノルズ応力

> 乱流では流体の不規則な運動が卓越し，流速を平均成分（$\bar{u}, \bar{w}$）とランダムな変動成分（u', w'）に分離できる．
>
> $u = \bar{u} + u'$
>
> $w = \bar{w} + w'$
>
> 乱流運動に起因して新たなせん断応力が発生する．これを**レイノルズ応力** τ_t（Reynolds stress）という．
>
> $\tau_t = -\rho \overline{u'w'}$

前節では，ナビエ・ストークスの運動方程式から層流の流速分布を導いた．しかし，レイノルズ数が大きくなると，管内の流速分布はこの層流の理論解から大きくずれてしまう．なぜだろうか？

層流を解く際には「流速は一定で，流下方向以外の流速成分は 0」と仮定したが，実際，レイノルズ数が上昇すると，図 6-7 に示すように流速が時間的にも空間的にも不規則に変動する．

この平均からの変動成分により，流体には分子粘性によるせん断応力以外に新たな応力（レイノルズ応力）が生み出され，そのために乱流では層流と異なる流速場が形成される．

6.5.1 | 乱れの表し方

　風が吹くときには，常に一定の風速が続くわけではなく，突然，強くなったり，一瞬やんだりして強弱がある．台風が通過するときの報道に，「平均風速」と「瞬間最大風速」の2つが示されるのはそのためである．同様に，河川のある一点で計測された流速を見ると（**図6-7**），流速データは0.05〜0.20［m/s］の範囲で揺れ動いているが，これは0.12［m/s］の平均流成分と，±0.05［m/s］程度のランダムな変動成分から組み合わさっていることが分かる．

　そこで，x-zの二次元空間を考え，x軸を壁に沿う方向，z軸を壁から垂直な方向とする．そしてx方向が流れの主流方向であるとき，流速成分（u, w）は次のように表現できる．

$$u = \bar{u} + u'$$
$$w = \bar{w} + w' \tag{6-17}$$

ここで，流速の平均成分を［ ¯ ］（バー），変動成分を［ ′ ］で表す．層流では$\bar{u}$しか考えなかったが，乱流になると渦運動が発達するので，上記のような変動成分を考える必要が生ずる．なお，この「平均」値を得るには，いくつかの操作方法があるが（本章のColumn 5を参照），ここでは現象をイメージしやすい「時間平均」で話を進める．

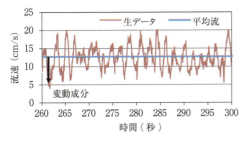

図6-7 | 河川の流速データ（16 Hzで計測）

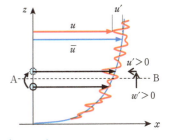

図6-8 | 流速鉛直分布

6.5.2 | レイノルズ応力

壁近傍を流れる流体を考えると（**図 6-8**），流体は激しく乱れ，混合運動をしており，それに伴って運動量の輸送が生じている．そこで，A-B 面を通過して鉛直方向に輸送される「x 方向の運動量」を考える．

壁に垂直な z 方向には，平均流速 $\bar{w}$ は発生しておらず，流速の変動成分 w' のみを考えるので，z 方向に時間 Δt の間に輸送される単位面積当たりの流体の質量は $\rho w' \Delta t$ となる．流下方向（x）の流速は $\bar{u}+u'$ であるから，z 方向に輸送される運動量の x 方向成分は $\rho w'(\bar{u}+u')\Delta t$ となる．そして，変動の時間スケールに比べて十分に長い時間 T の間の平均をとると以下のようになる．

$$\frac{1}{T}\int_0^T \rho(\bar{u}+u')w'\Delta t$$
$$=\frac{1}{T}\rho\bar{u}\int_0^T w' dt + \frac{1}{T}\rho\int_0^T u' w' dt = \rho\overline{u'w'} \tag{6-18}$$

ここで，変動成分の時間平均値は $\bar{w'}=0$ になる．一方で，2 つの変動成分の積は，何らかの相関性があれば 0 にはならない（$\overline{u'w'}\neq 0$）．

運動量保存則によれば（**4 章**），運動量束の変化は流体に作用する力の総和と等しいので，A-B 面には乱れに起因するせん断応力が作用することになる．

$$\tau_t = -\rho\overline{u'w'} \tag{6-19}$$

これをレイノルズ応力という．符号がマイナスになっていることについて，例えば**図 6-8** で A-B 面の下から上に向かって流体塊が瞬時に移動した場合を考えると，まず，z 軸方向の w' はプラスである．x 軸方向には，上面を移動する速い流体は，下面から移動してきた遅い流体によって一瞬減速するので，u' はマイナスの値を取る．反対に，上面から下面に流体塊が移動する場合は，下面の流体が加速するので，w' はマイナスで，u' はプラスの値を取る．いずれの場合も，$u'w'<0$ になるので，その平均値も $\overline{u'w'}<0$ となり，せん断応力としてはマイナスを付けて式（6-19）のように表す．

以上より，流体中のせん断応力 τ は分子粘性によるせん断応力 τ_v と乱流運動によるレイノルズ応力 τ_t から構成される．

$$\tau = \tau_v + \tau_t = \mu\frac{d\bar{u}}{dz} + (-\rho\overline{u'w'}) \tag{6-20}$$

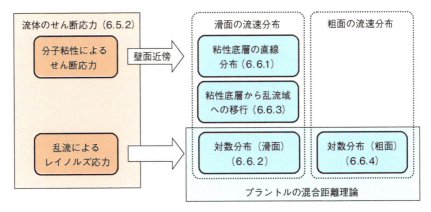

図 6-9 流速分布の導出

　乱流場であっても，壁のごく近傍では第一項の粘性応力が支配的である．しかし，壁から少し離れると分子粘性の影響は無視できて，第二項のレイノルズ応力が支配的になる．そこで図 6-9 の手順で，粘性応力から壁面付近の流速分布を，レイノルズ応力からより広い領域の対数分布則を導出する．

6.6 乱流の流速分布－壁面近傍の流れ－

> 　乱れの強さは平均流速の空間的な違いに起因すると考えられるため，レイノルズ応力は混合距離理論に基づいて次のように表される．
>
> $$\tau_t = -\rho \overline{u'w'} = \rho l^2 \left|\frac{d\bar{u}}{dz}\right|\frac{d\bar{u}}{dz}$$
>
> ここから，流速の対数分布則が導き出せる．
>
> $$\frac{\bar{u}(z)}{U_*} = \frac{1}{\kappa}\ln\frac{z}{z_0} + A$$
>
> この式は壁面近傍の流れに適用できる．

6.6.1 粘性底層の直線分布式

　壁面せん断応力 τ_0 を速度の次元を持つ量に書き換えると，

$$U_* = \sqrt{\frac{\tau_0}{\rho}} \tag{6-21}$$

となり，これを**摩擦速度**（friction velocity）という．

壁面のごく近傍では粘性応力が支配的であり，この領域を**粘性底層**（viscous sublayer）という．粘性底層の中では式（6-20）を次のようにおく．

$$\tau = \tau_0 \fallingdotseq \mu \frac{d\bar{u}}{dz} \tag{6-22}$$

式（6-21）から $\tau_0 = \rho U_*^2$ と置き換えて積分すると，

$$\rho U_*^2 z = \mu \bar{u} + C \tag{6-23}$$

となり，$z=0$ で $u=0$ の境界条件から，壁面近傍の流速分布として

$$\frac{\bar{u}(z)}{U_*} = \frac{U_* z}{\nu} \tag{6-24}$$

が導かれる．よって，粘性底層内では $\bar{u}$ が z の一次関数になる（直線分布）．

6.6.2 | 滑面の流速分布

次に，レイノルズ応力が支配的な乱流場における流速分布を考える．ブシネスク（Boussinesq）は，分子粘性との類似形として，レイノルズ応力を次のように表した．

$$\tau_t = \eta \frac{d\bar{u}}{dz} = \rho \varepsilon \frac{d\bar{u}}{dz} \tag{6-25}$$

粘性係数 μ に対応して η を**渦粘性係数**（eddy viscosity）といい，動粘性係数 ν に対応して ε を**渦動粘性係数**（kinematic eddy viscosity）という．

プラントル（Prandtl）は渦粘性係数について考察し，分子運動と乱流運動の類似性から，乱れを作り出す要因が流れ場の流速差であると考えた．そこで，流速変動の大きさが平均流速の勾配に比例すると考えると，

$$u' \fallingdotseq l_1 \frac{d\bar{u}}{dz}, \quad w' \fallingdotseq l_2 \frac{d\bar{u}}{dz} \tag{6-26}$$

となる．ここで，l_1 と l_2 は流体塊の混合運動の空間スケールに相当し，混合距離（mixing length）といわれる．そして，u' と w' の相関係数を α として，改めて $\alpha l_1 l_2 = l^2$ とおけば，レイノルズ応力は次のようになる．

$$\tau = \tau_0 \fallingdotseq -\rho \overline{u'w'} = \rho l^2 \left|\frac{d\bar{u}}{dz}\right| \frac{d\bar{u}}{dz} \tag{6-27}$$

絶対値を付けているのはレイノルズ応力と $d\bar{u}/dz$ の符号を整合させるためである．これを**プラントルの混合距離理論**という．

式（6-25）と比較すると，渦動粘性係数は次のように表される．

$$\varepsilon = l^2 \left|\frac{d\bar{u}}{dz}\right| \tag{6-28}$$

さて，乱流の混合運動の元となる渦の長さスケールを考えると，壁面上では0だが，壁面から離れるにつれて壁面の制約を受けないため長さスケールは増大する．これを混合距離 l に置き換えて，l が壁面からの距離に比例するとおくと，

$$l = \kappa z \tag{6-29}$$

となる．ここで，κ は**カルマン**（Karman）**定数**と呼ばれ，実験から $\kappa = 0.41$ とされる．

式（6-27）と（6-29）から，次のようになる．

$$\tau_0 \fallingdotseq \rho l^2 \left|\frac{d\bar{u}}{dz}\right|\frac{d\bar{u}}{dz} = \rho \kappa^2 z^2 \left(\frac{d\bar{u}}{dz}\right)^2 \tag{6-30}$$

壁面から離れるにつれて（z と共に）速度は増加するため $d\bar{u}/dz > 0$ となり，絶対値をはずせる．ここで，摩擦速度 U_*（6-21）を導入すると，

$$\frac{d\bar{u}}{dz} = \frac{U_*}{\kappa z} \tag{6-31}$$

が得られる．これを変数分離により積分すると次のようになる．

$$\bar{u}(z) = \frac{U_*}{\kappa}(\ln z + C) \tag{6-32}$$

さらに両辺が無次元になるように表示すると，U_* で除して，

$$\frac{\bar{u}(z)}{U_*} = \frac{1}{\kappa}\ln\frac{z}{z_0} + A \tag{6-33}$$

が得られる．ここで z_0 は壁面付近の流れを規定する長さの代表値で，滑らかな壁面（滑面）における支配要因は動粘性係数 ν と摩擦速度 U_* であるから，$z_0 = \nu/U_*$ となる（長さの次元になっていることを確認しよう）．したがって次式が得られる．

$$\frac{\bar{u}(z)}{U_*} = \frac{1}{\kappa}\ln\frac{U_* z}{\nu} + A_s \tag{6-34}$$

定数 A_s は実験から与えられ，$A_s = 5.5$ である．これを**滑面の対数分布則**という．

6.6.3 | 滑面における粘性底層から乱流域への移行

滑面では，壁面付近において粘性底層の直線分布の式（6-24）からスター

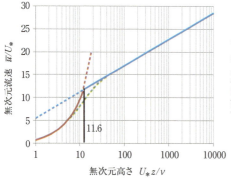
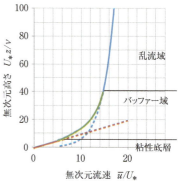

(a) 式(6-24)(6-34)と実験値の比較（日野）　　(b) 壁面からの距離と速度式の接続同じデータを使い，軸を入れ替えて表示

図6-10 滑らかな壁面上の流速分布

トし，壁から離れると，対数分布則の式（6-34）に移行する（**図6-10**）．もし，流速を対数分布則だけで説明しようとしても，壁面上の $z=0$ において $\bar{u} \to -\infty$ となって現象が整合しない（$\bar{u}=0$ にならない）．このことからも，粘性底層において流速が直線分布で0に近づくことの理由が理解できる．

直線分布（式（6-24））と対数分布（式（6-34））の接続を考えると，両者の流速が等しくなるような壁面からの高さを $z=\delta_s$ とおくと，

$$\frac{U_* \delta_s}{\nu} = \frac{1}{\kappa} \ln \frac{U_* \delta_s}{\nu} + A_s \tag{6-35}$$

のように書ける．ここで $\kappa = 0.41$，$A_s = 5.5$ とすると，

$$\frac{U_* \delta_s}{\nu} = 11.6 \tag{6-36}$$

が得られる（**図6-10**(a)）．この δ_s（$=11.6\nu/U_*$）を粘性底層の厚さと定義するが，この値は非常に小さく，開水路では 0.01〜0.1 [mm] のオーダー

表6-1 滑面の速度分布式のまとめ

	適用範囲（壁面からの高さ）	速度分布式	
粘性底層	$0 \leq \dfrac{U_* z}{\nu} < 4$	$\dfrac{\bar{u}(z)}{U_*} = \dfrac{U_* z}{\nu}$	（直線）
バッファー域	$4 \leq \dfrac{U_* z}{\nu} < 30 \sim 70$		
乱流域	$30 \sim 100 < \dfrac{U_* z}{\nu}$	$\dfrac{\bar{u}(z)}{U_*} = \dfrac{1}{\kappa} \ln \dfrac{U_* z}{\nu} + A_s$	（対数）

となる．なお，式（6-36）の高さにおいて直線分布式から対数分布式に直接接続するのではなく，中間層（バッファー域）を経て移行していく（図 **6-10**(b)）．

【例題 6-2：粘性底層の厚み】
 勾配 I が 1/100，水深 R が 1.5 [m] の河川（開水路）に 20 度の水が流れている．このとき，河床面の粘性底層 δ_s の厚みを求めよ．なお，川幅が水深と比べて十分に広いとき，摩擦速度は $U_* = \sqrt{gRI}$ のように表される．20 度の水の動粘性係数は 1.004×10^{-6} [m²/s] とする．

【解答】
$U_* = \sqrt{9.81 \times 1.5 \times 0.01} = 0.3836$ [m/s]
$\delta_s = 11.6\nu/U_* = 3.036 \times 10^{-5}$ [m]
$\fallingdotseq \underline{0.0304}$ [mm]
コピー用紙は 1 枚 0.08〜0.10 mm なので，水深 1.5 m の水路の粘性底層は紙よりも薄い．存在を確認するのが困難なスケールである．

6.6.4 │ 粗面の流速分布

壁面が粗い場合，粘性底層は存在せず，全ての領域でレイノルズ応力が支配的になる．ここで，「粗い」というのは，粘性底層よりも相当粗度 k_s（一様粒径の砂粒を壁面に隙間なく貼り付けた場合の粒径，凹凸の高さ）が十分に大きい（高い）場合をいう（詳しくは次項 **6.6.5**）．このとき，式（6-33）において長さの代表値 z_0 として相当粗度 k_s をとり，$z_0 = k_s$ とすると，**粗面の対数分布則**として次が得られる．

$$\frac{\bar{u}(z)}{U_*} = \frac{1}{\kappa} \ln \frac{z}{k_s} + A_r \tag{6-37}$$

粗面の定数 A_r は実験によって与えられ，$A_r = 8.5$ である．

式（6-34）と式（6-37）の**対数分布則**（logarithmic law）は，壁面付近の現象を前提として導かれているが，実際には管路や開水路の全体にわたる流速分布をよく表す．

【例題 6-3：水深平均流速】
 図 **6-11** のような流れについて，粗面の流速分布式を用いて，(1) 水深平均流速 $\bar{U}$ を導出せよ．壁面粗度の高さを k_s，水深を h として，粗面の上面から水面までを積分範囲

とする．(2) 水深 h が 3.25 [m]，粗度高さ k_s が 9.2 [cm] のときに，水面流速を計測したら 6.86 [m/s] であった．このとき，摩擦速度 U_* はいくらか．(3) 水深平均流速 $\bar{U}$ を求めよ．

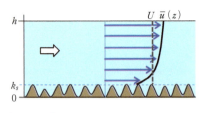

図 6-11

【解答】

(1) 対数則 (6-37) を $z=k_s$ から $z=h$ まで積分して，水深 $h-k_s$ で割ると水深平均流速が求まる．

$$\bar{U} = \frac{1}{h-k_s}\int_{k_s}^{h}\bar{u}(z)\,dz$$

$$= \frac{U_*}{\kappa(h-k_s)}[z\ln z - z - z\ln k_s + A_r\kappa z]_{k_s}^{h}$$

$$= \frac{U_*}{\kappa}\left(\frac{h}{h-k_s}\ln\frac{h}{k_s} - 1 + A_r\kappa\right)$$

ここで，一般に $h \gg k_s$ なので，$h/(h-k_s) \fallingdotseq 1$ とすると，

$$= \frac{U_*}{\kappa}\left(\ln\frac{h}{k_s} - 1 + A_r\kappa\right)$$

が得られる．複雑な式に見えるが，U_* と水深 h 以外は定数である．U_* は水深と河床勾配から求めるか ($\sqrt{gRI}$)，任意の一点の流速 (例えば表面流速) を計測すれば対数分布則より求められる．

なお，壁面 $z=0$ から $z=h$ までを積分範囲とすると，

$$\bar{U} = \frac{1}{h}\int_0^h \bar{u}(z)\,dz$$

$$= \frac{U_*}{\kappa h}(h\ln h - h - h\ln k_s + A_r\kappa h - 0\ln 0)$$

となり，$z\ln z$ の項が $z=0$ で不定形になる ($0\times -\infty$)．しかし，ロピタルの定理を使えば，$\lim_{z\to +0}z\ln z = \lim_{z\to +0}(-z) = 0$ となるので，同じ答えが導出される．

(2) 対数則 (6-37) に $\bar{u}(3.25) = 6.86$，$z=3.25$，$k_s=0.092$，$k=0.41$，$A_r=8.5$ を代入すると，$U_* = 0.3989 \fallingdotseq 0.399$ [m/s]

(3) (1) で得た平均流速の式に，各数値を代入すると，$\bar{U} = 5.888 \fallingdotseq 5.89$ [m/s] が得られる．U_* は $\bar{U}$ の 0.068 倍であり，実際の河川では，摩擦速度は平均流速の約 0.1 倍になる．

6.6.5 | 壁面の粗さと粘性底層

前節までで滑面と粗面の対数分布則を導出したが，実際の水路や環境では

両者の中間的な粗度条件もあるだろう．そこで，いま一度，基本の式（6-33）に立ち返り，相当粗度 k_s を長さの代表値とすると（$z_0 = k_s$），

$$\frac{\bar{u}(z)}{U_*} = \frac{1}{\kappa} \ln \frac{z}{k_s} + A \tag{6-38}$$

となる．ニクラーゼ（Nikuradse）は円管に一様な粒径の砂を貼り付けた人工粗管を作り，定数 A の値を調べた（**図6-12**）．図の x 軸は $U_* k_s / \nu$ で整理されており，これは速度・長さと動粘性係数の比であるから，k_s に関する粗度レイノルズ数という．定数 A の値は滑面，遷移領域，粗面の3つに分類される（**表6-2**）．なお，滑面の A の値を式（6-38）に代入すると，滑面の式（6-34）が得られるので確認するとよい．

ここで，粗度レイノルズ数の値の持つ意味を粘性底層との関係で調べてみる．式（6-36）で粘性底層の厚みが定義されており，このとき，粗度レイノルズ数 $U_* k_s / \nu$ は次のように表される．

$$\frac{U_* k_s}{\nu} = \frac{U_* \delta_s}{\nu} \times \frac{k_s}{\delta_s} = 11.6 \frac{k_s}{\delta_s} \tag{6-39}$$

粗度レイノルズ数は粘性底層の厚さと粗度高さの比で表されることが分かり，**表6-2** の粗度レイノルズ数の範囲を高さ比（右列）で書き換えることができる．

これは物理的にイメージしやすく（**図6-13**），粗度レイノルズ数が4未満というのは，高さ比が 0.34 未満と同義であり，すなわち粗度高さ k_s が粘性底層厚さ δ_s の 0.34 倍であるから，「十分に粗度が小さい」=「滑面」といえ

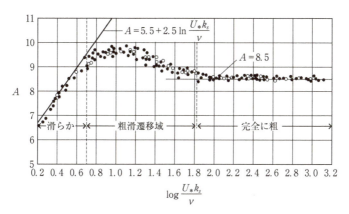

図6-12 壁面の粗度レイノルズ数と流速分布則の定数項 A の関係
（「明解水理学」日野幹夫，丸善）

6.6 乱流の流速分布—壁面近傍の流れ—

表6-2 壁面の水理学的な粗度のまとめ

	粗度レイノルズ数の範囲	式 (6-38) の A の値	粘性底層厚さ δ_s と粗度高さ k_s の関係
水理学的滑面	$\dfrac{U_* k_s}{\nu} < 4$	$\dfrac{1}{\kappa} \ln \dfrac{U_* k_s}{\nu} + A_s$	$\dfrac{k_s}{\delta_s} < 0.34$
遷移領域	$4 < \dfrac{U_* k_s}{\nu} < 70$	$f\left(\dfrac{U_* k_s}{\nu}\right)$	$0.34 < \dfrac{k_s}{\delta_s} < 6.0$
水理学的粗面	$70 < \dfrac{U_* k_s}{\nu}$	$A_r \ (= 8.5)$	$6.0 < \dfrac{k_s}{\delta_s}$

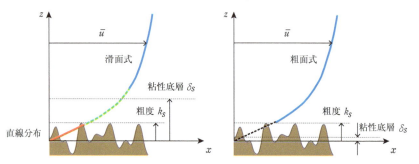

図6-13 粘性底層厚さ δ_s と壁面粗度 k_s の関係による滑面・粗面の分類

るのである．逆に，粗度レイノルズ数が 70 より大きいというのは，粗度高さ k_s が粘性底層厚さ δ_s の 6 倍以上ということを意味し，粘性底層が粗度の中に隠れてしまうので，粘性底層の存在を考慮する必要がなく，「粗面」となる．

また，粗面・滑面は絶対的な凹凸の高さではなくて，k_s と δ_s の相対的な関係によるので，「水理学的」と付けている．粘性底層の厚さ δ_s は，式 (6-36) から明らかなように，摩擦速度 U_* が増大すれば減少する．そして，摩擦速度 U_* は流速 $\bar{u}(z)$ や水深平均流速 $\bar{U}$ と比例関係にある．【例題 6-3：水深平均流速】の導出から，

$$\bar{U} = \frac{U_*}{\kappa}\left(\ln \frac{h}{k_s} - 1 + A_r \kappa \right) \Rightarrow U_* \propto \bar{U} \tag{6-40}$$

となる．そのため，流速が速くなると摩擦速度が増大して粘性底層は薄くなるので，1つの水路で k_s が変化しなくても，粗滑の状況は変わり，結果として抵抗則も変化する．

Column 5

様々な平均の考え方

　流体現象を平均的に捉える方法には，アンサンブル平均，時間平均と空間平均がある．

　アンサンブル平均とは，集合平均あるいは統計平均といわれ，ある現象が何度も繰り返されるとして，決まった時刻・場所のデータを多数集めて平均したものである．例えば水路実験や数値シミュレーションを同じ条件で100回繰り返して実施し，「通水開始から5分後に深さ20 cmのところで流速を計測し，100回のデータを平均した」という場合にあたる．これにより，その現象の平均的な状態と，データのばらつきの範囲が分かる．不確実性を持つ現象を把握するための一番重要な手法である．

　時間平均は最もイメージしやすく，ある任意の一点でデータを連続的に取得し，それを計測時間で除したものである．流れが定常状態にあるなら，時間平均とアンサンブル平均は等しくなる．

　空間平均は，ある瞬間に対象区間におけるデータを計測し，それを平均処理したものである．ある時刻の流れ場の平均的な状態と，場所によって流速が速い・遅い状態を平均値からのずれで評価できる．

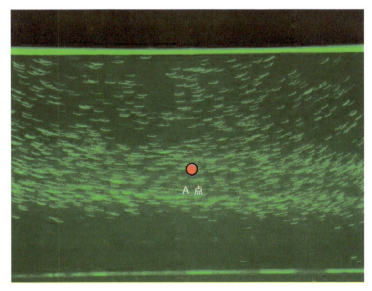

図6-14　波による水粒子の移動軌跡を可視化した実験

① アンサンブル平均：A 点で流速を計測し，この実験を何度か繰り返して，その集合データを平均する方法．

② 時間平均：この実験を長時間継続し，その間に A 点で流速を連続計測する．その流速時系列を平均したものを時間平均といい，平均処理の中では最もよく用いられる．

③ 空間平均：この画像フレームの流速分布を一斉同時に計測し（実際には画像処理方法 PIV を用いる），空間フレーム内の平均と偏差を求める方法．

HYDRAULICS: Basics of Civil Engineering

Chapter 7 | 管路流れ

> 管路流れにおける基礎式，およびエネルギー損失の取り扱いについて学ぶ．基本的な管路について，エネルギー線や動水勾配線を描けるようになることを目的とする．

7.1 管路流れとは？

同一流体で満たされた管内の流れを**管路流れ** (pipe flow) と呼ぶ（図7-1(a)）．円管，矩形管，様々な形状の管路が市販されているが，本章で学

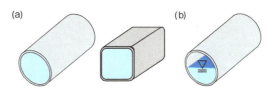

図 7-1 (a) 管路流れの例，(b) 開水路流れ

ぶ内容の基本的部分は形状を問わず適用できる．一方で，管路内の流れであっても図7-1(b)のように，管内が流体で満たされず自由水面を持つ流れは開水路流れに分類されるので注意が必要である．開水路の流れについては8〜10章にて記述する．

油田から精油プラントに続くパイプライン，上水道の各家庭への配水，水力発電におけるダムからタービンまでの導水（図7-2）など，管路を用いた流体輸送は，その輸送効率の高さと一度運用されれば数十年メンテナスフリーで利用できる運用コストの安さから我々の生活に欠かせない社会基盤としてあらゆる場面で利用されている．近年では，総長107 kmに及ぶ長大な海底パイプラインがトルコ-北キプロス間で開通し（図7-2(b)），水資源の

(a) 水圧管路（九州電力五木川水力発電所）　(b) トルコ・キプロス間を繋ぐ世界最長の海底淡水パイプライン（写真は海底設置前の状態）

図 7-2 管路流れの例

不足するキプロスへと年間 7500 万 m³ の淡水がパイプラインを通じて供給されている．

　さて，管路内の流れの詳細像を知るには流体の運動方程式（**5 章**）や乱流（**6 章**）に関する深い理解が必要となるが，流体を少ないエネルギーで効率的に輸送するという実学の観点からは詳細な流れ場を知ることは必ずしも必要ではない．管内を流れる流量と流体を流すのに必要となるエネルギーについて計算できれば良い場合がほとんどである．また，大局的には流体は管路の軸に沿ってのみ流れる．そのため，管路流れでは断面平均された流速や圧力を用いたシンプルな一次元理論のみで議論を展開することができる．このような主流方向のみの解析手法を**一次元解析法**（one dimensional analysis）と呼び，これが本章の管路流れ，および次章以降で学ぶ開水路流れの基礎となる．

7.2 管路流れの基礎式

連続式：　　　　　　　　　　　　　　　$Q = Av = A_1 v_1 = A_2 v_2 = \text{const.}$

エネルギー保存則：
（拡張されたベルヌーイの定理）　　$H = \dfrac{a v_1^2}{2g} + \dfrac{p_1}{\rho g} + z_1 = \dfrac{a v_2^2}{2g} + \dfrac{p_2}{\rho g} + z_2 + h_l$

微分形式　　　　　　　　　　　　　　$\dfrac{dh_l}{dx} = -\dfrac{d}{dx}\left(\dfrac{a v^2}{2g} + \dfrac{p}{\rho g} + z\right)$

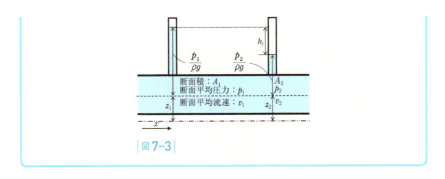

図 7-3

　管路計算において重要なのは，流量と流体輸送に必要なエネルギーを知ることである．これらの計算に必要となるのが，連続式（式7-1）とエネルギー保存則（式7-2）である．

連続式： $\qquad Q = Av = A_1 v_1 = A_2 v_2 = \mathrm{const.} \qquad (7\text{-}1)$

エネルギー保存則： $H = \dfrac{\alpha v_1^2}{2g} + \dfrac{p_1}{\rho g} + z_1 = \dfrac{\alpha v_2^2}{2g} + \dfrac{p_2}{\rho g} + z_2 + h_l \quad (7\text{-}2)$

また，管内流れのいくつかの計算では運動量保存則を必要とする場合もある．

運動量保存則： $\qquad \rho Q(v_2 - v_1) = (p_1 A_1 - p_2 A_2) + F \quad (7\text{-}3)$

ここで，v_i, p_i は断面 $i(=1, 2)$ で平均された流速と圧力であり，z_i は管中心部までの基準高さ，h_l は断面間のエネルギー損失水頭，α はエネルギー補正係数，その他の変数は **3章**，**4章**と同様である．

　エネルギー保存則（式7-2）は**3章**で学んだベルヌーイの定理（式3-4）と完全に一致しておらず，2つの違いがある．1つは，速度水頭に含まれるエネルギー補正係数 α である．これは，速度水頭を断面平均する際に管路断面内の流速分布の効果を考慮したものである．十分発達した乱流場では，$\alpha \fallingdotseq 1.1$ 程度であり，以降では簡単のため $\alpha = 1$ として扱う．また，もう1つの重要な違いはエネルギー損失水頭 h_l の存在である．4章までの内容は粘性のない完全流体を対象としていたが，実在流体では粘性が作用し，その結果，管壁に作用する摩擦や，管の形状変化に伴うはく離渦の影響によりエネルギーは流下方向に減少する．h_l はこれらのエネルギー損失を示す項である．エネルギー補正係数もエネルギー損失水頭も粘性を考慮することで生じる作用であり，粘性影響を含んだベルヌーイの定理は特に**拡張されたベルヌーイの定理**（extended Bernoulli's principle）と呼ばれる．

　粘性により流体のエネルギーが流下方向に失われていけば十分な通水がで

きず管路流れが維持できない場合が生じうる．そのため管路流れではエネルギー損失を適切に評価することが重要である．エネルギー損失の特徴や式形を次節以降で取り扱う．

7.3 摩擦損失

6.4 節，6.5 節で学んだように実在流体では管壁にせん断応力が作用する．せん断応力による仕事に費やされ失われる力学的エネルギーを**摩擦損失**（friction loss）という．ところで，失われたエネルギーは消えてなくなるわけではない．物体同士を擦りあわせると接触面は摩擦により熱を帯びるが，流体も同様に摩擦により失われたエネルギーは熱エネルギーへと変換される．ただし，その昇温効果は無視できるほど小さいため水理学では問題としない（Column 6 参照）．

7.3.1 ダルシー・ワイスバッハの式

> 管路の摩擦損失水頭 h_f は，以下のダルシー・ワイスバッハの式で計算できる．
> $$h_f = f \frac{L}{d} \frac{v^2}{2g}, \quad \text{もしくは} \quad \frac{dh_f}{dx} = \frac{f}{d} \frac{v^2}{2g}$$

管路の摩擦損失水頭は，ダルシー（Darcy）とワイスバッハ（Weishbach）により次のように定式化された．

$$h_f = f \frac{L}{d} \frac{v^2}{2g} \quad \text{または微分形式で} \quad \frac{dh_f}{dx} = \frac{f}{d} \frac{v^2}{2g} \tag{7-4}$$

f は摩擦損失係数（無次元），d は管の直径，L は摩擦損失を考える区間の長さを表す．式（7-4）は様々な材質の管路を用いた実験より得られた経験則である．

7.3.2 摩擦損失係数

ダルシー・ワイスバッハの式より摩擦損失水頭 h_f を算出するには摩擦損失係数 f が必要である．ここでは，種々の流れの状態における摩擦損失係数

について示す．

(1) 層流

層流の摩擦損失係数は次式で与えられる．

$$f = \frac{64}{Re}, \quad Re = \frac{vd}{\nu} \tag{7-5}$$

上式はハーゲン・ポアズイユ流れの解（**6.4節**）より導出される理論式である．直観的には，管壁の粗さ（粗度）が摩擦の大きさに関係しそうであるが，層流では摩擦損失係数は壁面粗度に無関係であり，レイノルズ数 Re のみの関数となることは重要な事実である．

> 【例題 7-1：層流の摩擦損失係数の導出】
>
> ハーゲン・ポアズイユ流れの流速分布式より層流の摩擦損失係数を導出せよ．
>
> 【解答】
>
> ハーゲン・ポアズイユ流れの流速分布式を管断面にわたって積分すれば次式となる．
>
> $$v = -\frac{a^2}{8\mu}\frac{dp}{dx} \quad ①$$
>
> 圧力勾配 dp/dx をエネルギー損失勾配 dh_f/dx で置き換えることを考える．dh_f/dx では損失を正とするため圧力勾配と正負が異なることに注意し次式を得る（**図7-4**参照）．
>
> $$\frac{dp}{dx} = -\rho g \frac{dh_f}{dx} \quad ②$$
>
> 式②を式①に代入すれば次式を得る．
>
> $$v = \frac{a^2 \rho g}{8\mu}\frac{dh_f}{dx}$$
>
> 上式を dh_f/dx について整理しダルシー・ワイスバッハの式に代入すれば，層流の摩擦損失係数の理論式が導出される．
>
> $$\frac{8\mu v}{a^2 \rho g} = \frac{f}{d}\frac{v^2}{2g} \Leftrightarrow f = \frac{64\mu}{\rho v d} = \frac{64}{Re}$$
>
>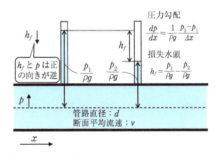
>
> 図7-4 摩擦損失と圧力勾配の関係

(2) 乱流

層流では摩擦損失係数が理論的に導かれるのに対し，乱流はそのメカニズムが十分に分かっておらず流速分布の厳密な理論解がないため，摩擦損失係数は経験則により与えるより他ない．

乱流の摩擦損失係数としてよく使用される式を以下に記す．滑面乱流（**6.6.2**）では，摩擦損失係数は層流と同様にレイノルズ数 Re のみの関数である．一方，粗面乱流（**6.6.4**）では，摩擦損失係数は壁面粗度 k_s と管路直径 d の比である相対粗度 k_s/d により決まり，レイノルズ数 Re は影響しない．粗面と滑面の遷移域では両者が滑らかに接続するように定式化される．

[滑面乱流]

ブラジウス（Blasius）式

$$f = 0.3164 Re^{-1/4} \quad (3 \times 10^3 < Re < 10^5) \tag{7-5}$$

ニクラーゼ（Nikuradse）式

$$\frac{1}{\sqrt{f}} = 2.0 \log_{10}(Re\sqrt{f}) - 0.8 \quad (3 \times 10^3 < Re < 3 \times 10^6) \tag{7-6}$$

[粗面乱流]

$$\frac{1}{\sqrt{f}} = -2.0 \log_{10}\left(\frac{2k_s}{d}\right) + 1.74 \tag{7-7}$$

[粗滑遷移域]

$$\frac{1}{\sqrt{f}} = -2.0 \log_{10}\left(\frac{2k_s}{d} + \frac{18.7}{Re\sqrt{f}}\right) + 1.74 \tag{7-8}$$

(3) Moody 図表

乱流の摩擦損失係数は，式（7-5），（7-7）を除けば陰関数として与えられており使い勝手が良くない．そのため，市販管の摩擦損失係数については，Moody 図表（**図 7-5**）を用いるのが有用である．Moody 図表により，レイノルズ数と相対粗度を与えれば摩擦損失係数を読み取ることができる．Moody 図表では，左軸に摩擦損失係数（対数軸）を，右軸は相対粗度（線形軸），横軸にレイノルズ数（対数軸）をとる．

【例題 7-2：Moody 図表の使い方】

直径 20.0 [mm] の滑らかな円管路に流量 2.00 [L/s] の水が流れている．Moody 図表から摩擦損失係数を求めよ．なお，水の動粘性係数 ν は 1.01×10^{-6} [m²/s] とする．

【解答】

流量 Q の単位を SI 単位系に変換する．

$Q = 2.00$ [L/s] $\times 10^{-3}$ [m³/L]
$\quad = 2.00 \times 10^{-3}$ [m³/s]

円管内を流れる断面平均流速 v を求める．

$$v = \frac{Q}{A} = \frac{2.0 \times 10^{-3} \text{[m}^3\text{/s]}}{\pi/4 \times (20 \times 10^{-3})^2 \text{[m}^2\text{]}}$$

$= 6.366\cdots \fallingdotseq 6.37$ [m/s]

よってレイノルズ数 Re は次のようになる．

$$Re = \frac{vd}{\nu} = 1.261\cdots \times 10^5 \fallingdotseq 1.26 \times 10^5$$

図 7-5 の Moody 図表より滑面乱流のグラフと $Re = 1.26 \times 10^5$ が交差する点を読み取る．0.1 [mm] まで目分量で読み取ると，摩擦損失係数は $1.6 \sim 1.8 \times 10^{-2}$ となる．ニクラーゼ式では $f = 1.72 \times 10^{-2}$ であり，図解法で摩擦損失係数のおおよその値を得られることがわかる．

【例題 7-3：摩擦損失に関する思考実験】

同一直径の 2 本の管路がある．片方はレイノルズ数によらず層流状態が維持でき，もう片方は粗面乱流が維持できる．大流量を流すときどちらの管路のエネルギー効率が高いか．ダルシー・ワイスバッハの式を用い考察せよ．

【解答】

流量 Q，管の直径を d としよう．

層流の摩擦損失係数は $f_l = 64/Re$ であり，粗面乱流では相対粗度のみの関数であるため摩擦損失係数は一定値である．ここでは f_t とおく．

層流管の摩擦損失はダルシー・ワイスバッハの式より次のようになる．

$$\frac{dh_f}{dx} = \frac{f_l}{d}\frac{v^2}{2g} = \frac{64}{Red}\frac{1}{2g}\left(\frac{4Q}{\pi d^2}\right)^2 = \frac{128\nu}{\pi g d^4}Q$$

摩擦損失は流量 Q に比例して増加する．一方，乱流管では摩擦損失係数が一定のため摩擦損失は次のようになる．

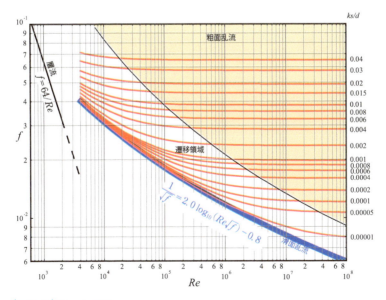

図 7-5 | Moody 図表

$$\frac{dh_f}{dx} = \frac{f_t}{d}\frac{v^2}{2g} = \frac{f_t}{2gd}\left(\frac{4Q}{\pi d^2}\right)^2 = \frac{8f_t}{g\pi^2 d^5}Q^2$$

乱流管では流量の2乗に比例し摩擦損失が増えていく．

層流状態の方が大流量を省エネルギーで輸送できると言える．

7.3.3 | 円管以外の摩擦損失

ダルシー・ワイスバッハの式（7-4）や摩擦損失係数（式7-3〜7-8）には管路パラメータとして直径 d が用いられる．d は円管特有のパラメータであり，それ以外の管路では d に代わるパラメータが必要である．そのため，潤辺 S と径深 R という概念を導入する．潤辺 S は管路断面における流体が接する管路壁面の総辺長であり，径深 R は流体の断面積 A と潤辺の比と定義される（図 7-6）．潤辺と径深は共に長さの次元を持つ．直径 d の円管では，潤辺 $S=\pi d$，径深 $R=d/4$ である．つまり，d を与えることは，$4R$ を与えることと等価である．

円管路以外の管形状では直径の代わりに径深の4倍を与えることでダルシー・ワイスバッハの式，摩擦損失係数の式が利用できる．

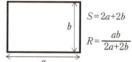

図 7-6 | 矩形管の潤辺 S と径深 R

7.4 摩擦損失以外の損失

> 形状損失水頭の評価式は次のように表される．
>
> $$h_i = K_i \frac{v^2}{2g}, \quad K_i：形状損失係数$$

ホースから水を流すとき，ホースが丸まっているよりも真っ直ぐにした方が水の出が良いことに気づく．これは，ホースが曲がることでエネルギーが損失しているためである．摩擦以外にも，管の形状変化によってもエネルギー損失が生じ，これを**形状損失**（local loss または form loss）と呼ぶ．形状損失は速度水頭に**形状損失係数**（local loss coefficient）K_i を乗じることで求めることができる．

$$h_i = K_i \frac{v^2}{2g} \tag{7-9}$$

形状損失は，流入・流出部，管径の急拡・急縮部，漸拡・漸縮部，管路の曲がり部などで生じる．形状損失係数は管の急拡部以外では理論的に求めることはできず経験式により与えられる．管形状が変化すれば，連続式を満たすように流速も変化するが，式（7-9）の速度水頭は流速の大きい方を用いるのがルールである．

　さて形状損失はどのように生じるのだろう．管形状が変化するとき，流線が管壁からはく離し渦領域を生成する（図7-7），または二次流と呼ばれる主流と直交する副次的な流れを生む（7.4.4にて記述）．はく離渦や二次流の形成に流れのエネルギーの一部が使用され，粘性によりエネルギーが次第に失われ最終的に熱エネルギーへと変化する．

　以降では，いくつかの形状変化と損失係数の関係について確認していこう．

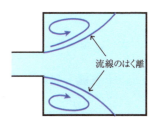
図7-7　はく離渦

7.4.1 ｜ 流入・流出損失

(1) 流入 (entrance)

　十分大きな貯水池やタンクから管路に流体が流入する場合を考える．流入部では，図7-8(a)のような流線のはく離による渦領域が生成されエネルギー損失につながる．損失係数は流入部の形状により依存し，角を隅切りしたもの（図7-8(b)）やベルマウス型の流入口（図7-8(c)）では，流れのはく離が抑えられるため損失係数も小さい．壁面に直に管路が接続される場合は急縮損失における $A_1 \to \infty$（後述の表7-1の $d/D=0$）の場合に相当し，流入損失係数 $K_e = 0.5$ となる．

(2) 流出 (exit)

　管路流れが十分大きな貯水池に流出する場合（図7-8(f)），管路の流出部における速度水頭 $v^2/2g$ は貯水池の水と混合し次第に消失する．速度水頭が完全になくなるため，流出損失係数 K_0 は1である．これは，急拡損失における $A_2 \to \infty$（表7-1の $d/D=0$）の場合に相当する．なお，流出の英語表記は exit であるが，流入と区別するため流出損失係数は K_0 と表記されることが多い．

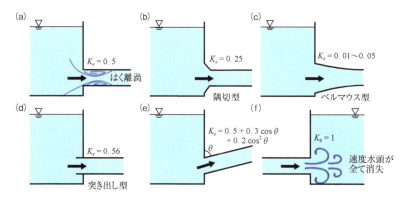

図 7-8 (a)〜(e) 流入部の損失，(f) 流出部の損失

7.4.2 急拡・急縮損失

(1) 急拡 (sudden expansion)

> 急拡損失の理論式は次のように表される．
> $$h_{se} = K_{se}\frac{v_1^2}{2g}, \quad K_{se} = \left(1 - \frac{A_1}{A_2}\right)^2$$

図 7-9(a) のように管径が急激に拡大する急拡部について考える．

断面 I-I' での細管（断面積 A_1）からの流れは太管に真っ直ぐ噴出し，はく離渦を形成し断面 II-II' で管壁に再付着する．断面 I-I' 部での流線は主流に平行であるため，管の半径方向に加速度は働かず，静水圧近似が成立する．よって，断面 I-I' に作用する圧力は細管での圧力 p_1 とおける．また，はく離区間は短く壁面せん断力は無視できるとしよう．以上の前提条件から，管路流れの基礎方程式 (7-1)〜(7-3) を用い急拡損失の理論式を導出する．

図 7-9(a) の赤点線枠をコントロールボリュームとし，運動量保存則を適用する．

$$\rho Q(v_2 - v_1) = A_2(p_1 - p_2) \tag{7-10}$$

また，拡張されたベルヌーイの定理により急拡損失水頭 h_{se} は次のように表される．

$$h_{se} = \frac{v_1^2}{2g} - \frac{v_2^2}{2g} + \frac{p_1}{\rho g} - \frac{p_2}{\rho g} \tag{7-11}$$

式 (7-10)，(7-11) より圧力項を消去すれば次式を得る．

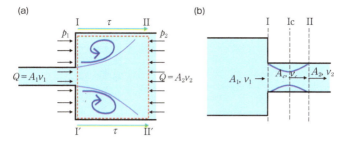

図7-9 (a) 急拡損失，(b) 急縮損失

$$h_{se} = \frac{v_1^2}{2g} - \frac{v_2^2}{2g} + \frac{1}{\rho g}\frac{\rho Q(v_2 - v_1)}{A_2} \tag{7-12}$$

連続式 $Q = A_1 v_1 = A_2 v_2$ を用い，式（7-12）から Q，v_2 を消去することで，急拡損失の理論式が導出される．

$$h_{se} = \frac{1}{2g}(v_1^2 - v_2^2) + \frac{2v_2^2 - 2v_1 v_2}{2g} = \frac{1}{2g}(v_1 - v_2)^2 = K_{se}\frac{v_1^2}{2g}$$

$$\text{ただし，} K_{se} = \left(1 - \frac{A_1}{A_2}\right)^2 \tag{7-13}$$

(2) 急縮（sudden contraction）

図7-9(b) のように断面積 A_1 の太管から断面積 A_2 の細管に不連続に接続する急縮部を考える．

急縮後の下流部 Ic 断面では，流線のはく離により正味の通水断面積は A_c にまで狭まり，その後断面 II で断面積 A_2 に拡大する．そのため急縮損失では，I-Ic 区間の断面縮小による効果と Ic-II 区間の断面拡大による効果が生じている．ここでは，後者の影響のみを考慮し急拡損失の式（7-13）を区間 Ic-II に適用する．

$$h_{sc} = \left(1 - \frac{A_c}{A_2}\right)^2 \frac{v_c^2}{2g}$$

連続式より v_c を v_2 で置き換えれば急縮損失の評価式は次のようになる．

$$h_{sc} = \left(\frac{1}{C_c} - 1\right)^2 \frac{v_2^2}{2g} = K_{sc}\frac{v_2^2}{2g}, \quad \text{ただし，} C_c = \frac{A_c}{A_2} \tag{7-14}$$

ここで，K_{sc} は急縮損失係数，C_c は縮脈係数である．A_c は理論的には求まらず測定も難しい．そのため，縮脈係数は経験則で与えるより他ない．

表7-1 に様々な管径比 d/D（d：細管直径，D：太管直径）の急縮，急拡損失係数を示す．多くの d/D で急拡損失係数の方が大きいが，これは流線の

表7-1 急拡・急縮損失係数 K_{se}, K_{sc} （d：細管直径，D：太管直径）

d/D	0	0.1	0.2	0.3	0.4	0.5	0.6	0.7	0.8	0.9	1.0
K_{se}	1.0	0.98	0.92	0.82	0.70	0.56	0.41	0.26	0.13	0.04	0
K_{sc}	0.5	0.5	0.49	0.49	0.46	0.43	0.38	0.29	0.18	0.07	0

はく離域が大きいためである．

7.4.3 漸拡・漸縮損失

(1) 漸拡（gradual expansion）

図7-10のように断面1から断面2まで緩やかに拡がる管路では漸拡損失が生じる．漸拡部では，はく離渦の形成が抑えられるため，急拡に比べ管拡大に伴う損失は小さくなる．漸拡損失 h_{ge} は急拡損失（式7-13）を補正するよう形で定式化される．

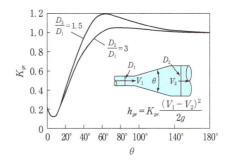

図7-10 漸拡損失（「水理公式集」土木学会）

$$h_{ge} = K_{ge} K_{se} \frac{v_1^2}{2g} \quad (7\text{-}15)$$

ここで，K_{ge} は漸拡損失係数である．漸拡損失係数の値を図7-10に示す．

(2) 漸縮（gradual contraction）

漸拡管路とは逆に緩やかに狭まる管路では，流れは加速されるためはく離が抑えられる．漸縮が緩やかな一般的な管路では形状損失を無視することができる．

7.4.4 曲がり損失

図7-11に示すように管路が緩やかに曲がる場合，二次流やはく離渦によるエネルギー損失が発生する．曲がり部（bend）の損失は次式で評価される．

$$h_b = K_{b1} K_{b2} \frac{v_1^2}{2g} \quad (7\text{-}16)$$

ただし，$K_{b1} = 0.131 + 0.1632 (d/\gamma)^{7/2}$，$K_{b2} = \left(\dfrac{\theta}{90}\right)^{1/2}$

K_{b1} は曲がり角が90°の場合の損失係数であり曲がり部の曲率半径 γ と管径

d の比で与えられる．K_{b2} は曲がりの中心角 $90°$ の場合に対する任意の曲がり角 θ の場合の損失比である．

二次流の発生要因について詳しく見ていこう．曲がり部では遠心力が生じる．遠心力は速度の 2 乗に比例するため，流速の大きい横断面中心部と流速の小さい管壁付近では遠心力の大きさが異なる．管中心では遠心力により流体には外側（**図 7-11** の点 A →点 B の方向）に向か

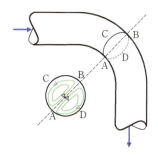

図 7-11 曲がり損失

う流れが生じる．その結果 B の圧力が高まり B から A に向かう圧力勾配を生む．遠心力の小さい管壁付近では，圧力勾配が遠心力を上回るため管壁に沿って内側（**図 7-11** の点 A 方向）に向かう流れが生じる．A に到達した流れは，遠心力により B に向かう流れを補償するように管中心に引き込まれる．この循環流が曲がり部での二次流である．二次流の存在は摩擦の作用距離を増やすため，流下距離当たりの摩擦損失を増大させる．曲がり部の曲率半径が小さい場合には，二次流に加えはく離を伴う場合がありエネルギー損失を増大させる．

7.4.5 | その他の損失

上で紹介した形状損失以外にも，弁・バルブによる損失，管の分岐・合流や屈折による損失などがある．これらの損失係数は水理公式集（土木学会）にまとめられているので適宜参照すればよい．

> **Column 6**
>
> #### 粘性とエネルギー
>
> 水理学では，エネルギーとして力学的エネルギー（運動エネルギー，圧力エネルギー，位置エネルギー）のみを対象とする．エネルギー損失とはあくまでも力学的エネルギーの損失であって，熱，光，音など他のエネルギー形態も含めれば必ずエネルギーは保存されている．水理学での粘性による力学エネルギーの損失分は熱エネルギーに変換される．
>
> エネルギー損失がもたらす水温上昇分はどれほどであろうか．厳密に見

積もるには,ナビエ・ストークスの方程式に加え,運動エネルギーの方程式と熱力学エネルギーの方程式を新たに導出しそれらを解く必要があり,水理学の教科書の範囲を超える.ここでは,ベルヌーイの定理を用いてラフに水温上昇量を見積もってみよう.管路流れが貯水池に接続している場合を考える.流出部で失われる速度水頭は $v^2/2g$ であり,単位体積当たりでは $\rho v^2/2$ [J/m^3] である.これが全て熱エネルギーに変換されるのだから,水の比熱 C(4127 J/kg・K)と水温変化 ΔT [K] を用いれば $\rho v^2/2 = C\rho \Delta T$ となる.$v = 10$ m/s としても $\Delta T = 0.012$ K とごくわずかである.

7.5 管路の損失計算

本節では,これまでに学んだ知識を総動員し,管路各部でのピエゾ水頭,全水頭,損失水頭を計算し,**動水勾配線**(hydraulic gradient line),**エネルギー線**(energy line)を描く手法を示す.

7.5.1 単一管路の計算

図 **7-12** に示すような十分大きな貯水池 R_1, R_2 間を管路で結び,上部の貯水池から下部の貯水池に水を流す場合を考えよう.管路の任意断面における全水頭 H は,次式のようになる.

$$H = \sum h_i + \boxed{\frac{v^2}{2g} + \boxed{\frac{p}{\rho g} + z}} \tag{7-17a}$$

全水頭　ピエゾ水頭

ここで $\sum h_i$ は管路各部でのエネルギー損失の総和を示している.例えば,

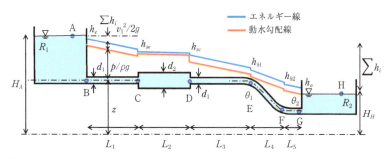

図 7-12 単一管路のエネルギー線と動水勾配線

| 表 7-2 | 水頭表．地点記号の−，+はその地点の直前，直後を表すものとする |

地点	B−	B+	C−	C+	D−	⋯
全水頭	H_A	$H_1 = H_A - h_e$	$H_2 = H_1 - h_{f1}$	$H_3 = H_2 - h_{se}$	$H_4 = H_3 - h_{f2}$	⋯
速度水頭	0	$v_1^2/2g$	$v_1^2/2g$	$v_2^2/2g$	$v_2^2/2g$	⋯
損失形態	—	流入	摩擦	急拡	摩擦	
損失水頭		$h_e = K_e \dfrac{v_1^2}{2g}$	$h_{f1} = \dfrac{f_1 L_1}{d_1}\dfrac{v_1^2}{2g}$	$h_{se} = K_{se}\dfrac{v_1^2}{2g}$	$h_{f2} = \dfrac{f_2 L_2}{d_2}\dfrac{v_2^2}{2g}$	⋯
ピエゾ水頭	H_A	$H_1 - v_1^2/2g$	$H_2 - v_1^2/2g$	$H_3 - v_2^2/2g$	$H_4 - v_2^2/2g$	⋯

図 7-12 の D 点直後までの $\sum h_i$ は次式のように表される．

$$\sum h_i = h_e + h_{f1} + h_{se} + h_{f2} + h_{sc}$$
$$= \left(K_e + f_1 \frac{L_1}{d_1} + K_{se} + K_{sc}\right)\frac{v_1^2}{2g} + f_2 \frac{L_2}{d_2}\frac{v_2^2}{2g} \tag{7-17b}$$

貯水池の水位差は管路全区間での $\sum h_i$ と等しくこれを総落差という．

　位置水頭と圧力水頭を足し合わせたものを**ピエゾ水頭**といい，管路の各位置でのピエゾ水頭を結んだ線を動水勾配線という．また，**全水頭**（total head）を連ねた線をエネルギー線という．全水頭は，ポンプなどで人工的にエネルギーを加えない限り，流下方向に減少の一途を辿る．一方，ピエゾ水頭はその限りではなく，管路が拡大する際には速度水頭が圧力水頭に変換されるため動水勾配線は流下方向に増大することがあり得る．

　管路計算においては，管路の流量もしくは断面平均流速を求めることが必要である．流速が求まれば各種の損失が計算され，エネルギー線を描くことができる．また，全水頭から速度水頭を差し引いて得られるピエゾ水頭を連ねることで動水勾配線を描くことが可能である．**表 7-2** のような水頭表を作成すれば各水頭を系統的に計算でき間違いが起こりにくい．

　では，いくつかの例題を通して実際の計算を行っていこう．

【例題 7-4：単一管路の損失計算①】

　図 7-13 の管路流れにおいて水頭損失表を作成し，エネルギー線と動水勾配線を描け．ただし水槽 R_1, R_2 の基準面は同一高度にあり，エネルギー補正係数 $\alpha = 1.00$，摩擦損失係数は全ての管で 2.50×10^{-2}，流入口損失係数は 5.00×10^{-1} とする．また，$d_1 = 1.00 \times 10^{-1}$ m，$d_2 = 2.00 \times 10^{-1}$ m，$d_3 = 8.00 \times 10^{-2}$ m，$L_1 = 1000$ m，$L_2 = 2000$ m，$L_3 = 1000$ m，$h_1 = 40.0$ m，$h_2 = 20.0$ m とする．

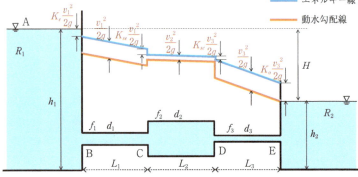

図7-13 単一管路の例

【解答】

エネルギー保存則を用いて断面平均流速を逆算する．

管路の摩擦損失係数をfとおけば，摩擦損失水頭の合計値はダルシー・ワイスバッハの式より次のように計算される．

$$h_f = f\left(\frac{L_1}{d_1}\frac{v_1^2}{2g} + \frac{L_2}{d_2}\frac{v_2^2}{2g} + \frac{L_3}{d_3}\frac{v_3^2}{2g}\right)$$

また，形状損失水頭の和は次のようになる．

$$\sum h_l = K_e\frac{v_1^2}{2g} + K_{se}\frac{v_1^2}{2g} + K_{sc}\frac{v_3^2}{2g} + K_o\frac{v_3^2}{2g}$$

　　　　入口　＋　急拡　＋　急縮　＋　出口

貯水池R_1，R_2の水面にエネルギー保存則を適用し次式を得る．

$$h_1 = h_2 + h_f + \sum h_l$$

$$h_1 - h_2 = f\left(\frac{L_1}{d_1}\frac{v_1^2}{2g} + \frac{L_2}{d_2}\frac{v_2^2}{2g} + \frac{L_3}{d_3}\frac{v_3^2}{2g}\right)$$
$$+ K_e\frac{v_1^2}{2g} + K_{se}\frac{v_1^2}{2g} + K_{sc}\frac{v_3^2}{2g} + K_o\frac{v_3^2}{2g}$$

上式に連続式$A_1v_1 = A_2v_2 = A_3v_3$を適用し，v_2，v_3を消去すれば管の流速が得られる．

$$v_1 = \sqrt{\frac{2g(h_1-h_2)}{K_e + K_{se} + (K_{sc}+K_o)\left(\frac{d_1}{d_3}\right)^4 + f_{term}}}$$

$$v_2 = v_1\left(\frac{d_1}{d_2}\right)^2 \qquad v_3 = v_1\left(\frac{d_1}{d_3}\right)^2$$

ただし

$$f_{term} = f\left[\frac{L_1}{d_1} + \frac{L_2}{d_2}\left(\frac{d_1}{d_2}\right)^4 + \frac{L_3}{d_3}\left(\frac{d_1}{d_3}\right)^4\right]$$

上式に与条件を代入すれば，

$v_1 = 0.61609\cdots \fallingdotseq 0.616$ [m/s]

$v_2 = 0.15402\cdots \fallingdotseq 0.154$ [m/s]

$v_3 = 0.96265\cdots \fallingdotseq 0.963$ [m/s]

を得る．よって損失水頭表は次のようになり，エネルギー線と動水勾配線を描くことができる．

表 7-3 水頭損失表．全水頭とピエゾ水頭は有効数字の桁数を上げて表示している．

	A	B+	C−	C+
全水頭	40.0	39.99	35.15	35.14
速度水頭	0	1.93×10^{-2}	1.93×10^{-2}	1.93×10^{-2}
損失形態	—	流入	摩擦	急拡
損失水頭		9.67×10^{-3}	4.84	1.09×10^{-2}
ピエゾ水頭	40.0	39.97	35.13	35.12

	D−	D+	E−	E+
全水頭	34.84	34.81	20.05	20.0
速度水頭	1.21×10^{-3}	4.72×10^{-2}	4.72×10^{-2}	0
損失形態	摩擦	急縮	摩擦	流出
損失水頭	3.02×10^{-1}	3.31×10^{-2}	14.8	4.72×10^{-2}
ピエゾ水頭	34.84	34.76	20.0	20.0

7.5.2 水力発電と揚水

> 水力発電の発電力 P_g，ポンプの軸動力 P_w は次式で与えられる．
> $$P_g = \rho g Q H_e \eta$$
> $$P_w = \frac{\rho g Q_o H_o}{\eta_o}$$

　図 7-14 のように管路の途中に発電機もしくはポンプを導入する場合を考える．

　発電機を介した管路では上部貯水池から下部貯水池に流れ込もうとする水流によりタービンが回転し水流の持つ全水頭を電力に変換することが可能である．このような発電を水力発電といい，再生可能エネルギーの 1 つとして注目が集まっている．発電機前後の全水頭差 H_e とすれば，$\rho g H_e$ は単位体積当たりの水がタービンを回転させる位置エネルギーを表す．これに流量 Q とタービンの発電効率 η（イータ）を乗じた値が発電力 P_g となる．

$$P_g = \rho g Q H_e \eta \ [\mathrm{W}] \tag{7-18}$$

また，H_e は特に有効落差と呼ばれる．

　一方，ポンプを介せば下部貯水池から上部貯水池まで揚水することが可能

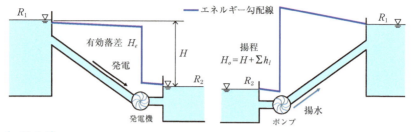

図7-14 水力発電と揚水

となる.ポンプの吐出量を Q_o,全揚程を H_o とすればポンプによって実際になされる有効仕事 P_e は次式で表される.

$$P_e = \rho g Q_o H_o \tag{7-19}$$

ただし,ポンプのエネルギー変換効率は100%ではないため,有効仕事 P_e を得るためにはそれ以上の動力を与えなければならない.ポンプの効率を η_o とすればポンプを実際に駆動するのに必要となる出力 P_w は次式で与えられる.

$$P_w = \frac{\rho g Q_o H_o}{\eta_o} \tag{7-20}$$

ここで,P_e,P_w はそれぞれ水動力,軸動力とも呼ばれる.

【例題7-5:単一管路の損失計算②】

図 7-15 のような水力発電所において,使用水量 Q [m³/s] をバルブで調整しながら発電している.このとき,以下の問いに答えよ.ただし,貯水池の水位は一定に保たれ

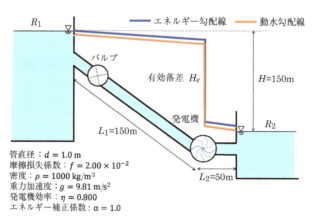

管直径:$d = 1.0$ m
摩擦損失係数:$f = 2.00 \times 10^{-2}$
密度:$\rho = 1000$ kg/m³
重力加速度:$g = 9.81$ m/s²
発電機効率:$\eta = 0.800$
エネルギー補正係数:$\alpha = 1.0$

図 7-15 長方形の板に作用する静水圧

ているものとし，損失は摩擦損失のみを考慮する．
(1) $Q = 10\,[\mathrm{m^3/s}]$ のときの有効落差 $H_e\,[\mathrm{m}]$ を求めよ．
(2) $Q = 10\,[\mathrm{m^3/s}]$ の場合のときの発電出力 $P\,[\mathrm{kW}]$ を求めよ．
(3) 発電出力 P を最大にする流量 $Q_{\max}\,[\mathrm{m^3/s}]$ およびその場合の出力 $P_{\max}\,[\mathrm{kW}]$ を求めよ．

【解答】

(1) 断面平均流速を求める．
$$v = \frac{Q}{\pi d^2/4} = 12.73 \fallingdotseq 12.7\,[\mathrm{m/s}]$$

エネルギー損失として摩擦損失のみ考慮すれば，損失水頭は次のようになる．
$$\sum h_l = h_f = \frac{fL_1}{d}\frac{v^2}{2g} + \frac{fL_2}{d}\frac{v^2}{2g}$$
$$= 33.05 \fallingdotseq 33.1\,[\mathrm{m}]$$

よって有効落差は次のようになる．
$$H_e = H - \sum h_l = 116.9 \fallingdotseq \underline{117\,[\mathrm{m}]}$$

(2) 式（7-18）より発電出力は次式で計算される．
$$P = \rho g Q H_e \eta = 9.178 \times 10^6\,[\mathrm{W}]$$
$$\fallingdotseq \underline{9.18 \times 10^3\,[\mathrm{kW}]}$$

(3) 発電出力の最大値は次式で与えられる．
$$\frac{dP}{dQ} = \frac{d}{dQ}(\rho g Q H_e \eta) = 0$$
$$\frac{dP}{dQ} = \frac{d}{dQ}\left\{\rho g \eta Q\left(H - \frac{8f(L_1+L_2)}{\pi^2 d^5 g}Q^2\right)\right\}$$

ここで，$\alpha = \rho g \eta$，$\beta = 8f(L_1+L_2)/\pi^2 d^5 g$ とおけば，$Q_{\max}$ は以下のようになる．
$$\frac{dP}{dQ} = \frac{d}{dQ}(\alpha H Q - \alpha\beta Q^3)$$
$$\frac{dP}{dQ} = \alpha H - 3\alpha\beta Q^2 = 0$$
$$\therefore Q_{\max} = \sqrt{H/3\beta} = 12.29$$
$$\fallingdotseq \underline{12.3\,[\mathrm{m^3/s}]}$$

また，そのときの有効落差 $H_{e\_\max}$ は次式のようになる．
$$H_{e\_\max} = H - \frac{f(L_1+L_2)}{d}\left(\frac{Q_{\max}}{\pi d^2/4}\right)^2\frac{1}{2g}$$
$$= 99.998 \fallingdotseq 100\,[\mathrm{m}]$$

よって最大発電力 $P_{\max}$ は次のようになる．
$$P_{\max} = \rho g Q_{\max} H_{\max} \eta$$
$$= 9.653 \times 10^6\,[\mathrm{W}]$$
$$\fallingdotseq \underline{9.65 \times 10^3\,[\mathrm{kW}]}$$

7.5.3 | サイフォン

図 **7-16** のように水位差のある水槽を管でつなぐ場合を考える．管内が流体で満たされていれば，管を水槽 R_1 の水位よりも高く上げ管内の一部が負圧になったとしても，水位差がある限り水槽 R_1 から水槽 R_2 に流体を輸送することができる．このような管路流れをサイフォンという．サイフォンの駆動力は水面を押す大気圧であるため，頂点の点 C の圧力はゲージ圧でマ

イナス1気圧以下（$z_c=10.3$ m）には下がらず，その場合はキャビティが発生して管路の流れは中断する．実際には，サイフォン曲がり部に作用する遠心力や種々の損失のため z_c <10.3 m で流れは分離する．

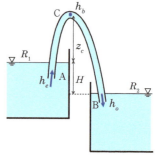

図7-16 サイフォン

図 **7-16** のケースにおいて点 C の圧力は次のように計算される．

水槽 R_1，水槽 R_2 の水面に拡張されたベルヌーイの定理を立て，v を算出する．

$$H = \left(\frac{f(L_{AC}+L_{CB})}{d} + K_e + K_{b180} + K_o\right)\frac{v^2}{2g}$$

$$\therefore v = \sqrt{\frac{2gH}{f(L_{AC}+L_{CB})/d + K_e + K_{b180} + K_o}}$$

よって，水槽 R_1 と C 点に拡張されたベルヌーイの定理を立てることで，C 点の圧力は次のように求まる．

$$H = \frac{v^2}{2g} + \frac{p_c}{\rho g} + z_c + H + \left(\frac{fL_{AC}}{d} + K_e + K_{b90}\right)\frac{v^2}{2g}$$

$$\therefore \frac{p_c}{\rho g} = -z_c - \left(1 + \frac{fL_{AC}}{d} + K_e + K_{b90}\right)\frac{v^2}{2g}$$

ただし，K_{b180}，K_{b90} は曲がり角 180°，90°の曲がり損失係数であり，曲がり損失水頭の計算式（7-16）における $K_{b1}K_{b2}$ の積をまとめて K_{b180}，K_{b90} と示している．

7.5.4 | 分岐・合流管の計算

3つ以上の貯水池を連結する分岐・合流管を考える（図 **7-17**）．この場合もこれまで同様，連続式とエネルギー保存則を連立して解くことができる．問題を解く際の制約条件は，次の2つである．
① 管の連結点での流量は保存する．
② 管の連結点で全水頭が等しい．

つまり，管路流れの基礎式である連続式とエネルギー保存則を適

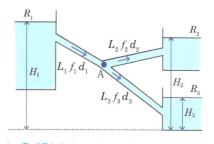

図7-17 分岐・合流管の計算

用すればよい．

図 7-17 の分岐管を例に具体的に見ていこう．

①連続式

点 A での流量保存則は，次式で与えられる．

$$Q_1 = Q_2 + Q_3 \tag{7-21a}$$

②エネルギー保存則

貯水池の水位を H_1, H_2, H_3, 連結点 A での全水頭を H_A としエネルギー保存則を適用する．

$$H_1 = H_A + \left(f_1 \frac{L_1}{d_1} + K_{e1} + K_{j1}\right) \frac{Q_1^2}{(\pi d_1^2/4)^2} \frac{1}{2g} \tag{7-21b}$$

$$H_A = H_2 + \left(f_2 \frac{L_2}{d_2} + K_{o2} + K_{j2}\right) \frac{Q_2^2}{(\pi d_2^2/4)^2} \frac{1}{2g} \tag{7-21c}$$

$$H_A = H_3 + \left(f_3 \frac{L_3}{d_3} + K_{o3} + K_{j3}\right) \frac{Q_3^2}{(\pi d_3^2/4)^2} \frac{1}{2g} \tag{7-21d}$$

ここで，f, d, L はそれぞれ管の摩擦損失係数，直径，長さを，K_e, K_o, K_j は流入損失係数，流出損失係数，管連結部の損失係数を表す．また，添字 i はそれぞれの管を示す番号が入る．式（7-21）の未知数は H_A, Q_1, Q_2, Q_3 の 4 つであり，これらは連立方程式（7-21）の解として求まる．これを解くには，まず適当な H_A を与え各管路の流量を式（7-21b）から式（7.21d）で計算し，連結部での連続式を満たすまで H_A を修正していく．このような方法を逐次近似法といい，反復計算になるため一般的にはコンピューターを用いて解くことになる．

【例題 7-6：複合管の計算】

図 7-18 のように，水位一定の 2 つの水槽を長さ L の円管で連結し，次のケース（1），（2）の方法で分流させる．

ケース（1）：上流側水槽から $2L/3$ のところで，上流側水槽からの流出水量 Q_1 の半分を分流させる．

ケース（2）：上流側水槽から $L/3$ のところで，上流側水槽からの流出水量 Q_2 の半分を分流させる．

この場合，流出水量の比 Q_1/Q_2 はいくらになるか．ただし，両ケースとも同じ円管であり，摩擦損失以外の損失は無視する．

【解答】

この例題では,流量が与えられているため反復計算をしなくても解くことが可能である.管の直径を d,断面積を A,摩擦損失係数を f として各ケースについてエネルギー保存則を適用する.

ケース (1) に関して上流・下流側水槽の水面に拡張されたベルヌーイ式を適用すると,次式を得る.

$$H_A = H_B + \frac{2fL}{3d}\frac{Q_1^2}{2gA^2} + \frac{fL}{3d}\frac{Q_1^2/4}{2gA^2}$$

$$H_1 = H_A - H_B = \frac{3fLQ_1^2}{8gdA^2}$$

ケース (2) に関しても同様に上流・下流側水槽の水面に拡張されたベルヌーイ式を適用する.

$$H_A = H_B + \frac{fL}{3d}\frac{Q_2^2}{2gA^2} + \frac{2fL}{3d}\frac{Q_2^2/4}{2gA^2}$$

$$H_2 = H_A - H_B = \frac{fLQ_2^2}{4gdA^2}$$

$H_1 = H_2$ より Q_1/Q_2 は次式のようになる.

$$\frac{3fLQ_1^2}{8gdA^2} = \frac{fLQ_2^2}{4gdA^2} \Leftrightarrow \underline{\frac{Q_1}{Q_2} = \sqrt{\frac{2}{3}}}$$

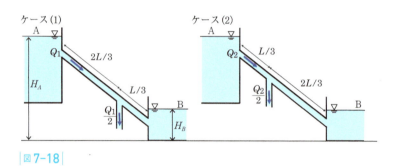

図 7-18

Chapter 7【演習問題】

【1】 図 7-19 の貯水池 R_1 から2種の管路を介して水が放流されている.水頭損失表を作成し,エネルギー線と動水勾配線を描け.ただし,エネルギー補正係数 α は 1.00,摩擦損失係数は細管,太管とも 2.50×10^{-2},流入口損失係数は 5.00×10^{-1} とする.また,$d_1 = 2.00 \times 10^{-1}$ m,$d_2 = 1.00 \times 10^{-1}$ m,$L_1 = 1000$ m,$L_2 = 2000$ m,$h_1 = 40.0$ m,$h_2 = 1.00 \times 10^{-1}$ m とする.

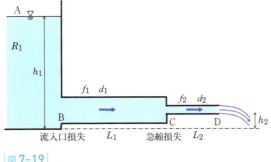

| 図 7-19 |

【2】図 7-20 のように下のタンクから上のプールへ揚水する場合を考える．以下の設問に答えよ．ポンプ吐出量 $Q_o = 10.0\,\mathrm{m^3/s}$ である．

(1) 管内の流速 $v\,[\mathrm{m/s}]$ を求めよ．
(2) A-B 間の全損失水頭 $h_l\,[\mathrm{m}]$ を求めよ．
(3) ポンプの軸動力 $P_w\,[\mathrm{kW}]$ を求めよ．
(4) 図に動水勾配線とエネルギー線を書き入れよ．

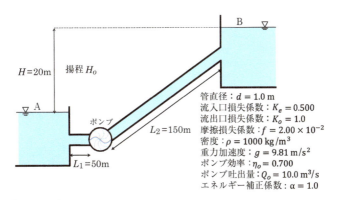

| 図 7-20 |

【3】図 7-21 のように，水位差 $\Delta H = 2.0\,\mathrm{m}$ の 2 つの水槽を一様直径の円管で連結し，ΔH を一定に保ったまま水を流した．管内の速度水頭は $0.20\,\mathrm{m}$ で，点 C で圧力がゲージ圧で 0 となった．このとき，水槽 A の水面と点 C の高さの差 h を求めよ．ただし，C 点から水槽 A までの管の長さと C 点から水槽 B までの管の長さは等しく，管の摩擦損失係数は一定とする．また，流入口と曲がり部の損失は無視できるものとし，エネルギー補正係数および出

口の損失係数は共に 1.0 とする．

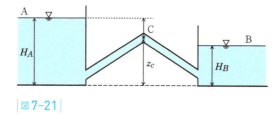

図7-21

HYDRAULICS:Basics of Civil Engineering

Chapter 8 | 開水路流れの基礎と急変流

開水路の水理学は，堤防を設計するための河川水位の変化や，取水堰など河川構造物への流れの影響を評価するための基礎理論となる．その導入部として本章では，開水路流れの分類を行い，流れの支配パラメータとしてフルード数を導入する．次に，水路床の摩擦損失が無視できる急変流を対象にして，比エネルギー（エネルギー保存則）と比力（運動量保存則）を用いた流れの解析を行う．

8.1 開水路流れとは？

8.1.1 | はじめに

開水路流れ（open-channel flow）とは水表面がある流れをいう．**図 8-1**(a)の自然河川や**図 8-1**(b)の人工水路の流れはその代表例である．管路での流れであっても満管ではなく水表面が現れる場合は開水路流れとなる（**図7-1**）．

7 章で習った**管路流れ**（pipe flow）と開水路流れの比較を**図 8-2** に示す．図には，摩擦による損失水頭がある場合の各水頭を表示している．これより，管路流れの水理学では，断面平均の流速 v と圧力 p が流下方向にどのように変化するのかを解析するのに対して，開水路流れの水理学では，圧力の代わりに**水深**（water depth）h を取り扱う．これが両者の大きな違いである．また，管路流れの動水勾配は開水路流れの水面勾配に対応している．すなわち，動水勾配は流下方向 x への位置水頭と圧力水頭の和（ピエゾ水頭）の変化率，

$$\frac{d}{dx}(z+p/\rho g)$$

で与えられるのに対して，水面勾配は位置水頭と水深（圧力水頭）の和である**水位**（water level）（$=z+h$）の流下方向 x への変化率，

(a) 自然河川（利根川水系鬼怒川）　　　(b) 人工水路（琵琶湖疏水）

図 8-1 開水路流れの例

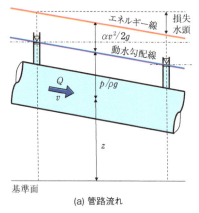
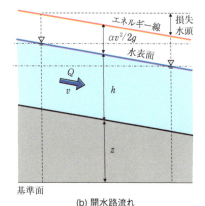

(a) 管路流れ　　　(b) 開水路流れ

図 8-2 管路流れと開水路流れの比較

$$\frac{d}{dx}(z+h)$$

で与えられる．

　さて，開水路流れの水理学を学ぶ主な目的は何であろうか．その1つは，開水路を設計（channel design）するための力学的基礎知識を習得することにある．**図 8-3** に示すように，その観点からは開水路流れで取り扱う主な水理量は，流量と断面形状など開水路の幾何学的条件が与えられたときの流速と水深もしくは水位になる．例えば，河川の治水を考える場合，流域の上流から集水された洪水流量によって河川の水位が堤防を越えないように，また，洪水により堤防が決壊しないように，源流から河口まで安全に洪水を流下させるのに十分な通水能力を持った河道断面の設計が重要となる．開水路の水理学では，この流速と水深が開水路の流下方向にどのように変化するのかを

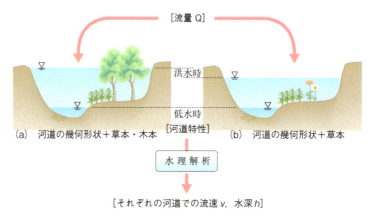

図 8-3 開水路流れにおける水理解析の概略の一例

力学的に解析する．

　工学における設計という観点から，同じく流体力学を基礎とする機械や化学の流体工学と比較すると，開水路の水理学はその対象に顕著な相違が見られる．それは，開水路の水理学が対象とする自然河川や人工水路は，実際には土砂の移動や植物の消長，人間の水利用などがあり，それらが時間と共に開水路の状態を変化させるためである．これら人間社会や自然生態系の影響を開水路断面の設計に反映させることは**環境水理学**（environmental hydraulics）と呼ばれる重要な学問分野の範疇になり，水理学の基礎固めをする本書をさらに進めた内容となる．

8.1.2 | 開水路流れの分類

　開水路流れは，本章の**急変流**（rapidly varied flow），**9 章**の**等流**（uniform flow）および **10 章**の**漸変流**（gradually varied flow）を含めて，時間的もしくは空間的な変化の有無と程度によって**図 8-4** のように分類される．

　定常流は時間的に変化しない流れである．一方，非定常流は時間的に変化する流れであり，代表例としては**洪水流**（flood flow）が挙げられる．本書で対象とする流れは定常流のみである．

　開水路定常流の例を**図 8-5** に示す．等流は，**図 8-1**(b) の人工水路の流れのように，時間的にも空間的にも変化のない流れである．これは開水路流れを考えるときに最も基本的で重要な流れである．等流は，力学的には重力の流下方向成分と水路床の摩擦抵抗がつり合うときの流れである．

図8-4 開水路流れの分類

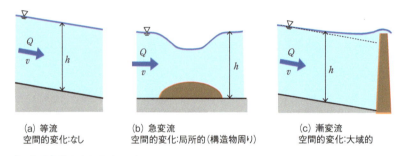

(a) 等流
空間的変化:なし

(b) 急変流
空間的変化:局所的(構造物周り)

(c) 漸変流
空間的変化:大域的

図8-5 開水路定常流の例

不等流(non-uniform flow)は時間的には一定であるが,空間的に変化がある流れである.図8-1(a)に見られる自然河川の川幅変化のように,開水路の空間的変化を伴った流れである.これはさらに,急変流と漸変流に分けられる.急変流では,図8-6に示す取水堰をはさむ上下流の流れを始め,水制や頭首工など治水や利水のための河

図8-6 堰での急変流
(日田取水堰(筑後川))

川構造物周りの流れなど,水路幅程度の局所的な空間スケールを対象とする.一方,漸変流では,河川の中〜下流にかけての縦断方向への川幅変化に伴う水位の変化や,ダム・堰の上流側に現れる水位の堰上げなど,相対的に大域的な空間スケールを対象とする.

表8-1 完全流体と開水路急変流における各保存則の関連性

力学法則	完全流体の水理学（章）	開水路急変流（節）
エネルギー則	ベルヌーイの定理（3章）	比エネルギー（8.3, 8.4節）
運動量則	運動量保存則（4章）	比力則[※]（8.5節）

※渦によるエネルギー損失を伴う跳水に適用される．

8.1.3 これまでの章と開水路流れの3章とのつながり

皆さんはこれまでの記述から，本章の急変流と9章の等流の説明順序を不思議に思ったのではなかろうか．等流は空間的にも時間的にも変化のない流れであり，急変流に比べて単純なのである．

これは，本書の構成が**完全流体**（perfect fluid）から**粘性流体**（viscous fluid）の順序で現象を説明していることに合わせたものであり，説明順として理論的には何ら不思議ではない．すなわち，本章の急変流では，局所的な空間スケールを対象とするため水路床での摩擦抵抗は無視できると仮定し，完全流体力学の範囲で流れが取り扱われる．それに対して，続く**9章**の等流と**10章**の漸変流では，無限もしくは相対的に大きい空間スケールを対象とするため水路床での摩擦抵抗が重要であり，それを考慮した粘性流体力学の範囲で流れが取り扱われる．

表8-1に，本章の急変流とこれまでの章の完全流体との対応関係を示す．水理学における三大保存則（エネルギー・運動量・質量）を基礎としたシンプルな学問体系が開水路流れの解析でも活かされている．

8.2 フルード数と常流・射流

開水路ではフルード数 Fr によって流れの速い/遅いが判別される．

$$Fr = \frac{v}{\sqrt{gh}} \begin{array}{l} < \\ = 1 \\ > \end{array} \begin{array}{l} （常流） \\ （限界流） \\ （射流） \end{array}$$

8.2.1 | 開水路流れの水理量

図 8-7(a) は開水路の一般的な横断面の概略図である．ここで，流量 Q と**流水断面積**（stream cross-sectional area）A，**断面平均流速**（cross-sectional mean velocity）v の関係は次式で与えられる．

$$Q = A \cdot v \quad (8\text{-}1)$$

断面平均流速 v は，流水断面内の流速分布 u を積分して次式で定義される．

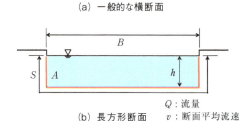

| 図 8-7 | 開水路の横断面形状

$$v = \frac{1}{A} \int_A u \, dA \quad (8.2)$$

式（8.1）より流量は流速と流水断面積の積なので，水路勾配や断面形状など開水路の状態によって両者への配分が決まり，開水路の通水能が決まる．

水深 h は図 8-7(a) に示すように一般的に場所によって異なり一意に決まらない．開水路流れでは摩擦抵抗面である**潤辺**（wetted perimeter）S が水理学的に重要になるので，次式の**径深**（hydraulic radius）R が水深 h の代わりに用いられる．

$$R = A/S \quad (8\text{-}3)$$

図 8-7(b) に示す長方形断面では，水深 h は水面幅 B を使った次式で与えられる．

$$h = A/B \quad (8\text{-}4)$$

ここで，水深に比べて水面幅が大きい広幅（$h \ll B$）の開水路流れの場合，径深 R は水深 h でほぼ近似できる（$R \fallingdotseq h$）．

広幅長方形断面水路の**単位幅流量**（unit discharge）q は次式で与えられる．

$$q = Q/B \quad (8\text{-}5)$$

開水路の水理学では，一般に，単位幅流量 q を流量 Q の代わりに使って理論が説明される場合が多い．これは，河川を始めとする開水路の断面を広幅

長方形で近似し，幅方向には等質であると仮定できるためである．この取り扱いは開水路流れを単純化するものであるが，その水理学的特徴の一般性を著しく損なうものではなく，むしろ単純化が開水路流れへの理解を助けてくれる．したがって，本書でもこれ以後の理論解説の多くの場合に単位幅流量 q を用いる．

　開水路流れの代表的な速度は2つある．それらは断面平均流速 v と長波（long wave）の波速 c である．断面平均流速 v は，式（8.1），（8.2）で与えられ，開水路流れにおいて求めるべき従属変数である．一方，長波の波速 c は重力加速度 g を用いて次式で与えられる．

$$c = \sqrt{gh} \tag{8-6}$$

式（8.6）は，水面に擾乱が与えられたときの波（長波）の伝播速度を表す．この長波は，水面を伝播する**重力波**（gravity wave）の一種であり，波長が水深に比べて非常に大きく，水面から底面まで水塊が一体的に往復運動する波動になる．海洋での**津波**（tsunami）も長波であるため，津波の波速も同じ式（8-6）で表される．

8.2.2 ｜ フルード数

　開水路において流れが速いか遅いかはどのように判別されるのであろうか．これは一般に，前節で説明した断面平均流速 v と長波の波速 c との比で定義される**フルード数**（Froude number）Fr を用いて判別される．

$$Fr = \frac{v}{c} = \frac{v}{\sqrt{gh}} \tag{8-7}$$

フルード数 Fr は，重力が駆動力となる開水路流れの現象を力学的に理解しようとするとき，最も重要な無次元物理量となる．フルード数 Fr は1のときが**限界流**（critical flow）とされ，開水路流れはそれをしきい値として以下のように分類される．

$$Fr = \frac{v}{\sqrt{gh}} \begin{array}{l} < \\ = \\ > \end{array} \; 1 \quad \begin{array}{l}（常流，\text{subcritical flow}）\\（限界流，\text{critical flow}）\\（射流，\text{supercritical flow}）\end{array} \tag{8-8}$$

　図 **8-8** に擾乱の伝播方向と流速，波速，フルード数の関係を模式的に示す．**常流**（subcritical flow）は流速 v が波速 c に比べて小さい流れであり，相対的にゆっくりとした流れであって水面の擾乱は上流にも下流にも伝播する．

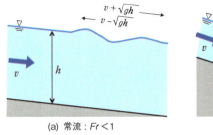
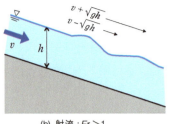

(a) 常流：$Fr<1$　　(b) 射流：$Fr>1$

図8-8 擾乱の伝播方向と流速, 波速, フルード数の関係

一方，**射流**（supercritical flow）は流速 v が波速 c に比べて大きく，相対的に速い流れであって水面の擾乱は上流には伝播しない．限界流は常流と射流の境の流れであり，開水路流れの諸現象を理解するのに重要な水理学的意味を持つ．例えば，**次節8.3**に示す比エネルギーでは，限界流はエネルギーが最小のとき，また流量が最大のときに現れる流れとして水理学的に意味づけされる．

限界水深（critical depth）h_c は $Fr=1$ における水深であり，長方形断面で単位幅流量 q を用いると，次式で与えられる．

$$h_c = \sqrt[3]{\frac{q^2}{g}} \tag{8-9}$$

これより，限界水深 h_c は単位幅流量 q のみの関数であることが分かる．式(8.8), (8.9)と流量一定の連続条件 $q = vh = v_c h_c = \mathrm{const.}$（$v_c$ は限界流の流速）を用いると，

$$Fr = \frac{v}{\sqrt{gh}} = \frac{q}{h \cdot \sqrt{gh}} = \frac{v_c h_c}{h \cdot \sqrt{gh}} = \frac{\sqrt{gh_c} \cdot h_c}{h \cdot \sqrt{gh}} = \left(\frac{h_c}{h}\right)^{3/2}$$

となる．これより，限界水深 h_c と常流・射流での水深 h の関係は以下のようになる．

$$h_c \begin{array}{l} < \\ = \\ > \end{array} h \begin{array}{l} （常流, \text{subcritical flow}） \\ （限界流, \text{critical flow}） \\ （射流, \text{supercritical flow}） \end{array} \tag{8-10}$$

なお，フルード数 Fr の流体力学的な意味は，運動方程式における慣性項と重力項の比である．さらに，室内の模型実験により実際の河川や水路の現象を再現するとき，流れの現象が重力の影響を大きく受ける場合にはこのフルード数 Fr を模型と実物で一致させる．これは**フルード相似則**（Froude similitude）と呼ばれ，**11 章**で取り扱う．

> 【例題 8-1：常流・射流の判別】
> 幅 $B = 5.0$ [m] の長方形水路に流量 $Q = 5.0$ [m³/s] が水深 $H = 0.3$ [m] で流れている．以下の問いに答えよ．ただし，重力加速度 $g = 9.81$ [m/s²] とし，有効数字 3 桁で示せ．
> (1) 限界水深 h_c を求めよ．
> (2) フルード数 Fr を求めよ．
> (3) この流れは常流か射流かを判別せよ．

【解答】

(1) 限界水深 h_c は，式（8-9）を用いると，

$$h_c = (Q^2/B^2/g)^{\frac{1}{3}}$$
$$= (5.0^2/5.0^2/9.81)^{\frac{1}{3}}$$
$$= 0.4671 \fallingdotseq \underline{0.467} \text{ [m]}$$

となる．

(2) フルード数 Fr は，式（8-7）を用いると，

$$Fr = Q/B/\sqrt{gH^3}$$
$$= 5.0/5.0/(9.81 \times 0.3^3)^{\frac{1}{2}}$$
$$= 1.943 \fallingdotseq \underline{1.94}$$

となる．

(3) (1) の答えから，式（8-10）を用いると，

$$H < h_c \Rightarrow \underline{射流}$$

もしくは，(2) の答えから，式（8-8）を用いると，

$$Fr = 1.94 > 1.0 \Rightarrow \underline{射流}$$

8.3 比エネルギー

> 開水路急変流では，全水頭の代わりに以下の比エネルギー E,
> $$E = h + \frac{v^2}{2g}$$
> を用いて流れを解析する．

8.3.1 定義

本節では，エネルギー損失がなく全水頭 H が保存され，かつ，流れ場の圧力分布が静水圧分布と見なせるような開水路流れを考える．このとき，**比エネルギー**（specific energy）E は，**図 8-9** で示されるように，全水頭 H から位置水頭 z を差し引いた次式で定義される．

$$E = H - z = h + \frac{v^2}{2g}$$
(8-11)

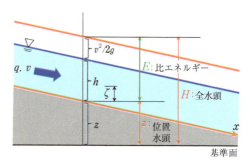

図 8-9 │ 比エネルギーと全水頭

このため，比エネルギー E は水路床を基準面としたときの全水頭ともいえる．

この比エネルギー E の適用対象は，エネルギー損失を無視でき，かつ静水圧分布を仮定できる流れ場であるため，水路床の高さや幅などの断面形状が滑らかに変化する開水路の短い区間になる．比エネルギー E は，全水頭 H に対して流体部分が持つ部分的な水頭なので，全水頭 H が保存されるのに対して，比エネルギー E はそうならないことに注意する必要がある．このように保存性は損なわれるが，その一方で，開水路の断面形状に関係する「位置水頭 z」を意識的に分離させる工夫によって，比エネルギー E の考え方は，開水路の断面形状変化に伴う水面形の応答を求めるのに極めて有効に働く．

8.3.2 │ 比エネルギー図

広幅の長方形断面水路における単位幅流量 q を用いると，式 (8-11) の比エネルギー E は次式のようになる．

$$E(h, q) = h + \frac{q^2}{2gh^2}$$
(8-12)

上式において単位幅流量 q を一定にし，$E \sim h$ の関係を図示したものが図 8-10 に示す**比エネルギー図** (specific energy diagram) である．図より，同じ比エネルギー E_0 で単

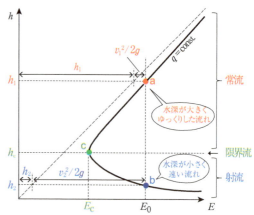

図 8-10 │ 比エネルギー図

位幅流量 q を流すことのできる水深は 2 つある．一方は点 a の常流で，水深が大きくゆっくりとした流れになり，他方は点 b の射流で，水深が小さくはやい流れとなる．この 2 つの水深の組を**交代水深**（alternate depths）という．

図 8-10 では，比エネルギーが最小 E_c となる点 c があり，これ以下の比エネルギーになると単位幅流量 q を流すことができなくなる．この点 c が限界状態にあたり，$Fr=1$ の限界流に対応する．実際に，式 (8-12) を水深 h で偏微分してゼロとおけば，

$$\left.\frac{\partial E}{\partial h}\right|_{h=h_c} = 1 - \frac{q^2}{gh_c^3} = 0 \tag{8-13}$$

となる．したがって，

$$h_c(q) = \sqrt[3]{\frac{q^2}{g}} \tag{8-14}$$

となり，式 (8-9) の限界水深 h_c と一致する．式 (8-14) を式 (8-12) に代入すれば，比エネルギーの最小値 E_c は，

$$E_c = \frac{3}{2}h_c = \frac{3}{2}\sqrt[3]{\frac{q^2}{g}} \tag{8-15}$$

となる．これより，限界水深 h_c は最小比エネルギー E_c の 2/3 であり，残り 1/3 の比エネルギーが速度水頭に割当てられることが分かる．また，最小比エネルギー E_c は，限界水深 h_c と同じく，単位幅流量 q が与えられれば決まる．このように，限界水深 h_c はある一定流量 q を流すことのできる最小比エネルギーの水深であり，これを**ベス**（Böss）**の定理**という．

8.3.3 | 流量図

式 (8-12) は比エネルギー E と単位幅流量 q，水深 h の関係であり，これまでは $q = $ const. として式展開を行った．ここでは，比エネルギー E を一定とし，単位幅流量 q と水深 h の関係を見ていく．式 (8-12) を q で整理し直せば，

$$q^2 = 2g(E-h)h^2 \tag{8-16}$$

となる．この関係を図示したものが，**図 8-11** の**流量図**（discharge diagram）である．

この図より，同一の単位幅流量 $q = q_1$ が流れる状態は常流・射流の 2 つ

あることが分かる．これらの水深 h_1, h_2 の組は交代水深である．また，図には単位幅流量が最大値 $q = q_{max}$ をとる水深 h_c がある．この最大値での流れを検討するために，式（8-16）を水深 h で偏微分してゼロとおくと，

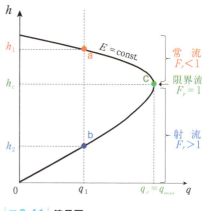

図8-11 流量図

$$2q\frac{\partial q}{\partial h}\bigg|_{h=h_c} = 2g(2Eh - 3h^2)|_{h=h_c}$$
$$= 0 \quad (8\text{-}17)$$

となる．水深 h_c で整理すると，

$$h_c(E) = \frac{2}{3}E \quad (8\text{-}18)$$

となり，これが比エネルギー E 一定の条件で単位幅流量を最大にする水深となる．この式は，単位幅流量が与えられたときに比エネルギーを最小とするベス（Böss）の定理の式（8-15）と同一であり，式（8-18）の水深 h_c は限界水深である．換言すれば，限界水深は「一定の比エネルギーが与えられたときに単位幅流量を最大にする水深」でもあり，これを**ベランジェ**（Bélanger）**の定理**という．限界水深に関するこれら2つの定理はまとめて**ベランジェ・ベス**（Bélanger-Böss）**の定理**と呼ばれる．

8.4 開水路の断面変化に伴う水面形

開水路における水路床 z と水路幅 B の変化に伴う水面形の応答は，比エネルギーの考え方を適用してそれぞれ，以下のように与えられる．

（水路床変化） $\dfrac{dh}{dx} = \dfrac{1}{Fr^2 - 1}\dfrac{dz}{dx}$

（水路幅変化） $\dfrac{dh}{dx} = \dfrac{Fr^2}{1 - Fr^2}\dfrac{h}{B}\dfrac{dB}{dx}$

8.4.1 水路床の変化

図8-12に示すように，一定の単位幅流量 q が上流から流入している幅一

定の開水路において，Δz の水路床変化に伴う水面形変化を比エネルギーを用いて解析する．図中には一定流量 q を流すことができる水面形のパターン (a)〜(c)を模式的に描いている．(a)，(b) はそれぞれ，水路床変化の前後で常流から常流，射流から射流へと戻るパターンであり，(c) は常流から射流へと遷移するパターンである．

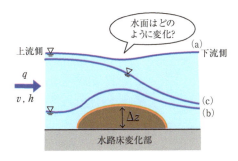

図8-12 水路床変化に伴う水面形

ここでは，流れ場はエネルギー損失がなく，かつ，静水圧分布が仮定されるような，水路床が滑らかに変化する開水路の短い区間を対象として，比エネルギーの変化を調べる．このとき，全水頭は保存される（$H = E + z =$ const.）ので，Δz の水路床変化に伴う比エネルギーの変化 ΔE は，

$$\Delta E = -\Delta z \tag{8-19}$$

もしくは，流下方向 x への変化率で表して，

$$\frac{dE}{dx} = -\frac{dz}{dx} \tag{8-20}$$

となる．すなわち，エネルギー保存則に従って，水路床が高く（低く）なれば比エネルギーは減少（増加）することになる．式 (8-12) を式 (8-20) 左辺に代入して微分操作を行い，式を整理すると，

$$\frac{dh}{dx} = \frac{1}{Fr^2 - 1}\frac{dz}{dx}, \quad Fr = \frac{v}{\sqrt{gh}} = \frac{q}{\sqrt{gh^3}} \tag{8-21, 22}$$

となる．ここで，式 (8-21) はエネルギー保存則，すなわちベルヌーイの定理そのものであることを再確認しておきたい．これは，水路床変化 dz/dx に伴う水深変化 dh/dx を理論的に求めるために，ベルヌーイの定理を使い勝手が良いように書き直したものと解釈できる．また，式(8-21)を水位 h_0（$= z + h$）を用いて表すと，

$$\frac{dh_0}{dx} = \frac{d(z+h)}{dx} = \frac{Fr^2}{Fr^2 - 1}\frac{dz}{dx} \tag{8-23}$$

となる．

式 (8-21) もしくは (8-23) より，フルード数 $Fr = 1$ を境に dz/dx の前

表8-2 局所的な水路床変化に伴う水位・流速の変化

上流側の流れの状態 (q=一定)	水路床の変化	
	上昇 ($dz/dx>0$)	下降 ($dz/dx<0$)
常流 ($Fr<1$)	水位低下 ($dh_0/dx<0$)↓	水位上昇 ($dh_0/dx>0$)↑
	流速増大 ($dv/dx>0$)↑	流速減少 ($dv/dx<0$)↓
射流 ($Fr>1$)	水位上昇 ($dh_0/dx>0$)↑	水位低下 ($dh_0/dx<0$)↓
	流速減少 ($dv/dx<0$)↓	流速増大 ($dv/dx>0$)↑

の符号が変わり，上流側の流れが常流か射流によって，水路床変化に対する水面変化の応答が上下反対になることが分かる．例えば，常流ならば水路床が上がれば ($dz/dx>0$) 水面は下がる ($dh_0/dx<0$) ことになり，射流ならば水面は上がる ($dh_0/dx>0$) ことになる．**表8-2**に水路床変化と水面形変化の対応関係をまとめる．なお，一般的な感覚では局所的に水路床が高くなると，それに合わせて水位も上昇すると考えがちだが，常流の場合はその逆になるということを理論は教えてくれる．水理学の専門知識からの判断が必須となる事例の1つである．

【例題8-2：突起部の流れ】
 一定幅の長方形断面水路に単位幅流量 $q_1=2.0$ [m³/s/m] が水深 $h_1=1.4$ [m] で流れている．この流れが**図8-13**に示すような突起部上に流入するとき以下の設問に答えよ．ただし，重力加速度 $g=9.81$ [m/s²] とし，有効数字3桁で示せ．
(1) 比エネルギー図における現状の比エネルギー E_0 と限界状態の比エネルギー E_c，限界水深 h_c の値を求めよ．
(2) 突起部高 Δz について，摩擦やその他の損失を無視した場合，上流での水深 h_1 を変えない条件が保持される最大の突起部高 Δz_{max} を求めよ．
(3) 突起部高を $\Delta z_* = 0.8$ [m] としたとき，この水路の単位幅流量 q_2 はいくらになるか．
(4) 突起部高 Δz を変えて流れの状態を変化させたとき，比エネルギー図の点 d, c, c′ に対応する突起部周辺の水面変化を示せ．

【解答】
(1) 比エネルギー E_0 は式 (8-12) を用いて，

$$E_0 = h_1 + (q_1^2/2gh_1^2)$$
$$= 1.4 + (2.0^2/2/9.81/1.4^2)$$
$$= 1.504 \fallingdotseq \underline{1.50 \text{ [m]}}$$

限界水深 h_c と対応する比エネルギー E_c はそれぞれ式 (8-14)，(8-15) を用いて，

$$h_c = (q_1^2/g)^{\frac{1}{3}} = (2.0^2/9.81)^{\frac{1}{3}}$$

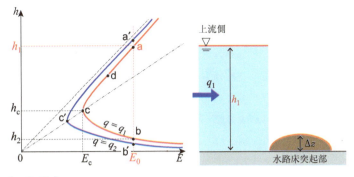

図8-13 突起部の流れ

$$= 0.7415$$
$$\fallingdotseq \underline{0.742} \text{ [m]}$$
$$E_c = (3/2)h_c = 1.5 \times 0.7415$$
$$= 1.112 \fallingdotseq \underline{1.11} \text{ [m]}$$

となる.

(2) 初めに流れが持つ比エネルギー E_0 から, q_1 を流すことができる最小比エネルギー E_c までが, 上流の状態を変えずに突起部高 Δz に変換可能な水頭なので,

$$\Delta z_{max} = E_0 - E_c = 1.5040 - 1.1123$$
$$= 0.3917 \fallingdotseq \underline{0.392} \text{ [m]}$$

となる.

(3) (2) の答えから $\Delta z_{max} < \Delta z_* = 0.8$ [m] なので, 突起部が高すぎて q_1 は流れない. このとき流れは堰き止められて, 新しい比エネルギー曲線 ($q = q_2 = \text{const.}$) に限界状態を保ちながら移る (図8-13 の点 c′).

この点 c′ でも全水頭 H は保存されるので, 新しい比エネルギー曲線での水理量に「′(プライム)」をつけて初めの状態と区別すると,

$$H = E_0 = \Delta z_* + E_c'$$
$$= \Delta z_* + \frac{3}{2}h_c' \qquad ①$$

となる. ①に式 (8-14) もしくは式 (8-15) を代入すると,

$$= \Delta z_* + \frac{3}{2}\left(\frac{q_2^2}{g}\right)^{\frac{1}{3}} \qquad ②$$

これを q_2 について解くと,

$$q_2 = \sqrt{(2(E_0 - \Delta z_*)/3)^3 g}$$
$$= \sqrt{(2(1.504 - 0.8)/3)^3 \times 9.81}$$
$$= 1.007 \fallingdotseq \underline{1.01} \text{ [m}^3\text{/s/m]}$$

となる.

(4) 図8-14 のとおり.

　図8-14(b), (c) のように突起部上で限界状態になると常流だった流れが突起部を境に射流に滑らかに遷移する. これは, 図8-6 で示したような河川の取水堰においてよく見られる典型的な急変流である. この常流から射流への遷移区間で現れる限界状態の位置を**支配断面** (control section) という. 支配断面の上・下流の流れの状態は両方ともこの断面の水理量によって規定

される．さらに，支配断面ではフルード数 $Fr=1$ となるため，水深 h を計測するだけで平均流速 $v(=\sqrt{gh})$ が分かるといった非常に便利な特徴がある．支配断面は堰をおけば比較的簡単に作り出せるので，この特徴を利用して流量を計測する堰公式が現場ではよく使われている．例えば，幅 B の水路に全幅の堰を設けて支配断面の水深 h を計測したとき，

$$Q = B \cdot h \cdot v = B \cdot h \cdot \sqrt{gh} \propto h^{3/2} \quad (8\text{-}24)$$

となり，流量 Q は水深 h の 3/2 乗に比例するので，これを流量計測に利用するのである．

8.4.2 | 水路幅の変化

次に，**図 8-15** に示すような水路幅の変化に伴う水面形の変化を考える．8.4.1 との違いは，水路幅 B が流下（x）方向に変化するため単位幅流量 q が一定にならないことである．

開水路を流れる流量 $Q(=\text{const.})$ と水路幅 $B(x)$ より，単位幅流量 $q(x)$ は，

$$q(x) = Q/B(x) \quad (8\text{-}25)$$

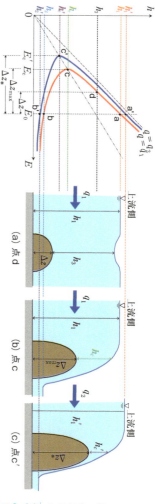

図 8-14 突起部高の違いによる水面形の変化

となる．水路幅変化は局所的であり，その間は水路床を水平であると仮定すると，比エネルギー E は流下方向 x に保存される．すなわち，式（8-12）の比エネルギー E を x で微分すると，

$$\frac{dE}{dx} = \frac{dh}{dx} - \frac{q^2}{gh^3}\frac{dh}{dx} + \frac{q}{gh^2}\frac{dq}{dx} = (1-Fr^2)\frac{dh}{dx} + Fr^2\frac{h}{q}\frac{dq}{dx} = 0 \quad (8\text{-}26)$$

となる．これを dh/dx で整理すると，

$$\frac{dh}{dx} = \frac{Fr^2}{Fr^2-1}\frac{h}{q}\frac{dq}{dx} \quad (8\text{-}27)$$

となる．一方，連続式より $Q=qB=$ const. なので，これを x で微分して，

$$\frac{dq}{dx} = -\frac{Q}{B^2}\frac{dB}{dx} \quad (8\text{-}28)$$

となる．式（8-27）に式（8-28）を代入すると，流下方向への水路幅変化 dB/dx と水深変化 dh/dx の関係が以下のように得られる．

$$\frac{dh}{dx} = \frac{Fr^2}{1-Fr^2}\frac{h}{B}\frac{dB}{dx} \quad (8\text{-}29)$$

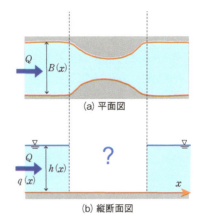

図8-15 水路幅変化部の流れ

これより，8.4.1 の水路床変化の場合と同じく，フルード数 $Fr=1$ を境に dB/dx の前の符号が変わり，上流側の流れが常流か射流により水路幅変化に対する水面変化の応答が逆になることが分かる．例えば，上流側が常流の場合，水路幅が拡がれば（$dB/dx>0$）水深は上がる（$dh/dx>0$）ことになる．これもまた前節の水路床変化の水面応答と同じく，一般的な感覚とは反対に水面が変化しており，水理学の専門知識で理論的に考えることの大切さを教えてくれる事例である．なお，式（8-29）も式（8-21）と同じくエネルギー保存則であることをここでも再確認しておきたい．**表8-3** に水路幅変化と水面形変化の対応関係をまとめる．

表8-3 局所的な水路幅変化に伴う水深・流速の変化

上流側の 流れの状態	水路幅の変化	
	拡大（$dB/dx>0$）	縮小（$dB/dx<0$）
	単位幅流量減少（$dq/dx<0$）	単位幅流量増加（$dq/dx>0$）
常流 （$Fr<1$）	水深上昇（$dh/dx>0$）↑	水深低下（$dh/dx<0$）↓
	流速減少（$dv/dx<0$）↓	流速増大（$dv/dx>0$）↑
射流 （$Fr>1$）	水深低下（$dh/dx<0$）↓	水深上昇（$dh/dx>0$）↑
	流速増大（$dv/dx>0$）↑	流速減少（$dv/dx<0$）↓

【例題 8-3：狭窄部の流れ】

幅 $B=3.0$ [m] の十分に長い長方形断面開水路に流量 $Q=8.04$ [m³/s] が一定水深 $h_0=1.53$ [m] で流れている．この流れが**図 8-16** に示す水路狭窄部に流入したとき，以下

の問いに答えよ．ここで狭窄部周辺の水路床は水平と見なせるものとする．計算では，重力加速度 $g=9.81\,[\mathrm{m/s^2}]$ とし，有効数字 3 桁で示せ．

(1) 狭窄部流入前の限界水深 $h_c^{(1)}$ を求めよ．
(2) 同じく，比エネルギー E を求めよ．
(3) 同じく，フルード数 Fr を求めよ．
(4) 狭窄部で水面は上昇するか下降するか？
(5) 狭窄部における限界水深 $h_c^{(2)}$ およびこれを生じさせる狭窄部の最大幅 b を求めよ．

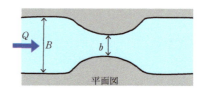

図 8-16 水路狭窄部

【解答】

(1) 限界水深 $h_c^{(1)}$ は式 (8-14) を用いて，
$$h_c^{(1)} = (Q^2/B^2/g)^{\frac{1}{3}} \quad ①$$
$$= (8.04^2/3.0^2/9.81)^{\frac{1}{3}}$$
$$= 0.9013 \fallingdotseq \underline{0.901}\,[\mathrm{m}]$$
となる．

(2) 比エネルギー E は式 (8-12) を用いて，
$$E = h_0 + Q^2/(2gh_0^2 B^2) \quad ②$$
$$= 1.53 + (8.04^2)/2/9.81/(1.53^2)/(3.0^2)$$
$$= 1.686 \fallingdotseq \underline{1.69}\,[\mathrm{m}]$$
となる．

(3) フルード数 Fr は定義より，
$$Fr = v/(gh_0)^{\frac{1}{2}} = Q/Bh_0/(gh_0)^{\frac{1}{2}}$$
$$= 8.04/3.0/1.53/(9.81 \times 1.53)^{\frac{1}{2}}$$
$$= 0.4522 \fallingdotseq \underline{0.452}$$

(4) (3) より上流で常流となる．式 (8-29) もしくは表 8-3 より，この場合，水深は<u>低下</u>する．

(5) 水路床が水平なので，狭窄部で比エネルギー E は保存される（$E=$ const.）．狭窄部では限界水深 $h_c^{(2)}$ になるので，式 (8-18) より，

$$h_c^{(2)} = 2E/3 = 2 \times 1.686/3$$
$$= 1.124 \fallingdotseq \underline{1.12}\,[\mathrm{m}]$$

さらに，(1) で用いた h_c の式①を B について解いて，
$$B = b = (Q^2/g/(h_c^{(2)})^3)^{\frac{1}{2}} \quad ③$$
$$= (8.04^2/9.81/1.124^3)^{\frac{1}{2}}$$
$$= 2.153 \fallingdotseq \underline{2.15}\,[\mathrm{m}]$$
となる．

図 8-17 に，水路狭窄部に対する流量図・比エネルギー図上での現象の遷移を示す．水路が狭くなるに伴って，比エネルギー一定の線上で上流側の常流（点 a）の状態から点 b の方へ移動し，限界状態の点 c に到達する．その間，単位幅流量 q は増加し，水深は低下していくことが分かる．これより水路幅が小さくなると，単位幅流量はさらに増加するが比エネルギーはもはや一定ではなく増加する．これに応じて水深は限界状態のまま増加し，水位は狭窄部の上流側で堰上げられる．したがって，限界水深となる狭窄部での最大幅は上記の b となる．

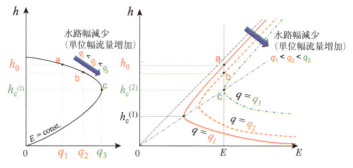

図8-17 水路狭窄部に対する流量図・比エネルギー図上の流れの現象遷移

8.5 比力

> 渦などによるエネルギー損失が発生し，エネルギー保存則が成り立たない場合には，開水路急変流における運動量保存則からの指標である比力 F，
>
> $$F = \frac{h^2}{2} + \frac{q^2}{gh}$$
>
> の保存則を用いる．

本節では，図 8-18 に示す堰下流の流れのように，射流から不連続的に常流に遷移する**跳水**（hydraulic jump）のような現象を考える．この遷移区間では，水表面で空気混入を伴うような激しい渦運動が生じており，流れのエネルギーの急激な損失がある．したがって，ここでは前節で適用したエネルギー保存則を使用することはできず，**表 8-1** に示したもう 1 つの力学の保存則である運動量保存則を適用することになる．その際，開水路流れを取り扱うのに便利な**比力**（specific

図8-18 堰下流に発生する跳水（揖保川，笹野頭首工）

force）という考え方を導入する．

8.5.1 | 定義

図 8-19 に示すような水平水路床上の鉛直二次元場における跳水現象に運動量保存則を適用することから比力を定義する．解析のコントロールボリュームを I-II 区間（図中赤点線）のように設定する．跳

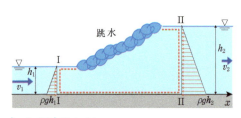

図 8-19　跳水現象

水前後において，流れの鉛直方向加速度が無視でき，したがって静水圧分布を仮定できるとする．このとき，断面 I および II に働く全圧力 P_I, P_II はそれぞれ，

$$P_\mathrm{I} = \int_0^{h_1} \rho g z dz = \frac{\rho g h_1^2}{2}, \quad P_\mathrm{II} = \frac{\rho g h_2^2}{2} \tag{8-30, 31}$$

となる．一方，これらの断面を通過する流下方向 x の運動量フラックス $[M_x]_\mathrm{I}$, $[M_x]_\mathrm{II}$ はそれぞれ，

$$[M_x]_\mathrm{I} = \rho q v_1 = \frac{\rho q^2}{h_1}, \quad [M_x]_\mathrm{II} = \rho q v_2 = \frac{\rho q^2}{h_2} \tag{8-32, 33}$$

となる．さらに，I-II 区間が短く，コントロールボリュームの水路床に働く摩擦力を無視できるものとする．以上より，このコントロールボリュームの流下方向 x に運動量保存則を適用すると，

$$[M_x]_\mathrm{II} - [M_x]_\mathrm{I} = P_\mathrm{I} - P_\mathrm{II} \tag{8-34}$$

となり，式（8-30）〜（8-33）を上式に代入し，断面 I, II ごとにまとめて式を整理すれば，

$$\frac{q^2}{gh_1} + \frac{h_1^2}{2} = \frac{q^2}{gh_2} + \frac{h_2^2}{2} = \mathrm{const.} \tag{8-35}$$

となる．これは，運動量フラックスと圧力の運動量フラックス換算量の和が断面間で保存されることを表している．これを，

$$F = \frac{q^2}{gh} + \frac{h^2}{2} \tag{8-36}$$

として，流下方向に対する比力 F と定義する．F は $[\mathrm{L}^2]$ の次元を持つ．

コントロールボリューム内に物体がある場合，物体によって流れに力 D

が作用していればその流下方向成分を D_x として,運動量保存則は,

$$[M_x]_{\mathrm{II}} - [M_x]_{\mathrm{I}} = P_{\mathrm{I}} - P_{\mathrm{II}} - D_x \tag{8-37}$$

となる.これを変形すると,物体に働く抗力の流下方向成分 D_x は,

$$\frac{D_x}{\rho g} = [F]_{\mathrm{I}} - [F]_{\mathrm{II}} \tag{8-38}$$

で与えられる.

8.5.2 | 比力図

式 (8-36) において単位幅流量 $q = \mathrm{const.}$ で比力 F と水深 h の関係を図示したものを**比力図**(specific force diagram)という.**図 8-20** に比力図を示す.これより,比力図には比エネルギー図と同じく,最小値 F_c が存在する.式 (8-36) を水深 h で偏微分してゼロとおき,水深で整理すると,

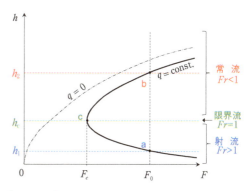

図 8-20 | 比力図

$$h_c = \sqrt[3]{\frac{q^2}{g}} \tag{8-39}$$

となり,限界水深が得られる.これより,単位幅流量 q が一定の条件において比力が最小になるときの流れは限界流であることが分かる.このとき,式 (8-36) を用いると,比力 F_c は,

$$F_c = \frac{q^2}{g} \sqrt[3]{\frac{g}{q^2}} + \frac{1}{2}\left(\sqrt[3]{\frac{q^2}{g}}\right)^2 = \frac{3}{2}\left(\frac{q^2}{g}\right)^{2/3} = \frac{3}{2} h_c^2 \tag{8-40}$$

となる.

一方,**図 8-20** より,一定の単位幅流量 q において同一の比力 F_0 を持つ流れの状態は常流と射流の 2 つあることが分かる.これらの水深の組 h_1, h_2 を**共役水深**(conjugate depths)という.**図 8-19** における跳水前後の水深の組は,この共役水深にあたる.

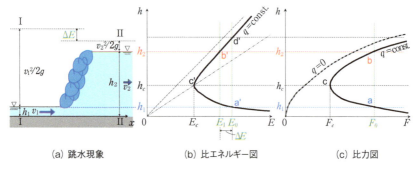

図8-21 跳水現象の解析

8.5.3 跳水現象

図 8-21 に示すような水平水路床上での跳水現象を考える．ここで，跳水区間は短く，壁面の摩擦損失は無視できるものとする．

ここではまず，比力保存則（運動量保存則）を用いて跳水前後の水深 h_1，h_2 の関係を求める．跳水前後で比力は保存されるので，式 (8-35) から，

$$\frac{q^2}{gh_1}+\frac{h_1^2}{2}=\frac{q^2}{gh_2}+\frac{h_2^2}{2}=\mathrm{const.}$$

となる．上式を変形していくと，

$$h_1+h_2=\frac{2q^2}{gh_1h_2} \tag{8-41}$$

$$h_2^2+h_1h_2-\frac{2q^2}{gh_1}=0$$

となる．この 2 次方程式を解いて，

$$h_2=-\frac{h_1}{2}\left(1\pm\sqrt{1+8q^2/gh_1^3}\right)$$

となる．$Fr_1=v_1/\sqrt{gh_1}=(q^2/gh_1^3)^{1/2}$ とし，$h_2>0$ なので±の+を選択すると，

$$h_2=\frac{h_1}{2}(-1+\sqrt{1+8Fr_1^2}) \tag{8-42}$$

となる．これが，求める跳水前後の水深 h_1，h_2 の関係式であり，**図 8-20** もしくは**図 8-21** に示す比力図における共役水深の関係式になる．

次に，渦運動による跳水前後のエネルギー損失 ΔE を求める．比エネルギー E_1，E_2 を用いると，

$$\Delta E=E_1-E_2$$
$$=(h_1+q^2/2gh_1^2)-(h_2+q^2/2gh_2^2)$$

$$= (h_1 - h_2) + \frac{q^2}{2gh_1^2 h_2^2}(h_2^2 - h_1^2)$$

となる．これに比力の保存条件である式（8-41）を代入し，式を整理すると，

$$\Delta E = \frac{(h_2 - h_1)^3}{4h_1 h_2} \tag{8-43}$$

となる．跳水前後の水深は $h_1 < h_2$ なので，跳水区間での渦運動によるエネルギー損失は $\Delta E > 0$ である．この跳水現象は，図 **8-21**(b) の比エネルギー図において点 a′ から点 b′ への流れの遷移に対応し，エネルギー損失 ΔE があるため交代水深に対応する点 d′ まで水深は上昇しない．

【例題 8-4：比力則による跳水解析】

図 **8-21** に示すような水平水路床上での跳水現象を考える．水路は幅 $B = 5.0$ [m] の長方形断面で，跳水前の水深が $h_1 = 0.4$ [m]，流量は $Q = 10.0$ [m³/s] が流れている．ここで，跳水区間は短く，壁面の摩擦損失は無視できるものとする．このとき，以下の問いに答えよ．ただし，重力加速度 $g = 9.81$ [m/s²] とし，有効数字 3 桁で示せ．

(1) 跳水後の水深 h_2 を求めよ．
(2) 跳水によるエネルギー損失 ΔE を求めよ．

【解答】

(1) 跳水後の水深 h_2 は式（8-42）を用いて，

$$h_2 = \frac{h_1}{2}(-1 + \sqrt{1 + 8Fr_1^2})$$

$$= \frac{0.4}{2}(-1 + \sqrt{1 + 8 \times 10.0^2/9.81/0.4^3/5.0^2})$$

$$= 1.242 \fallingdotseq \underline{1.24 \text{ [m]}}$$

となる．

(2) エネルギー損失 ΔE は式（8-43）を用いて，

$$\Delta E = \frac{(h_2 - h_1)^3}{4h_1 h_2} = \frac{(1.242 - 0.4)^3}{4 \times 1.242 \times 0.4}$$

$$= 0.3008 \fallingdotseq \underline{0.301 \text{ [m]}}$$

となる．

Column 7

琵琶湖疏水 〜明治の社会基盤整備としての開水路整備の例〜

琵琶湖大津，南禅寺，蹴上インクライン，哲学の道，…と続くと，琵琶湖疏水が思い浮かぶ．「琵琶湖疏水」とは，琵琶湖の水を京都に送るために明治時代に作られた水路で，一部は国の史跡にも指定された近代化遺産でもある．図 8-22 を見れば分かるが，トンネル水路を含めて疏水の多くの区間は開水路になっており，測量で得た地形図をもとに大津から京都までの地形勾配を考慮し，水理学を基礎とした土木技術によって開水路の設計が行われたようである．明治になり東京に首都が移された後，この琵琶湖疏水という土木事業によって水道・電力・舟運・灌漑・工業などが再活性化され，古都に再び活気が戻ったとのことである．本書を読んでいる皆さんも，開水路水理学の知識と古い地形図を片手に，当時の土木技術者になったつもりで，琵琶湖疏水の水路設計にチャレンジしてはいかがだろうか．

(a) 南禅寺側の出口，(b) インクライン横の射流水路，(c) 水路閣上の開水路，(d) 水路閣

図 8-22 琵琶湖疏水の水路

Chapter 8【演習問題】

【1】図 8-23 に示す I, II, III の開水路断面について各々の径深を R_I, R_{II}, R_{III} とするとき，それらの大小関係を求めよ．【国家公務員 II 種試験】

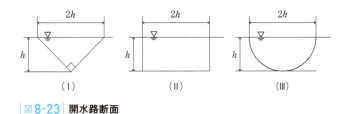

図 8-23 開水路断面

【2】水深に比べて水面幅が大きい広幅長方形の開水路流れの場合，径深は水深で近似できることを示せ．

【3】図 8-12 に示すような開水路急変部で水面形（a）-（c）が現れる流れについて，次の問いに答えよ．ただし，それぞれの流れで平坦部における単位幅流量と比エネルギーは同じとし，Δz はそれぞれの水面形変化が出現するように高さが調整されているものとする．(1) 水路床変化部の頂点で比エネルギーが最小となる水面形を選べ．(2) 水路床変化部における流速が最大となる水面形を選べ．(3)（2）の流れは常流／射流のどちらか．

【4】河川に幅 5.0 [m] の全幅堰が設けられており，普段はその堰の直上で水深 0.2 [m] 程度の流れとなっている．この河川の流量を概算せよ．ただし，重力加速度 $g=9.8$ [m/s^2] とし，有効数字 2 桁で示せ．

【5】長方形断面開水路において，比エネルギーを E，水深を H，水面幅を B，流量を Q，重力加速度を g としたとき以下の問いに答えよ．(1) この場合の比エネルギー E を H, B, Q, g を用いて表せ．(2) Q と B が一定のとき，比エネルギー E が最小となる限界水深 Hc を同様に表せ．(3) このときの流速 Vc を Hc, g を用いて表せ．(4) 水面幅 $B=2.00$ [m]，流量 $Q=2.40$ [m^3/s]，水深 $H=1.00$ [m] とするとき，比エネルギー E の値を求めよ．ただし，重力加速度 $g=9.81$ [m/s^2] とし，有効数字 3 桁で示せ．(5)（4）の流れは常流か射流かを判定せよ．【大阪府職員採用試験】

【6】水路床変化 dz/dx と水深変化 dh/dx の関係を与える式（8-21）を導け．

Chapter 9 | 開水路の等流

開水路の等流は，流体力学的には粘性流体として取り扱われ，流体に働く重力と底面での摩擦力が流下方向につり合うときの流れである．本章では，水理学での等流解析の概要を紹介し，摩擦抵抗について定義を与えると共にマニングとシェジーの 2 つの平均流速公式を導入する．さらに，開水路流れの基本的特徴を理解するために重要な等流水深と限界水深および限界勾配を説明する．

9.1 等流とは？

等流（uniform flow）は，力のバランスとしては，流体に働く重力と底面での摩擦力が流下方向につり合うときの流れである．一方，8 章の開水路流れの分類で見たように，現象的には等流は時間的・空間的に変化のない流れとなる．**8 章では完全流体の力学**（perfect fluid mechanics）により流れを解析したが，本章からは摩擦抵抗を考慮するため**粘性流体の力学**（viscous fluid mechanics）をもとにして流れを解析する．

ところで，皆さんは河川管理や計画のための河川流量がどのように測られているかをご存知だろうか？ 実は，実際の河川で流量自体を直接計測するのはなかなかに大変である．その代わりに，図 9-1 に示す量水標などで水位を継続的に計測し，予め求めておいた流量との関係である **H-Q 曲線**（水位-流量曲線）を用いて間接的に流量

図 9-1 | 河川の量水標（加古川：大島観測所）

を推定するのが主流となっている．水位や水深など「長さ」のみを次元に持つ物理量は比較的簡単に計測できるのである．この計測の簡便性は工学的に大変重要であり，水理学の等流解析でも同様に重要視され用いられている．すなわち，等流の流量 Q や単位幅流量 q もしくは断面平均流速 v は，簡単に測ることのできる水理量や開水路・河道の特性量を用いて表され，それに対して粘性流体力学からの理論的根拠が与えられることになる．

等流の断面平均流速 v を数式で表現する場合，流れに影響を及ぼす河道の特性量や流れの水理量としては，水路の勾配 I と径深 R および底面の粗さ n の3つが挙げられる．

$$v = func(I, R, n) \tag{9-1}$$

ここに，勾配 I は一般的には摩擦損失による**エネルギー勾配**（energy slope）である．等流の場合，これは水面勾配および水路床勾配 i_0 と等しくなる．径深 R は，摩擦面である潤辺を考慮した仮想的な水深と見なせるが，広幅長方形断面の開水路の場合は水深 h と等しいと近似できる．このときの水深が**等流水深**（normal depth）h_0 である．**等流水深**は**限界水深**（critical depth）h_c と共に開水路流れの基本的特徴を理解するための重要な水理量である．水路底面の粗さ n を含めてこれら3つの量（I, R, n）は全て摩擦抵抗に関連する代表的な物理量であり，式（9-1）はその意味で流れの**抵抗則**（resistance law）になっている．

式（9-1）に具体的な関数形を与えた式として，現在使用されているのは主にマニング（Manning）とシェジー（Chézy）の2つの平均流速公式である．これらは **9.3節**で紹介する．なお，これら平均流速公式は厳密には等流のみに適用されるべきであるが，実際には，**10章**の漸変流の解析にも適用される．すなわち工学的には，解析対象区間において流れの変化が緩やかで加速度が無視でき，重力と底面での摩擦力が流下方向につり合っていると見なせるような「ほぼ等流状態の流れ」の解析にも適用できることになっている．

9.2 等流における摩擦抵抗

開水路等流の水路床におけるせん断応力 τ_0 および摩擦速度 U_* は，

$$\tau_0 = \rho g R I, \qquad U_* = \sqrt{gRI}$$

で与えられる．また，摩擦損失係数 f' は摩擦速度 U_* を用いると，
$$f' = 2(U_*/v)^2$$
で定義される．

平均流速公式は前節でも述べたように流れの抵抗則の側面を持つ．本節では，まず開水路流れの**摩擦損失係数**（Darcy friction factor）f' を定義し，次に勾配 I や径深 R など開水路の代表的な物理量を介して f' と水路床での摩擦速度 U_* との関係を導く．

摩擦損失係数 f' は，長さ δx の区間での壁面摩擦によるエネルギー勾配 I を以下の**ダルシー・ワイスバッハ**（Darcy-Weisbach）の式で与えたとき，その比例係数として定義される（**図 9-2**）．

$$I = \frac{\delta h_l}{\delta x} = f' \frac{1}{R} \frac{v^2}{2g} \tag{9-2}$$

ここに，δh_l は区間 δx での壁面摩擦による損失水頭である．摩擦損失係数 f' は，後述のマニングの粗度係数 n およびシェジーの係数 C と違って**無次元量**（dimensionless quantity）である．そのため，式（9-2）では摩擦面である潤辺が考慮された径深 R を代表長さにとって式が無次元化されている．なお，f' と **7 章**での直径 d の管路流れに対する摩擦損失係数 f との間には，

$$f' = f/4 \tag{9-3}$$

の関係がある．

一方，流れのエネルギー損失の直接の原因となる潤辺 S でのせん断応力 τ_0 と開水路におけるエネルギー勾配 I や径深 R の間にはどのような関係があるのだろうか？　これを，**図 9-2** に示すコントロールボリュームでの流下方向の力のつり合いをもとに考えてみよう．等流で流れている区間 δx の流体塊に働く力はつり合いの状態にある．そのうち，上・下流端の鉛直断面に働く圧力は同じ値で逆方向のベクトルになって打ち消しあうので，結果として流体塊に

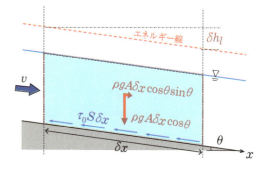

| 図 9-2 | 等流での流下方向の力のつり合い

働く重力と潤辺 S での摩擦力が流下方向につり合うことになる．

$$\tau_0 S \delta x = \rho g A \delta x \cos\theta \sin\theta \tag{9-4}$$

ここに，A は流水断面積である．河川などの開水路では，河床勾配が 1/20 程度より急な山地河川などを除いて一般的に θ は十分小さく，$\sin\theta \approx \tan\theta = i_0 = I$，$\cos\theta \approx 1$ としてよい（Column 8 参照）．これより，

$$\tau_0 = \rho g R I \tag{9-5}$$

となる．また，せん断応力 τ_0 の代わりに摩擦速度 U_* を導入すると，$\tau_0 = \rho U_*^2$ なので，

$$U_* = \sqrt{gRI} \tag{9-6}$$

となる．さらに，広幅長方形断面では上式は，

$$U_* = \sqrt{ghI} \tag{9-7}$$

となる．式（9-7）は，直接計測が難しい水路底面のせん断応力に対して，簡単に計測できる勾配と水深のみからその値を求められるところに工夫があり，水理学の理論的考察，この場合は運動量保存則，が活きてくる場面である．

式（9-2）と式（9-6）より，摩擦損失係数 f' と摩擦速度 U_* の関係は，

$$v = \sqrt{\frac{2g}{f'}}\sqrt{RI} = \sqrt{\frac{2}{f'}}U_*, \qquad f' = 2\left(\frac{U_*}{v}\right)^2 \tag{9-8, 9}$$

となる．式（9-9）は摩擦速度 U_* と断面平均流速 v のみの簡単な関数になっており，摩擦損失係数 f' の定義式としても使われる．

9.3 平均流速公式

開水路等流の実用的な平均流速公式としてマニングの式とシェジーの式がある．

$$v = \frac{1}{n}R^{2/3}I^{1/2} \qquad \text{（マニングの式）}$$

$$v = C\sqrt{RI} \qquad \text{（シェジーの式）}$$

9.3.1 ｜ マニングの式・シェジーの式

マニング（Manning）およびシェジー（Chézy）の平均流速公式はそれぞれ，

$$v = \frac{1}{n} R^{2/3} I^{1/2} \tag{9-10}$$

$$v = C\sqrt{RI} \tag{9-11}$$

で与えられる．ここに，n はマニングの粗度係数（Manning's roughness coefficient），C はシェジーの係数（Chézy coefficient）である．両式を比較すれば，2つの係数の関係が以下のように導かれる．

$$C = \frac{1}{n} R^{1/6} \tag{9-12}$$

　マニングの式（9-10）は現在，流れの解析で最も広く用いられている平均流速公式である．この式は，元々はそれまでに提案されていた7つの平均流速公式を比較・検討してデータに最も合うように作られた実験公式である．その後，**9.3.2**で見るように流体力学の**対数則**（log law）から得られる理論式の良い近似式になることが示されたため，マニングの式は簡単に計測できる変数のみの単純な関数形ながら，しっかりとした理論的根拠を持つ実用公式となっている．さらに，この理論的根拠をベースにするとマニングの式は**粗面乱流にのみ限定的に適用**できることが明らかになる．このような理論的考察は，たとえ後付けであっても実験式の適用範囲などを明確にさせるため，工学的な実用公式を提案するときに大変重要な役割を持っている．

　シェジーの式（9-11）はマニングの式（9-10）に比べてさらに形が単純である．この式は，$v \propto \sqrt{RI}$ の形をとるが，これも **9.3.2** で見るように流体力学の理論的考察から得られる近似式であることが示される．その比例係数であるシェジーの係数 C は，式（9-11）を式（9-1）と比べると少なくとも底面の粗さの関数となる．**9.3.2**では，シェジーの係数 C は相当粗度 k_s と水深 h の関数となることが示される．ここで，マニング式（9-10）をシェジー式の形式である $v \propto \sqrt{RI}$ に合わせて変形しておくと以下のようになる．

$$v = \frac{R^{1/6}}{n} \sqrt{RI} \tag{9-13}$$

9.3.2 | 対数則によるマニングの式の理論的考察

　横断方向に一様な広幅長方形断面の開水路において，粗面乱流の流速分布 $\bar{u}(z)$ は **6章**で導かれた式（6-37）の対数則で与えられる．以下の説明においては，径深 R を水深 h で置き換えて式を展開する．

$$\frac{\bar{u}(z)}{U_*} = \frac{1}{\kappa}\ln\frac{z}{k_s} + A_r \qquad (9\text{-}14)$$

ここに，κ：カルマン定数（$=0.41$），A_r：定数（$=8.5$），k_s：相当粗度である．この式を水路底面の相当粗度高さ $z=k_s$ から水面 $z=h$ まで積分して，得られたものを水深 h で割って断面平均流速 v を求めると以下のようになる．なお，式の導出は **6章**の**例題**［**水深平均流速**］を参照のこと．

$$v = \left(A_r - \frac{1}{\kappa} + \frac{1}{\kappa}\ln\frac{h}{k_s}\right)U_* = \left(A_r - \frac{1}{\kappa} + \frac{1}{\kappa}\ln\frac{h}{k_s}\right)\sqrt{g}\sqrt{hI} \qquad (9\text{-}15)$$

これは $v \propto \sqrt{RI}$ の形式であり，シェジーの式が対数則から導かれた断面平均流速の式に対する第一近似になることが分かる．

式（9-15）と式（9-13）を比較すると，

$$n = \left(A_r - \frac{1}{\kappa} + \frac{1}{\kappa}\ln\frac{h}{k_s}\right)^{-1}\left(\frac{h}{k_s}\right)^{1/6} \cdot \left(\frac{k_s^{1/6}}{\sqrt{g}}\right)$$

$$= \left(\frac{k_s^{1/6}}{\sqrt{g}}\right) \cdot func\left(\frac{h}{k_s}\right) \qquad (9\text{-}16)$$

となる．上式の右辺における関数 $func(h/k_s)$ の値は h/k_s の広範囲にわたって実用上一定と見なすことができる．これより，マニングの粗度係数 n は，水路底面の粗さを表現する相当粗度 k_s のみの関数として近似でき，$func(h/k_s)$ に一定値を与えることで以下のようになる．

$$n \fallingdotseq \frac{1}{7.66} \cdot \left(\frac{k_s^{1/6}}{\sqrt{g}}\right) = 0.0417 k_s^{1/6} \qquad (9\text{-}17)$$

このとき，平均流速公式は，

$$v = \frac{1}{n}h^{2/3}I^{1/2} = \frac{h^{1/6}}{n}\sqrt{hI}$$

$$= 7.66\left(\frac{h}{k_s}\right)^{1/6}\sqrt{ghI} \qquad (9\text{-}18)$$

となり，これを**マニング・ストリックラー**（Manning-Strickler）**の式**という．

以上より，式（9-18）を介してマニングの式と対数則からの理論式が結びつけられ，元々は実験公式であったマニングの式に流体力学からの理論的裏付けが与えられることになった．このような理論的考察は水理学にとって極めて重要である．ここでは粗面乱流の流速分布である対数則を起点に理論が展開されており，その考察過程をたどることで実験公式の適用範囲が粗面乱流に限定されることが明確に示されている．なお，シェジーの式に比べてマ

ニングの式が広く使われるのは，式（9-17）で示されるようにマニングの粗度係数 n が実用の範囲で相当粗度 k_s のみの関数になっており，水路底面の粗さに関する見た目の感覚が粗度係数 n の値とよく合致するためであろう．

9.3.3 | マニングの粗度係数

図9-3に河道の状況や底面（河床）材料を例示する．図9-3(a)，(b) に示すような自然河川では礫河原に加えて草本類・木本類が繁茂しており，摩擦抵抗の大きさはこれら河床面の粗滑・凸凹の状態に依存する．一方，図9-3(c) に示すような都市河川におけるコンクリート張りの開水路や実験室内の水路は人工的に表面が整形されているため一般的に摩擦抵抗は小さい．9.3.2で見たように，マニングの粗度係数 n はこれら水路床の粗さをもとにして決められることになる．

表9-1にいろいろな水路床面の状態に対するマニングの粗度係数 n の値を示す．ここでまず注意すべきは，マニングの粗度係数 n は有次元数であり，表の値は「m-s 単位」での値ということである．式（9-10）から粗度係数 n の次元を調べると，

$$[n]=[R]^{2/3}[I]^{1/2}[V]^{-1}=[L^{-1/3}T] \tag{9-19}$$

となる．したがって，マニングの式を使用するときは単位を m-s 単位に統一する必要がある．また，マニングの粗度係数 n の有効数字は精々二桁が良いところであることも確認しておきたい．表9-1より，マニングの粗度係数 n は，モルタル，コンクリートといった表面状態で 0.01 程度の値をとり，砂利・雑草あり・岩盤などの直線水路で 0.03 程度の値，雑草が繁茂して深掘れがあり立木が多い自然水路で 0.1 程度の値となる．

(a) 樹木繁茂（加古川：粗度 大） (b) 礫床（鬼怒川：粗度 中） (c) コンクリート床（都賀川：粗度 小）

図9-3 | 河道の状態

表 9-1 マニングの粗度係数 (「明解水理学」日野幹雄, 丸善)

水路の形式	材料および潤辺の性質	n の範囲	n の標準値
暗きょ	溶接鋼管	0.010〜0.014	0.012
	リベット鋼管	0.013〜0.017	0.016
	鋳鉄 塗装	0.010〜0.014	0.013
	鋳鉄 塗装なし	0.011〜0.016	0.014
	コルゲート鋼管 (大型)	0.021〜0.031	0.024
	モルタル	0.011〜0.015	0.013
	コンクリート	0.010〜0.020	0.014
	素焼き土管	0.011〜0.017	0.013
	レンガ積, モルタル仕上げ	0.012〜0.017	0.015
ライニングした水路	鋼, 塗装なし, 平滑	0.011〜0.014	0.012
	モルタル	0.011〜0.015	0.013
	コンクリート, コテ仕上げ	0.011〜0.015	0.015
	石積み, モルタル目地	0.017〜0.030	0.025
	アスファルト, 平滑	0.013	0.013
ライニングなし水路	土, 直線, 等断面水路	0.016〜0.025	0.022
	土, 直線水路, 雑草あり	0.022〜0.033	0.027
	砂利, 直線水路	0.022〜0.030	0.025
	岩盤, 直線水路	0.025〜0.040	0.035
自然水路	手入れの良い, 直線水路	0.025〜0.033	0.030
	雑草繁茂, 深ぼれ, 立木多し	0.075〜0.150	0.100

9.3.4 摩擦損失係数とマニング・シェジーの係数および相当粗度の関係

　開水路等流における摩擦抵抗の大小は水路床の凸凹状態により決められ,水理学的には摩擦損失係数 f' やマニングの粗度係数 n, シェジーの係数 C, 相当粗度 k_s などの値で表される. ここでは, これまでに見てきたそれら係数の間にある関係を整理しておく.

　式 (9-8) を式 (9-10), (9-11) と比較することで,

$$C = \sqrt{\frac{2g}{f'}}, \qquad n = \sqrt{\frac{f'}{2g}} R^{1/6} \tag{9-20, 21}$$

が得られる. さらに, 式 (9-17) を用いると摩擦損失係数 f' は,

$$f' = \frac{2gn^2}{R^{1/3}} \fallingdotseq \frac{2}{(7.66)^2}\left(\frac{k_s}{R}\right)^{1/3} \tag{9-22}$$

となる. **表 9-2** に摩擦損失係数 f' に対する各係数などの関係をまとめて示す.

　なお, 式 (9-17) により相当粗度 k_s のみの関数となる粗度係数 n に対して,

表 9-2 摩擦損失係数 f' と f, マニングの n, シェジーの C, 相当粗度 k_s の関係

	f	n	C	k_s
f'	$=f/4$	$=2gn^2/R^{1/3}$	$=2g/C^2$	$\fallingdotseq 2/(7.66)^2 \times (k_s/R)^{1/3}$

式 (9-22) で与えられる開水路の摩擦損失係数 f' は k_s に加えて径深 R にも依存する.したがって,より単純なマニングの粗度係数 n が実用的には有利となり,現場では広く一般的に用いられるのであろう.また,開水路の摩擦損失係数 f' は,管路の摩擦損失係数 f と違ってレイノルズ数と相対粗度だけでは決まらない.これは,開水路は断面形状が様々で自由度があること,水面変動の影響が分離し難いことなどが原因として挙げられる.

【例題 9-1:常流・射流の判別】

幅 $B=0.5\,[\mathrm{m}]$ の長方形断面水路において,水深 $h=0.4\,[\mathrm{m}]$,流量 $Q=0.5\,[\mathrm{m}^3/\mathrm{s}]$,水面勾配 $I_s=0.02$ で水が等流状態で流れている.このとき,以下の問いに答えよ.ただし,重力加速度 $g=9.8\,[\mathrm{m/s}^2]$ とし,有効数字2桁で示せ.

(1) マニングの粗度係数 n を求めよ.
(2) 限界水深 $h_c\,[\mathrm{m}]$ を求めよ.
(3) この流れは常流か射流かを判別せよ.

【解答】

(1) マニングの式 (9-10) から,
$$Q=Av$$
$$=(Bh)\cdot\left(\frac{1}{n}\left(\frac{Bh}{B+2h}\right)^{2/3}I_s^{1/2}\right)$$

である.ここで,等流では水面勾配 I_s は水路床勾配・エネルギー勾配に等しいことを用いた.上式をマニングの粗度係数 n について解くと,

$$n=\frac{Bh}{Q}\left(\frac{Bh}{B+2h}\right)^{2/3}I_s^{1/2}$$

$$=\frac{0.5\times0.4}{0.5}\left(\frac{0.5\times0.4}{0.5+2\times0.4}\right)^{2/3}0.02^{1/2}$$
$$=0.0162\fallingdotseq\underline{0.016}$$

(2) 限界水深 h_c は,前章の式 (8-9) より,
$$h_c=\sqrt[3]{Q^2/g/B^2}$$
$$=\sqrt[3]{0.5^2/9.8/0.5^2}$$
$$=0.467\fallingdotseq\underline{0.47}\,[\mathrm{m}]$$

(3) 等流水深 $h<$ 限界水深 h_c なので,射流となる.

9.4 等流水深と限界勾配

> 等流水深 h_0，限界水深 h_c，限界勾配 i_c はそれぞれ以下の式で与えられる．
> $$h_0 = \left(\frac{n^2 q^2}{i_0}\right)^{3/10}, \quad h_c = \sqrt[3]{\frac{q^2}{g}}, \quad i_c = \frac{g^{10/9} n^2}{q^{2/9}} = \frac{g n^2}{h_c^{1/3}}$$

等流水深 h_0 は等流状態での水深であり，限界水深 h_c と共に開水路流れを特徴づける重要な水理量である．水路床勾配 i_0 の開水路に単位幅流量 q が流れているとき，マニングの平均流速公式を用いると等流水深 h_0 は，以下のようになる．

$$h_0 = \left(\frac{n^2 q^2}{i_0}\right)^{3/10} \tag{9-23}$$

【例題 9-2：台形断面開水路の等流】

図 9-4 のような台形断面の開水路に水が等流状態で流れている．水路は，勾配 $i_0 = 1/1000$，底面幅 $b = 4.5$ [m]，側壁勾配 $1/m = 1/2$ であり，この流れの等流水深は $h_0 = 2.5$ [m]，

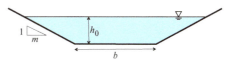

図 9-4 台形断面の開水路

マニングの粗度係数は $n = 0.020$ であった．このとき，以下の問いに答えよ．ただし，重力加速度 $g = 9.8$ [m/s^2] とし，有効数字 2 桁で示せ．

(1) 潤辺 S [m] および径深 R [m] を求めよ．
(2) マニングの式を用いて平均流速 v [m/s] および流量 Q [m^3/s] を求めよ．
(3) 開水路の断面形状・水深・水路床勾配を変えずに流量を現状の 2 倍にして流すにはマニングの粗度係数 n をいくらにすれば良いか．

【解答】

(1) 潤辺 S は定義より，
$$\begin{aligned} S &= b + 2h_0\sqrt{1+m^2} \\ &= 4.5 + 2 \times 2.5 \times \sqrt{1+2^2} \\ &= 1.57 \times 10 \fallingdotseq \underline{1.6 \times 10} \text{ [m]} \end{aligned}$$

となる．一方，径深 R は，
$$\begin{aligned} R &= A/s \\ &= (b + mh_0) h_0 / (b + 2h_0\sqrt{1+m^2}) \\ &= (4.5 + 2 \times 2.5) \times 2.5 \end{aligned}$$

$\qquad /(4.5+2\times2.5\sqrt{1+2^2})$
$\quad = 1.51 \fallingdotseq \underline{1.5}\,[\text{m}]$

となる.

(2) マニングの式 (9-10) より,
$v = (1/n)R^{2/3}i_0^{1/2}$
$\quad = 1/0.020 \times 1.51^{2/3}(1/1000)^{1/2}$
$\quad = 2.08 \fallingdotseq \underline{2.1}\,[\text{m/s}],$
$Q = A\cdot v = (b+mh_0)h_0\cdot v$
$\quad = (4.5+2\times2.5)\times2.5\times2.08$
$\quad = 4.95\times10 \fallingdotseq \underline{5.0\times10}\,[\text{m}^3/\text{s}]$

となる.

(3) 題意より,マニングの式 (9-10) において $R^{2/3}i_0^{1/2}$ の部分は変化せず,流水断面積 A も変化しないので,流量を現状の 2 倍にするにはマニングの粗度係数 n を $1/2$ にすればよい.

　限界勾配 i_c は,等流でかつフルード数 $Fr=1$ の限界状態でもあるときの水路床勾配である.このことを図 9-5 により模式的に考察してみよう.この図は等流(等流水深 h_0 と流速 v_0)と勾配変化の関係を示している.ここで,単位幅流量 q と水路床の粗度 n は (a) 〜(c) のどの状態でも同一とする.このとき (a) の急勾配 (steep slope) 水路では $Fr>1$ で射流となり,流速が大きくて水深が小さい状態となる.

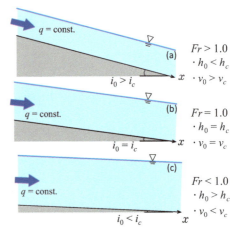

図 9-5 等流と勾配変化の関係, (a) 急勾配水路, (b) 限界勾配水路, (c) 緩勾配水路.

水路床勾配を徐々に小さくしていくと,式 (9-23) の関係を保ったままで流速と水深が変化し,やがて (c) の緩勾配 (mild slope) の水路で $Fr<1$ の常流となり,流速が小さくて水深が大きい緩やかな流れの状態となる.この勾配変化の途中で流れが $Fr=1$ の限界流(限界水深 h_c と流速 v_c)となる状態が必ずあり,そのときの勾配が限界勾配 i_c である.(b) の限界勾配水路では等流水深 h_0 と限界水深 h_c が一致する.

　前章の式 (8-9) より限界水深 h_c は,

$$h_c = \sqrt[3]{\frac{q^2}{g}} \tag{9-24}$$

となり，単位幅流量 q が与えられたとき水路床勾配 i_0 に関係なく決まる．一方，等流水深 h_0 は，式 (9-23) に示すように単位幅流量 q が与えられたとしても水路床勾配 i_0 と粗度係数 n によって変化する．限界勾配 i_c はマニングの式を用いると，式 (9-23), (9-24) より以下のようになる．

$$i_c = \frac{g^{10/9} n^2}{q^{2/9}} = \frac{gn^2}{h_c^{1/3}} \tag{9-25}$$

Column 8

開水路流れの x 軸と水深のとり方

水理学では水深の流下方向変化をターゲットにして開水路流れの解析をする場合が非常に多い．このとき，図 9-2 や図 9-5 のように勾配 θ（もしくは i_0）を持った水路流下方向に沿って x 軸をとるが，水深 h はそれ

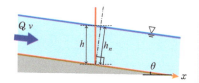

図 9-6 開水路流れの水深のとり方

に直交する方向ではなく，図 9-6 のように**鉛直方向にとる**のが普通である．すなわち，水深の方向と流下方向は直交していないのである．このとき，直交してとる場合との補正量は，水深で $\cos\theta$ 倍であり，静水圧分布に関しては $\cos^2\theta$ 倍となる．これは，**表 9-3** に示すようにかなり急勾配の水路（$\tan\theta = 1/10$）の場合でも $\cos\theta = 0.995$ であり，両者の差異は実用上無視できるレベルである．このため，水理学では $\sin\theta \approx \tan\theta = i_0 = I$, $\cos\theta \approx 1$ といった近似が可能となるのである．また，一般に水理学が対象とする現場の河川では凸凹があって河床勾配がその場で分からない場合が多く，その河床面に垂直に水深を測るのは不可能なこと，さらに，静水圧分布を仮定すると水深は圧力水頭となるため，鉛直方向で水深を定義する方がエネルギー保存則を適用する場合に直接的で便利なことなども，鉛直方向に水深を定義する理由

表 9-3 勾配と補正量の関係（小数点以下 4 桁まで）

$\tan\theta = i_0$	1/10	1/20	1/100	1/200
$(\cos\theta, \cos^2\theta)$	(0.9950, 0.9901)	(0.9988, 0.9975)	(1.0000, 0.9999)	(1.0000, 1.0000)

※1/10, 1/20 は山間地河川に，1/100, 1/200 は扇状地河川に分類される．

として挙げられよう．直交座標系での数理的現象記述に慣れている皆さんには意外かもしれないが，この水深のとり方も工学としての水理学の醍醐味を示す1つの事例と言えよう．

【例題 9-3：限界流】

幅 $b = 0.3\,[\mathrm{m}]$ の可変勾配の長方形実験水路に流量 $Q = 0.03\,[\mathrm{m^3/s}]$ の水を等流状態で流す．水路床のマニングの粗度係数は $n = 0.010$，重力加速度 $g = 9.8\,[\mathrm{m/s^2}]$ とする．このとき，以下の問いに答えよ．有効数字は2桁とする．

(1) 限界水深 h_c を求めよ．
(2) 限界流速 v_c を求めよ．
(3) 限界勾配 I_c を求めよ．
(4) 流量 Q を維持したまま水深を $0.2\,[\mathrm{m}]$ にする場合の勾配 I を求めよ．

【解答】

(1) 限界水深 h_c は，前章の式 (8-9) より，
$$h_c = \sqrt[3]{Q^2/g/b^2}$$
$$= \sqrt[3]{0.03^2/9.8/0.3^2}$$
$$= 0.101 \fallingdotseq \underline{0.10\,[\mathrm{m}]}$$
となる．

(2) 限界流速 v_c は，
$$v_c = Q/bh_c$$
$$= 0.03/(0.3 \times 0.101)$$
$$= 0.993 \fallingdotseq \underline{0.99\,[\mathrm{m/s}]}$$
となる．

(3) 限界勾配 I_c は，式 (9-25) より，
$$I_c = \frac{g^{10/9} n^2}{q^{2/9}} = \frac{g n^2}{h_c^{1/3}}$$
$$= \frac{9.8 \times 0.010^2}{0.101^{1/3}}$$
$$= 2.11 \times 10^{-3} \fallingdotseq \underline{2.1 \times 10^{-3}}$$
となる．

(4) 図 9-5 で考察したように等流状態のまま勾配 I を変化させると考えたらよい．マニングの式 (9-10) を用いて流量 Q を表すと，
$$Q = A \cdot v = bh \cdot \frac{1}{n}\left(\frac{bh}{2h+b}\right)^{2/3} I^{1/2}$$
となる．これを勾配 I について解くと，
$$I = \frac{Q^2 n^2}{b^2 h^2 \left(\dfrac{bh}{2h+b}\right)^{4/3}}$$
$$= \frac{0.03^2 \times 0.010^2}{0.3^2 \times 0.2^2 \times \left(\dfrac{0.3 \times 0.2}{2 \times 0.2 + 0.3}\right)^{4/3}}$$
$$= 6.62 \times 10^{-4} \fallingdotseq \underline{6.6 \times 10^{-4}}$$
となる．

Column 9

ロバート マニング（1816-1897）とマニングの式

　ロバート・マニングは1816年にフランスのノルマンディーで生まれ，1897年に81歳で生涯を閉じた．マニングは初め会計士としてキャリアを積み，その後に水工学のエンジニアとしてアイルランドの財務省公共事業事務所で働いた．マニングの式は1891年にアイルランド土木研究所の紀要論文で初めて公表されたものだが，現在よく使われている形とは異なったものであった．彼は工学や流体力学の正式な教育を受けてなかったためか，それまでに提案された7つの平均流速公式を比較・検討してデータに最も合う公式を考案した．マニングの粗度係数に次元があるのは実用的有用性から出た実験公式であるためだが，彼が会計士をキャリアに持つ実際主義者であったことも大いに関係するようである．また，マニングの式の最初の考案者は他にいるとも言われている．最終的には1936年にワシントンでの第3回世界動力会議において勧告がなされ，それ以降に現在の形で国際的に広く用いられるようになった．現在，マニングの平均流速公式を知らない河川技術者や水工学の研究者はいないほど有名な式だが，その生い立ちには紆余曲折の経緯があるようで興味深い．

Chapter 9【演習問題】

【1】図9-7に示すような法面勾配$1:m$の三角形断面開水路に水が等流で流れている．このとき，一定流水断面積のもとで流量が最大となるmの値を求めよ．ただし，

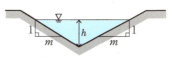

図9-7 三角形断面開水路

平均流速公式はマニングの式を用い，水路の粗度係数と勾配は一定とする．
【国家公務員II種試験】

【2】図9-8に示すような断面の開水路IおよびIIに水が等流で流れている．このとき開水路I・IIの流量Q_1とQ_2の比（$=Q_1/Q_2$）を求めよ．ここで，開水路IおよびIIの水路床勾配は等しく，水路幅Bは水深hに比べて十分大きいものとする．平均流速公式はマニングの式を用い，図中に示すnはマ

ニングの粗度係数である．【国家公務員Ⅰ種試験】

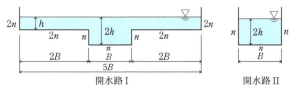

| 図 9-8 | 開水路の断面形

【3】開水路の摩擦損失係数 f' と管路の摩擦損失係数 f の関係式(9-3)を導け．

HYDRAULICS:Basics of Civil Engineering

Chapter 10 | 開水路の漸変流

開水路の漸変流は，急変流に比べて流下方向に長い区間が対象となるため，等流と同じく壁面摩擦が主役となる流れである．本章ではエネルギー則をもとにして漸変流の基礎式を導出する．水路床勾配の緩急に対応する水面変化の基本形や，堰上げ背水曲線・低下背水曲線など河川で実際に見られる水面形と本章での理論との関係を説明する．

10.1 漸変流とは？

　漸変流（gradually varied flow）は，8章での急変流に比べて流下方向に長い区間を対象として緩やかに変化する流れである．漸変流の解析は，図10-1で例示するような堰の上流側に現れる水面の堰上げなど，相対的に大きいスケールでの縦断方向への流れの変化を対象とする．このような長い区間では，水路床での摩擦によるエネルギー損失を無視できず，漸変流の解析は9章の等流の解析と同じく粘性流体の力学がベースとなる．このような長い開水路では，8章で対象とした堰やゲート，段落ち部などで急変流も生じるが，それらの区間は漸変流が対象とする区間に比べて短く，その影響は局所的であって全体的な漸変流の解析には影響は及ばないと考える．

図10-1 | 堰の上流側の流れ（鬼怒川）

10.2 基礎式

広幅長方形断面の開水路における水深変化の式は以下で与えられる．

$$\frac{dh}{dx} = \frac{I_f - i_0}{Fr^2 - 1}, \quad Fr = \frac{v}{\sqrt{gh}} = \frac{q}{\sqrt{gh^3}}$$

さらに，抵抗則にシェジーの式を用いると，上式は水路床勾配 i_0 と等流水深 h_0 および限界水深 h_c をパラメータとする次の一階常微分方程式となる．

$$\frac{dh}{dx} = i_0 \frac{1 - (h_0/h)^3}{1 - (h_c/h)^3}$$

漸変流の基礎式を導くにあたって流れに対して以下の仮定をおく．(1) 開水路の流水断面は緩やかに変化する．(2) そのため，流線の曲がりの影響は小さく静水圧分布を仮定できる．(3) 水路床での摩擦損失は等流の場合の式を適用できる．(4) 流速分布は断面間で相似形と見なせ，流速補正係数 $\alpha = 1$ としてよい．(5) 断面急変部は不連続であり，その影響はごく局所的な部分に限定される．

10.2.1 摩擦損失を考慮したベルヌーイの定理

ここではエネルギー則をベースにして，完全流体での流線上のベルヌーイの定理から始めて，粘性流体で摩擦損失を考慮したベルヌーイの定理に理論を拡張させる．図10-2に，開水路漸変流における全水頭 H と水路床での摩擦による損失水頭 dh_l の関係を示す．摩擦損失を考えない完全流体の場合，水路床から ζ の鉛直位置にあるひとつの流線における流れ方向 x の流速を u，

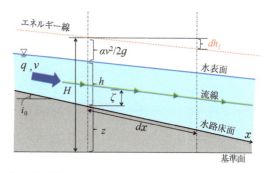

図10-2 漸変流における全水頭と損失水頭

圧力をp, 基準面から水路床までの鉛直距離をzとすると，ベルヌーイ和$H(\zeta)$は次のように保存される．

$$\frac{dH(\zeta)}{dx} = \frac{d}{dx}\left(\frac{p}{\rho g} + \frac{u^2}{2g} + (z+\zeta)\right) = 0 \tag{10-1}$$

これを底面から水面まで積分し，静水圧分布$p \approx \rho g(h-\zeta)$と断面平均流速$v$を導入すると，全水頭$H$が次式のように流下方向に保存される．

$$\frac{dH}{dx} = \frac{d}{dx}\left(h + \alpha\frac{v^2}{2g} + z\right) = 0 \tag{10-2}$$

式（10-2）のαは流速分布uを断面平均流速vで代替するときの流速補正係数であり，次式で与えられる．

$$\alpha = \frac{1}{Av^3}\int_A u^3 dA \tag{10-3}$$

この補正係数は乱流の場合$\alpha \approx 1.1$となる．これより，以降の説明では$\alpha = 1$とし，必要な場合を除いて式中に陽に示さない．

以上は完全流体で壁面摩擦を考えない場合であったが，実際には，図**10-2**に示すように摩擦損失dh_lがある．それを考慮する粘性流体でのエネルギー収支は次のようになる．

$$\frac{dH}{dx} = -\frac{dh_l}{dx} \tag{10-4}$$

これが**摩擦抵抗を考慮して拡張されたベルヌーイ式**である．

広幅長方形断面の開水路を考えて単位幅流量$q = vh$を導入すると，式（10-4）は次のようになる．これ以降は広幅長方形断面で理論を説明する．

$$\frac{dz}{dx} + \frac{dh}{dx} + \frac{1}{2g}\frac{d}{dx}\left(\frac{q}{h}\right)^2 + \frac{dh_l}{dx} = 0 \tag{10-5}$$

上式の摩擦損失の項に対して，**9章**の**表9-2**の抵抗則を用いると，

$$\frac{dh_l}{dx} = f' \cdot \frac{1}{h} \cdot \frac{v^2}{2g} = \frac{2gn^2}{h^{\frac{4}{3}}} \cdot \frac{v^2}{2g} = \frac{2g}{C^2 h} \cdot \frac{v^2}{2g} \tag{10-6}$$

となる．また，水路床勾配i_0を導入すると，

$$i_0 = \tan\theta \approx \sin\theta = -\frac{dz}{dx} \tag{10-7}$$

となる．これら二式を式（10-5）に代入すると，

$$-i_0 + \frac{dh}{dx} + \frac{1}{2g}\frac{d}{dx}\left(\frac{q}{h}\right)^2 + f'\frac{1}{h}\frac{v^2}{2g} = 0 \tag{10-8}$$

となる．ここで，上式の左辺第一項と第二項の和は $d(z+h)/dx$ となって水面勾配 I_s を表す．これは，図 8-2 で示したように，管路における動水勾配に相当する．一方，第三項は速度水頭勾配 I_v を，第四項はエネルギー勾配もしくは摩擦勾配 I_f をそれぞれ表す．以上より，式（10-8）は，流下方向に水位・速度水頭・摩擦損失水頭の 3 つの和が保存されると解釈できる．

$$I_s + I_v + I_f = 0 \tag{10-9}$$

さらに，$q = \text{const.}$ として式（10-8）を変形すると，

$$\frac{dh}{dx} = \frac{I_f - i_0}{Fr^2 - 1}, \quad Fr = \frac{v}{\sqrt{gh}} = \frac{q}{\sqrt{gh^3}} \tag{10-10, 11}$$

となる．これを急変流の式（8-21）と比較すると，式（10-10）は分子に I_f の項が付加された形であることが分かる．

【例題 10-1：流速補正係数】

図 10-3 に示す 4 つの流速分布に対して流速補正係数 α の値を求めよ．ただし，図の流速分布は最大流速 $u_{\max}$ と水深 h で基準化されており，$z = 0 \sim 1.0$ の定義域で，(1) 一様流 ($u = 1.0$)，(2) 三角形分布 ($u = z$)，(3) 放物線分布 ($u = 2z - z^2$)，(4) 1/7 乗分布 ($u = z^{1/7}$) となっている．

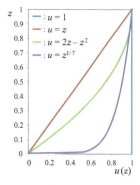

図 10-3 流速分布

【解答】

式（10-3）を用いて流速補正係数 α を計算する．このとき，平均流速 v は，

$$v = \frac{1}{h}\int_0^h u\,dz = \frac{1}{1.0}\int_0^{1.0} u(z)\,dz \quad \text{①}$$

であり，式（10-3）右辺の積分の部分は単位幅での流れ（$A \to h$）を考えて，

$$\int_A u^3 dA = \int_0^{h=1.0} u(z)^3 dz \quad \text{②}$$

である．式①②より式（10-3）は，

$$\alpha = \frac{1}{hv^3}\int_0^h u(z)^3 dz$$

$$= \frac{1}{1.0}\left(\int_0^{1.0} u(z)\,dz\right)^{-3}$$

$$\times \int_0^{1.0} u(z)^3 dz \quad \text{③}$$

となる．式③にそれぞれの流速分布を代入して計算すると，

(1) $\alpha = 1.0$
(2) $\alpha = 2.0$
(3) $\alpha = 1.542 \fallingdotseq 1.54$
(4) $\alpha = 1.044 \fallingdotseq 1.04$

となる．

10.2.2 | 漸変流の基礎式と等流水深・限界水深，限界勾配との関係

ここでは式（10-10）をさらに変形し，等流水深 h_0 および限界水深 h_c と水深変化率 dh/dx の関係を導く．誘導では流れの抵抗則としてシェジーの式を用い，限界水深が単位幅流量のみの関数 $h_c = (q^2/g)^{1/3}$ であることを用いる．これらを考慮して式（10-10）を変形すると，

$$\frac{dh}{dx} = i_0 \frac{1 - I_f/i_0}{1 - Fr^2} = i_0 \frac{1 - \frac{2g}{C^2 h} \cdot \frac{1}{2g}\left(\frac{q}{h}\right)^2 / i_0}{1 - \frac{q^2}{gh^3}} = i_0 \frac{1 - \frac{1}{C^2 h^3} \cdot (C^2 h_0^3 i_0)/i_0}{1 - \frac{1}{gh^3}(h_c^3 g)}$$

$$= i_0 \frac{1 - (h_0/h)^3}{1 - (h_c/h)^3} \tag{10-12}$$

となり，断面が広幅長方形で抵抗則がシェジーの式という条件のもとで漸変流の基礎式が得られる．

式（10-12）は一階常微分方程式であり，これを解いて具体的に水面変化を求めようとすると境界条件が1つ必要となる．この境界条件は，**8.2節**で示した水面擾乱の伝播特性から，常流ならば下流側で，射流ならば上流側で与えられる．支配断面はそれら両方の条件が重複する位置にあたり，支配断面を起点にして上・下流双方の水面変化が規定される．そのため水面形は上流から下流へ滑らかに接続される．一方，跳水は上・下流側それぞれの水理条件で規定された水位が出会う位置で生じる．そのため通常は上・下流で全水頭にギャップが存在し，その水頭差を解消するように跳水区間において上流側の流れが持つエネルギーが渦運動で急激に消散される．したがって跳水の場合，水面形は上流から下流へ不連続に接続されることになる．

式（10-12）の水深 h は，1つの境界条件と共に水路勾配 i_0 と等流水深 h_0 および限界水深 h_c が分かれば求められる．実験や河川の現場では，具体的には開水路の一地点で水深と流量を計測すれば，あとは水路の勾配 i_0 と粗度係数 n とが分かれば良い．非常に限られた計測で開水路の水面変化の概略を計算できるのである．ここで再び確認したいのは，式（10-12）はベルヌーイの定理の拡張式を変形したものであって，**エネルギー保存則という物理法則**で水面形を計算しているということである．このように現場で計測可能な物理量を用いてエネルギー保存則を書き直し，求めたい水深変化の式を導き出すところに工学としての水理学の醍醐味がある．

10.3 基本的な水面形

水路勾配 i_0 と限界勾配 i_c の大小関係によって，開水路は主として，
　緩勾配水路（mild slope, $i_0 < i_c$, $h_0 > h_c$）
　急勾配水路（steep slope, $i_0 > i_c$, $h_0 < h_c$）
に分類され，漸変流の水面形はこの2つで特徴が異なる．さらに，それぞれの水路に対して，3つの水深 h, h_0, h_c の大小関係によって M_1, M_2, M_3 および S_1, S_2, S_3 の基本的な水面形の曲線がある．

10.3.1 | 開水路の分類と水面変化の特徴

式（10-12）に現れる水路勾配 i_0 と等流水深 h_0・限界水深 h_c の大小関係には，**図9-5**に示すようなパターンがある．これより，水路床勾配 i_0 を用いて水面形の変化を系統的に分類できる．**表10-1**は水路床勾配 i_0 による開水路の分類である．表には，**図9-5**に示される**急勾配水路**（channel with steep slope），**限界勾配水路**（channel with critical slope），**緩勾配水路**（channel with mild slope）に加えて，**水平勾配水路**（channel with flat (zero) slope），**逆勾配水路**（channel with adverse slope）が示されている．これらの水路に対して種々の水面形の基本形が決まる．

さらに，式（10-12）の右辺における3つの水深 h, h_0, h_c の大小関係によって，流下方向への水深変化率 dh/dx や流れの状態は**表10-2**のように特徴付けられる．水深 h が等流水深 h_0 に漸近していくときには水面は水路床に平行になっていき，一方，水深 h が限界水深 h_c に近づくときには水面は水路

| 表10-1 | 水路床勾配による開水路の分類 |

水路勾配	名　称	水面形の記号	等流水深 ≷ 限界水深
$i_0 > i_c$	急勾配水路	S (steep slope)	$h_0 < h_c$
$i_0 = i_c$	限界勾配水路	C (critical slope)	$h_0 = h_c$
$i_0 < i_c$	緩勾配水路	M (mild slope)	$h_0 > h_c$
$i_0 = 0$	水平勾配水路	O (zero slope)	$h_0 \to \infty$
$i_0 < 0$	逆勾配水路	A (adverse slope)	―

表10-2 水深 h, h_0, h_c と水深変化率 dh/dx・流れの状態の関係

水深	水深変化率 dh/dx もしくは Fr	流れの状態
$h \to h_0$	$dh/dx \to 0$	水面と水路床は平行に
$h \to h_c$	$dh/dx \to \pm\infty$	支配断面もしくは跳水
$h \to 0$	$dh/dx \to i_0(h_0/h_c)^2$	—
$h \to \infty$	$dh/dx \to i_0$	水面は水平
$h > h_c$	$Fr < 1$	常流
$h < h_c$	$Fr > 1$	射流

床にほぼ垂直になっていく．特に，後者については常流から射流の場合は支配断面が，射流から常流の場合は跳水がそれぞれ生じる．それらの位置では流線の曲率が大きくなり静水圧近似が成立しなかったり，渦運動による激しいエネルギー損失が生じたりして，式（10-12）の前提となる仮定が破綻するため，実際には水面が水路床に垂直になることはなく有限の水深変化率 dh/dx となる．

10.3.2 緩勾配水路および急勾配水路における基本的な水面形

ここでは表10-1の開水路の分類のうち，実際の河川の現場などでよく見られる緩勾配水路と急勾配水路に焦点をあて，そこに現れる基本的な水面形の概略を式（10-12）によって考察していく．

緩勾配水路と急勾配水路のそれぞれについて，3つの水深 h, h_0, h_c の大小関係に対応させて，式（10-12）の右辺の分子・分母・dh/dx の符号，フルード数 Fr を検討すると表10-3, 10-4のようになる．

これらをもとにしてそれぞれの水路に現れる水面形を描けば，図10-4の

表10-3 水深とその変化率および流れの状態（緩勾配水路）

h の範囲	0<		<h_c<			<h_0<	
分子	−		−		−	0	+
分母	−		0		+	+	+
dh/dx	+	→	$+\infty \| -\infty$	←	−	0	+
Fr	>1 （射流）		=1 （限界流）		<1 （常流）	<1 （常流）	<1 （常流）
水面形分類	M_3		|		M_2	|	M_1

※記号 M は mild slope の頭文字．

表10-4 水深とその変化率および流れの状態（急勾配水路）

h の範囲	$0<$	$<h_0<$		$<h_c<$	
分子	$-$	0	$+$	$+$	$+$
分母	$-$	$-$	$-$	0	$+$
dh/dx	$+$	0	$-$	$\to -\infty \mid +\infty \leftarrow$	$+$
Fr	>1（射流）	>1（射流）	>1（射流）	$=1$（限界流）	<1（常流）
水面形分類	S_3		S_2		S_1

※記号 S は steep slope の頭文字．

ようになる．図の見方として3つの注意点を挙げる．1つ目は，これらの水面形は紙面の都合で重ねて描かれているが，同時に3つの水面形が同一断面に出現するわけではないこと．2つ目は，この図は流下方向に比べて水深方向の縮尺を大きくした歪んだ図になっていること．これより，現象を説明する場合は水面変化が強調されて分かりやすいが，実際の現象としては図10-1に示されるように流下方向の空間スケールが非常に大きく，水面は非常に緩やかに変化することに注意してほしい．最後は，水面の曲線にある矢印は，水面変化の伝播方向を示していること．射流 $Fr>1$ では上流から下流に，常流 $Fr<1$ では下流から上流に矢印が入っている．なお，流れは図の左から右に向かう．

図10-4では表10-2にまとめた水面形の特徴がよく現れている．緩勾配水路と急勾配水路では等流水深 h_0 と限界水深 h_c の大小関係が逆転すること，水深 h が等流水深 h_0 に近づくときには水面は水路床に平行になるように漸近し，限界水深 h_c に近づくときには水路床に垂直になる傾向があること，を再確認してほしい．さらに，水面の矢印で示される現象の方向性を考慮すると，緩勾配水路では上流に向かって等流水深 h_0 に漸近し，急勾配水路では下流に向かって漸近する．これは現象を支配する境界条件がそれぞれ下流側・

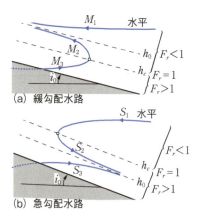

図10-4 基本的な水面形（「明解水理学」日野幹雄，丸善，を参考）

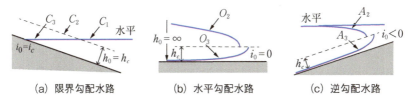

| 図10-5 | いろいろな水路床勾配に対する基本水面形（「明解水理学」日野幹雄，丸善，を参考）

上流側で与えられるためであり，その逆の方向に向かって等流状態に漸近することはない．

図10-5に残る限界勾配水路，水平勾配水路，逆勾配水路に対する基本水面形を参考に示す．

10.4 水面形の出現例

> ゲートや堰の上流側では流れが堰上がるため，
> **堰上げ背水曲線**（backwater curve, M_1, S_1 曲線）
> が生じ，緩勾配水路の段落ち部では支配断面となり，
> **低下背水曲線**（dropdown curve, M_2 曲線）
> が生じる．

図10-6は上流側に貯水池があり，水路の中間にスルース・ゲートが，さらに下流端には段落ちがある場合の水面形である．上2つの図は緩勾配水路，下2つの図は急勾配水路であり，それぞれスルース・ゲートの開口部の大きさが異なる．開水路は広幅長方形断面とし単位幅流量 q が流れている．

スルース・ゲートを設置すると，その影響で上流側は徐々に堰上がることになる．ゲート上流側での水深が限界水深 h_c を上回り常流状態になれば，堰上げの効果が上流側に伝わるようになって水深が堰上げられる．ゲート上流側での水深がさらに大きくなってゲート開口部での流量と上流からの流量が一致するところに至れば水位上昇が止まり，堰上げが定常状態になる．図10-6には，そのときにゲート上流側にできる M_1, S_1 曲線が描かれている．これら M_1, S_1 曲線を**堰上げ背水曲線**（backwater curve）という．

段落ち部では，流れは**フリーナップ**（free nappe）となって下流側に落ちていく．緩勾配水路の場合，この段落ち部付近で支配断面が現れ，$Fr=1$, $h=h_c$ の限界状態となる．この支配断面を境界条件にして上流側には M_2 曲線ができる．この曲線を**低下背水曲線**（dropdown curve）という．これに対して急勾配水路の場合，**図10-6**に示すように段落ち部は支配断面にならず，低下背水曲線は形成されない．この場合，等流水深 h_0 に漸近するように S_2 もしくは S_3 曲線になる．

さらに，水面が限界水深 h_c に近づくところでは跳水が生じる．

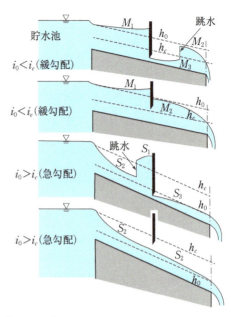

図 10-6　ゲート・段落ちのある流れの水面形
（「明解水理学」日野幹雄，丸善，を参考）

図10-6の緩勾配水路では $M_3 \to M_2$ 曲線の遷移部分が，急勾配水路では，$S_2 \to S_1$ 曲線の遷移部分が跳水になる．これらの跳水位置では，実際には図10-4で描かれているような綺麗な曲線で限界水深 h_c に接続することはない．上・下流の水深が共役水深の関係になる位置において，激しい渦運動を伴って上流水深が不連続に下流水深に接続することになる．

【例題10-2：ゲート・堰のある河川の水面形】

図10-7のように河川にゲートや堰が設けられ，その流域の都市や産業，灌漑のために貴重な水資源が確保される．このとき，河川の縦断方向に現れる水面変化の概略を図に描きなさい．

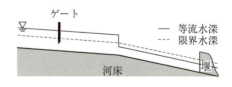

図 10-7　ゲート・堰のある河川

【解答】

図10-7より，勾配に着目すると，勾配　　変化点より上流では等流水深 $h_0>$ 限界水

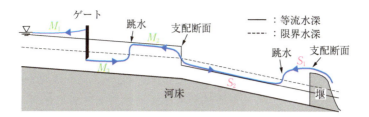

図10-8 ゲート・堰のある河川での水面形

深 h_c であるため緩勾配水路に，一方，下流では $h_0 < h_c$ となるため急勾配水路になる．また，緩勾配水路が急勾配水路とつながる河床勾配の変化点では支配断面が現れる．

次に河川構造物に着目する．ゲートの上・下流の水面形は，図10-6の最上部の図と同じなので，ゲートの上流では堰上げ背水曲線の M_1 曲線が，ゲートの下流では流下方向に $M_3 \to$ 跳水 $\to M_2$ 曲線となる．この M_2 曲線は支配断面での限界水深 h_c より上流側に描かれるものであり，低下背水曲線である．さらに，支配断面より下流は S_2 曲線となり等流水深 h_0 に漸近していく．

下流端の堰に着目すると，図10-6の3つ目の図と同様の状況なので，堰から上流方向に堰上げ背水曲線 $S_1 \to$ 跳水 $\to S_2$ 曲線となる．なお，堰上部でも支配断面が現れることになる．

以上をもとにして水面変化の概略を図に描くと，図10-8のようになる．図中の水面形の曲線における矢印は水面変化の伝播方向を示している．

Column 10

洪水時の堰上げ背水と排水機場の役割

梅雨前線や台風に伴い流域に大雨が降って洪水になると，河川の水位は瞬く間に上昇する．このとき，支川よりも本川の水位が高くなると，洪水流は本川から支川へと逆流し，合流部周辺を中心に水害のリスクが高まる．このような場合，合流部に設置された水門を閉鎖して逆流を未然に防ぐ河川管理が

図10-9 排水機場（揖保川：馬路川排水機場）

行われる．しかしその一方で，支川上流からの洪水流は水門閉鎖によって出口を失い，水門を起点に上流側に堰上げ背水曲線（backwater curve）が現れる．今度は堰上げによって支川の沿川で浸水被害が生じる怖れが出てきてしまうのである．そこで活躍するのが排水機場である．水門で堰止められた水を適当なタイミングで本川に排水する重要な役割を担っている．これらから，河川の洪水対策がよく工夫された技術体系に支えられていることが分かる．なお，洪水追跡などの解析は本書での定常流解析の範囲を超えており，非定常流の解析技術が必要である．地球温暖化により激甚な水害のリスクが高まるなか，本書で水理学を学ばれた皆さんは是非，地域の安全・安心に直接関係する洪水や津波などの非定常流の解析を引き続き学んでいってもらいたい．

Chapter 10【演習問題】

【1】式（10-12）について，シェジーの代わりにマニングの式を用いると同式は以下のようになる．これを誘導せよ．

$$\frac{dh}{dx} = i_0 \frac{1-(h_0/h)^{10/3}}{1-(h_c/h)^3}$$

【2】図 **10-10** に示すように，$x=0$ の地点で段落ちとなる広幅長方形断面水路がある．このとき，以下の問いに答えよ．ただし，開水路は水路幅 $B=60.0$ [m]，水路床勾配 $i_0=1/800$，マニングの粗度係数 $n=0.025$，流量 $Q=500$ [m³/s]，流速補正係数 $\alpha=1.0$，重力加速度 $g=9.81$ [m/s²] とし，有効数字 3 桁で示せ．(1) 等流水深 h_0 [m] を求めよ．(2) 限界水深 h_c [m] を求めよ．(3) 限界勾配 I_c を求めよ．(4) $h_{\text{start}}=1.1h_c$ となる地点を新たに $x_*=0$ として設定し，それから上流側への水位変化を計算して図で示せ．

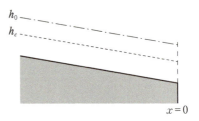

図 **10-10** 開水路の段落ち部

HYDRAULICS:Basics of Civil Engineering

Chapter 11 | 相似則

模型実験を行う際には，対象とする運動が原型（実物）と模型の間で力学的に相似性を保つ必要があり，それを規定する法則が相似則である．水理分野では，流体運動に関する重要な無次元数を用いた相似則があり，代表的なものはフルード相似則とレイノルズ相似則である．これらは流体運動の特性によって使い分けられる．

11.1 水理模型実験と相似則

　これまでに管路や開水路の流れに関する基本法則やその解析法を示してきたが，実際の河川・ダム構造物などを設計する際には，それらの方法だけでは詰め切れない部分がある．特に，ダムの洪水吐きや減勢工，河川の取水堰や水制工の周辺で生ずる複雑な三次元的流れや，流れの急変箇所については，解析は困難である．

　数値流体力学の発展により，静水圧分布を近似できる水の流れはかなりの精度で再現・予測できるレベルに来ているものの，局所的に鉛直方向流速が卓越する複雑な流れの計算は容易ではない（不可能ではないが計算に膨大な時間を要して現実的ではない）．

　また，河川・ダム構造物では土砂の取り扱いが非常に重要である．流れによって土砂が移動して，そ

赤い設計ラインを超えないかどうか確認中

図11-1　ダム洪水吐の減勢工

11.1 | 水理模型実験と相似則　203

表 11-1 オリフィスからの流出に関する原型・模型の縮尺

	水深 h	小孔断面積 A	流出速度 v	流出量 Q
原型	10 m	0.01 m^2	14.0 m/s	0.140 m^3/s
模型	1 m	0.0001 m^2	4.43 m/s	0.000443 m^3/s
相似比	1/10	1/100	1/3.16	1/316

れが堆積すると河道が閉塞し，河床が掘れると構造物の基礎が危うくなる．土砂移動のモデル化は水よりも複雑で，全ての物理過程をモデル化できているわけではないので，研究途上と言える．

そのため，実務的には水理模型実験により構造物の周りの流れや，土砂移動と河床変動を確認することが行われる．水理模型実験の別の側面としては，リアリティーがあって専門家以外の一般の人にも分かりやすいという特徴があるので，河川・ダム計画に対する市民の理解を深めるのにも役立つ．

水理模型実験はほとんどの場合，縮小模型を使う．河川・ダムの設計では，縮尺として 1/20〜1/100 が用いられることが多い．このとき，サイズを幾何学的に忠実に縮小しても，対象とする流体運動が正しく縮小されているとは限らない．

例えば，オリフィスからの流出を考えてみよう（**3.4 節**）．深さが 10 m の容器の最下部側面に面積が 0.01 m^2 の円形の小孔が開いている（直径 0.114 m）．そして，縮尺が 1/10 の模型を作って，流出速度 v をトリチェリの定理から求めて流出量 Q を比較すると，いずれも 1/10 にはならない（**表 11-1**）．逆に言うと，模型実験から得られた流速・流量を 10 倍しても実現象を再現できない．そこで，流体運動の力学的な性質を一致させるために，相似則が使われる．

11.2 幾何学的相似と力学的相似

全ての辺の長さを忠実に縮小することで，形状は等しく全体の大きさのみが異なるものを**幾何学的相似**（geometric similarity）という．これに対して，模型と原型の対応する 2 点で流れが相似であるためには，そこに作用する力の関係性を考えなければならない．これを**力学的相似**（dynamic similarity）という．

力学的相似の条件は運動方程式から導かれる．式 (5-1) から運動方程式の x 方向成分を再掲すると，次のようになる．

$$\frac{\partial u}{\partial t}+u\frac{\partial u}{\partial x}+v\frac{\partial u}{\partial y}+w\frac{\partial u}{\partial z}=F_x-\frac{1}{\rho}\frac{\partial p}{\partial x}+\nu\left(\frac{\partial^2 u}{\partial x^2}+\frac{\partial^2 u}{\partial y^2}+\frac{\partial^2 u}{\partial z^2}\right) \quad (11.1)$$

上式右辺の力としては，外力（水理学では一般に重力）や圧力，粘性力が扱われている．力学的相似とは，慣性力と力の比が，つまり式 (11.1) の左辺加速度項と右辺各項の比が，模型と原型とで等しくなることをいう．定常状態の流れでは，左辺加速度項のうちの局所加速度は $\partial u/\partial t = 0$ となるので，通常は慣性項として移流加速度のみを考える．

各項目を表記する基本量は，代表長さ L，代表速度 U，密度 ρ とし，時間と速度の関係は $U = L/T$ となる．なお，上記以外の力としては，表面張力等が挙げられるが，ここでは考慮しない．また，以下の指標は全て無次元である．

11.2.1 | ニュートン数（Newton number）

力として外力を取り上げる．式 (11.1) 中の F は単位質量当たりの力であるので，力を N とすると

$$F=\frac{N}{\rho \cdot L^3} \quad (11.2)$$

となり，慣性項と外力の比をとると，以下の関係が得られる．

$$\frac{U\dfrac{\partial U}{\partial L}}{F} \quad \rightarrow \quad \frac{U \cdot U \cdot L^{-1}}{\dfrac{N}{\rho L^3}}=\frac{\rho U^2 L^2}{N} \quad (11.3)$$

この逆数がニュートン数である．

$$Ne=\frac{N}{\rho U^2 L^2} \quad (11.4)$$

これは，流れと力の関係を表しており，流れ場に置かれた物体の抵抗を表す抵抗係数（**4.3.4** 参照）C_D も，式 (4.46) より，ニュートン数と同じ次元で記述される．

$$C_D=\frac{2D}{\rho U^2 S} \quad (11.5)$$

ここで，D は抵抗，S は抵抗を受ける物体の流れ方向の投影面積である．

11.2.2 | フルード数 (Froude number)

力として外力で一般的な重力に着目する．慣性項と重力の比として，$F=g$ より，

$$\frac{U\dfrac{\partial U}{\partial L}}{g} \;\rightarrow\; \frac{U\cdot U\cdot L^{-1}}{g}=\frac{U^2}{gL} \tag{11.6}$$

が得られる．ここから，

$$Fr=\frac{U}{\sqrt{gL}} \tag{11.7}$$

となり，これはフルード数である（**8.2 節**）．

11.2.3 | オイラー数 (Euler number)

慣性項と圧力項の比として，

$$\frac{U\dfrac{\partial U}{\partial L}}{\dfrac{1}{\rho}\dfrac{\partial P}{\partial L}} \;\rightarrow\; \frac{U\cdot U\cdot L^{-1}}{\dfrac{1}{\rho}\cdot P\cdot L^{-1}}=\frac{U^2}{\dfrac{P}{\rho}} \tag{11.8}$$

が得られる．ここから，圧力差として表現すると，オイラー数が得られる．

$$Eu=\frac{U}{\sqrt{2\dfrac{\Delta P}{\rho}}} \tag{11.9}$$

係数の 2 には物理的な意味はなく，慣習的なものである．

11.2.4 | レイノルズ数 (Reynolds number)

慣性項と粘性項の比として，

$$\frac{U\dfrac{\partial U}{\partial L}}{\nu\dfrac{\partial^2 U}{\partial L^2}} \;\rightarrow\; \frac{U\cdot U\cdot L^{-1}}{\nu\cdot U\cdot L^{-2}}=\frac{UL}{\nu} \tag{11.10}$$

が得られる．この形はレイノルズ数である（式 (6-1)）．

$$Re=\frac{UL}{\nu} \tag{11.11}$$

11.2.5 | ストローハル数 (Strouhal number)

慣性項（移流加速度）と慣性項（局所加速度）の比として，

$$\frac{U\dfrac{\partial U}{\partial L}}{\dfrac{\partial U}{\partial T}} \rightarrow \frac{U \cdot U \cdot L^{-1}}{U \cdot T^{-1}} = \frac{UT}{L} \tag{11.12}$$

が得られる．この逆数をとって，また，周波数 $f = 1/T$ を用いると，

$$St = \frac{L}{UT} = \frac{fL}{U} \tag{11.13}$$

となる．これをストローハル数という．この指標は局所加速度を導入していることから，非定常性の効果を現している．

　流れの中に構造物を置くと，背後にカルマン渦と呼ばれる交互渦が周期的に発生する．この渦の発生周波数を f，構造物の断面の長さを L として，渦の発生周期を無次元表記したものがストローハル数である．通常のレイノルズ数の範囲では，円柱周りの流れのストローハル数は約 0.2 になる．

11.2.6 | 相似則の模型実験への適用

　流体運動の力学的相似が完全に満たされるためには，模型と原型の間で前述の各無次元数が全て一致することが必要である．例えば，模型の縮尺（相似比）を $1/\lambda$ としたとき，フルード数を一致させると流速の相似比は $1/\sqrt{\lambda}$ になり，一方，レイノルズ数を一致させると流速の相似比は λ になる（詳細は **11.3 節**，**11.4 節**）．数値を入れてみると，縮尺を 1/10 とすれば，フルード数に基づく模型流速は原型の 1/3.33 倍になり（**表 11-1**），レイノルズ数に基づくと 10 倍になる．このように，複数の無次元数を満たす完全な相似性は成立しない．

　そのため，実験対象とする流体運動の特徴を考え，現象を支配する要因に絞って相似則を適用することが一般的である．河川やダム越流の水理実験のように，水面のある流れで重力の影響が支配的な現象を扱う場合は，模型と原型の間でフルード数だけが同じになるようにパラメータを設定する．これを**フルード相似則**（Froude similitude）という．

　管路の流体抵抗や乱流現象，物質の拡散などを検討する際には，粘性の影響が大きいので，レイノルズ数だけが同じになるようにパラメータを設定する．これを**レイノルズ相似則**（Reynolds similitude）という．自動車や飛行機の空力特性を風洞実験で検討するときにもレイノルズ相似則が用いられる．

機械流体やキャビテーション（水中プロペラが高速回転する際に圧力変化の影響で泡が発生する現象）など，圧力が重要な現象に対しては**オイラー相似則**（Euler similitude）を用いる．

水理模型実験では，フルード相似則もしくはレイノルズ相似則のいずれかを用いることが多いので，次節以降で詳細を示す．

11.3 フルード相似則

> フルード相似則では長さの縮尺を $1/\lambda$ とすると，実験で用いる物理量の相似比は次のようになる．
>
> 時間：$\dfrac{1}{\sqrt{\lambda}}$ 流速：$\dfrac{1}{\sqrt{\lambda}}$ 流量：$\dfrac{1}{\lambda^{\frac{5}{2}}}$ マニング粗度係数：$\dfrac{1}{\lambda^{\frac{1}{6}}}$

原型を表す添字を 1，模型を表す添字を 2 とすると，幾何学的縮尺 $1/\lambda$ は次のとおりである．

$$\frac{L_2}{L_1} = \frac{1}{\lambda} \tag{11.14}$$

流速について，フルード数が等しいという関係から，

$$Fr = \frac{U_1}{\sqrt{gL_1}} = \frac{U_2}{\sqrt{gL_2}} \tag{11.15}$$

が成り立ち，

$$\frac{U_2}{U_1} = \sqrt{\frac{L_2}{L_1}} = \frac{1}{\sqrt{\lambda}} \tag{11.16}$$

が得られる．

時間について，速度と長さの関係から，

$$\frac{T_2}{T_1} = \frac{L_2}{U_2} \times \frac{U_1}{L_1} = \frac{L_2}{L_1} \times \frac{U_1}{U_2} = \frac{1}{\lambda} \times \sqrt{\lambda} = \frac{1}{\sqrt{\lambda}} \tag{11.17}$$

が得られる．

流量について，速度と面積の関係から $Q = L^2 U$ であるから，

$$\frac{Q_2}{Q_1} = \frac{L_2^2 U_2}{L_1^2 U_1} = \frac{1}{\lambda^2} \times \frac{1}{\sqrt{\lambda}} = \frac{1}{\lambda^{\frac{5}{2}}} \tag{11.18}$$

が得られる．

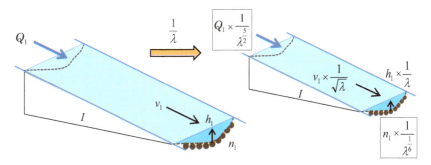

図 11-2 フルード相似則を使った水理実験のイメージ

河床の粗度 n について，マニング平均流速公式を用いると，

$$U = \frac{1}{n} R^{\frac{2}{3}} I^{\frac{1}{2}} \quad \rightarrow \quad n = \frac{1}{U} R^{\frac{2}{3}} I^{\frac{1}{2}} \tag{11.19}$$

となる．ここで勾配 I は無次元であり，高さ・水平長さの比が原型と模型とで同じであれば省略されて，粗度 n の比は以下のようになる．

$$\frac{n_2}{n_1} = \frac{U_1}{U_2} \times \frac{L_2^{\frac{2}{3}}}{L_1^{\frac{2}{3}}} = \sqrt{\lambda} \times \frac{1}{\lambda^{\frac{2}{3}}} = \frac{1}{\lambda^{\frac{1}{6}}} \tag{11.20}$$

以上から，縮尺 $1/\lambda$ の河川模型を用いて実験を行うときには，上流端境界から流量 Q_2 として実際の流量 Q_1 を $1/\lambda^{\frac{5}{2}}$ 倍して供給すればよい．また，河床の粗度 n_2 は実際の粗度 n_1 の $1/\lambda^{\frac{1}{6}}$ 倍とする．

そうすると，模型上で計測される水深 $h_2(L_2)$ は実際の水深 $h_1(L_1)$ の $1/\lambda$ となり，流速 $v_2(U_2)$ は実際の流速 $v_1(U_1)$ の $1/\sqrt{\lambda}$ になる．つまり，模型実験で得られた水深や流速に各相似比の逆数を乗ずれば，実際の現場での水深・流速を推定することができる．

【例題 11-1：フルード相似則】
　広幅長方形開水路を対象にして縮尺が 1/50 の模型実験を行ったところ，水深 h_2 が 2 [cm]，断面平均流速 v_2 が 20 [cm/s] であった．このとき，原型の単位幅流量 q_1 を求めよ．なお，(1) 原型の水深 h_1 と流速 v_1 から単位幅流量を求める方法と，(2) 模型の単位幅流量から相似則により求める方法，の 2 通りを比較せよ．

【解答】
(1)　$1/\lambda = 1/50$ より， $\qquad\qquad\qquad v_1 = v_2 \sqrt{\lambda} = 0.2 \times 7.07$

$$= 1.414 \text{ [m/s]}$$
$$h_1 = h_2\lambda = 0.02 \times 50 = 1.000 \text{ [m]}$$
$$q_1 = v_1 h_1 = 1.414$$
$$\fallingdotseq \underline{1.41 \text{ [m}^2/\text{s]}}$$

(2) フルード相似則を適用し,
$$q_2/q_1 = v_2 h_2 / v_1 h_1$$

$$= 1/\sqrt{\lambda} \times 1/\lambda = 1/\lambda^{1.5}$$
$$q_2 = q_2 h_2 = 0.004 \text{ [m}^2/\text{s]}$$
$$q_2 = q_2 \times \lambda^{1.5} = 0.004 \times 353.6$$
$$= 1.414$$
$$\fallingdotseq \underline{1.41 \text{ [m}^2/\text{s]}}$$

11.4 レイノルズ相似則

> レイノルズ相似則では長さの縮尺を $1/\lambda$ とすると,実験で用いる物理量の相似比は次のようになる.
>
> 時間:$\dfrac{1}{\lambda^2} \times \dfrac{v_1}{v_2}$ 流速:$\lambda \dfrac{v_2}{v_1}$ 流量:$\dfrac{1}{\lambda} \dfrac{v_2}{v_1}$

ここでも縮尺を $1/\lambda$(式 (11.14))として,レイノルズ相似則について示す.流速について,レイノルズ数が等しいという関係から,

$$Re = \frac{U_1 L_1}{v_1} = \frac{U_2 L_2}{v_2} \tag{11.21}$$

が成り立ち,

$$\frac{U_2}{U_1} = \frac{L_1}{L_2} \times \frac{v_2}{v_1} = \lambda \frac{v_2}{v_1} \tag{11.22}$$

が得られる.フルード相似則の場合と異なり,動粘性係数の比 v_2/v_1 が入っていることに注意しよう.原型と模型で,同じ流体を同じ温度条件下で使うならば,$v_2/v_1 = 1.0$ となるので,流速比は λ となる.すなわち,幾何学的縮尺が 1/10 ならば,模型の流速は原型の 10 倍になり,「模型実験では実際よりも高流速を使う」という,通常のイメージとは異なる実験になる.

時間について,速度と長さの関係から,

$$\frac{T_2}{T_1} = \frac{L_2}{U_2} \times \frac{U_1}{L_1} = \frac{L_2}{L_1} \times \frac{U_1}{U_2} = \frac{1}{\lambda^2} \times \frac{v_1}{v_2} \tag{11.23}$$

が得られる.

流量は速度と長さの関係から $Q = L^2 U$ であるから,以下が得られる

$$\frac{Q_2}{Q_1} = \frac{L_2^2 U_2}{L_1^2 U_1} = \frac{1}{\lambda^2} \times \lambda \frac{v_2}{v_1} = \frac{1}{\lambda} \frac{v_2}{v_1} \tag{11.24}$$

【例題 11-2：レイノルズ相似則】

直径 50 [cm] のパイプラインで原油を輸送し，断面平均流速が 1 [m/s] になるように設定したい．これを模擬した実験を行うため，直径が 10 [cm] の管路を用意した．原油の動粘性係数は 50×10^{-6} [m^2/s] とする．

(1) 原型のレイノルズ数を求めよ．
(2) レイノルズ相似則を適用し，模型管路に流すべき流速および流量を求めよ．
(3) 実験に使う流体を水に切り替えたとき，管内流速を求めよ．水の動粘性係数は 1.0×10^{-6} [m^2/s] とする．

【解答】

(1) $Re = v_1 D_1 / \nu_1 = 1 \times 0.5 / (50 \times 10^{-6})$
   $= 10000$
   完全に乱流領域にあるといえる．

(2) 原油を流す場合は，動粘性係数は等しいので，相似比は模型縮尺のみに依存する．
   $1/\lambda = 0.1/0.5$ より $\lambda = 5$
   $v_2 = \lambda v_1 = 5 \times 1 = 5.00$
   $= 5.00$ [m/s]
   $Q_2 = 1/\lambda \times Q_1 = 0.2 \times 0.1963$
   $= 0.03926$
   $\fallingdotseq 0.0393$ [m^2/s]

(3) 水に切り替えると，動粘性係数を相似則に反映する必要がある．
   $v_2 = v_1 \times \lambda \nu_2 / \nu_1 = 1 \times 5 \times 0.02$
   $= 0.10$
   $= 0.10$ [m/s]

   このように，原型と模型で同じ流体を使うと，管内流速が相似比に反比例して増大するが，実験に使用する液体の粘性を下げると，流速を下げることができる．

Column 11

土砂移動の水理模型実験

模型実験は水の流れの再現・予測に限らず，様々な技術分野で用いられている．水理分野では特に，土砂の動きに関するテーマが重要である．土石流のモデル化，ダム排砂のための取り入れ口の設計，堤防の決壊メカニズムの解明，河床変動の予測などは模型実験に頼るところが大きい．土砂は「流体」ではなく，かといって1つ1つバラバラの「固体」でもなく，粒子群が固体・流体の双方の性質を持って動くので，運動の予測が難しい．

河床変動の実験では，砂の代わりに石炭粉が用いられることがある．1/50 の模型を制作する場合，フルード相似則により，原型が 50 mm 程度のレキであれば模型の粒径は 1 mm でよい．しかし，原型が 0.2 mm の砂だと模

型は 0.004 mm になり，これは粘土粒子になるので「粘着性」の効果が生じて，砂礫の移動を正しく再現できない．このようなときに，密度の小さい石炭粉（1450 kg/m³ 程度）を用いて，粒径は大きくても移動しやすい状況を作り出す．

Chapter 11 【演習問題】

【1】 ダム貯水池の模型実験を行う．実物（原型）のダム堤体の高さは 42.4 m，幅は 100 m である．縮尺が 1/20 の模型実験をしたところ，貯水池の水深は 2.24 m になった．また，貯水池の上流側では常流になっており，堤体上を射流で流れていた．フルード相似則を適用する場合，次の問いに答えよ．

(1) 模型ダムの越流部における限界水深 h_2，限界流速 v_2，越流流量 Q_2 をそれぞれ求めよ．
(2) 原型ダムの越流部における限界水深 h_1，限界流速 v_1，越流流量 Q_1 をそれぞれ求めよ．

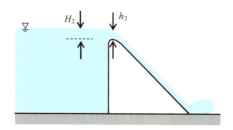

図 11-3 ダム貯水池の模型

【演習問題解答】

〈1章〉

【1】

先進国の人の年間水使用量 Q は，題意より，

$$Q = 1.70 \times 10^6 \text{ [L/year]} \quad ①$$

ここで，単位を［SI 単位］に変換すると，

$$1 \text{ [L]} = 1 \times 10^{-3} \text{ [m}^3\text{]}$$
$$1 \text{ [year]} = 1 \times 365 \times 24 \times 3600$$
$$= 3.1536 \times 10^7 \text{ [s]} \quad ②$$

式①，②より，Q を［SI 単位］で表すと，

$$Q = 1.70 \times 10^6 \text{ [L/year]}$$
$$= (1.70 \times 10^6)$$
$$\times \left(\frac{1 \times 10^{-3}}{3.1536 \times 10^7}\right) \text{ [m}^3\text{/s]}$$
$$= 5.3907 \times 10^{-5} \text{ [m}^3\text{/s]}$$
$$\fallingdotseq \underline{5.39 \times 10^{-5} \text{ [m}^3\text{/s]}} \quad ③$$

【2】

式 (1-1) より，

$$\mu = \frac{\tau}{\dfrac{du}{dz}} \quad ①$$

ここで，粘性応力 τ と速度勾配 du/dz の次元は，

$$[\tau] = \left[\frac{F}{A}\right] = \left[\frac{ma}{A}\right] = \left[\frac{\text{MLT}^{-2}}{\text{L}^2}\right]$$
$$= [\text{ML}^{-1}\text{T}^{-2}]$$
$$\left[\frac{du}{dz}\right] = \left[\frac{u}{z}\right] = \left[\frac{\text{LT}^{-1}}{\text{L}}\right] = [\text{T}^{-1}] \quad ②$$

式①，②より，

$$[\mu] = \frac{[\text{ML}^{-1}\text{T}^{-2}]}{[\text{T}^{-1}]}$$
$$= \underline{[\text{ML}^{-1}\text{T}^{-1}]} \quad ③$$

式③より，動粘性係数 ν の次元は

$$[\nu] = \frac{[\mu]}{[\rho]} = \frac{[\text{ML}^{-1}\text{T}^{-1}]}{[\text{ML}^{-3}]}$$
$$= \underline{[\text{L}^2\text{T}^{-1}]} \quad ④$$

μ と ν の SI 単位は，式③，④より，

$$[\mu] = \underline{[\text{kg/(m}\cdot\text{s)}]},$$
$$[\nu] = \underline{[\text{m}^2\text{/s}]} \quad ⑤$$

【3】

題意より与えられた液体の体積 V と質量 m を［SI 単位］で表すと，

$$V = 7.00 \times (10^{-3} \times 10^{-3}) \text{ [m}^3\text{]}$$
$$= 7.00 \times 10^{-6} \text{ [m}^3\text{]}$$
$$m = 1.00 \times 10^4 \text{ [mg]}$$
$$= (1.00 \times 10^4) \times (10^{-3} \times 10^{-3}) \text{ [kg]}$$
$$= 1.00 \times 10^{-2} \text{ [kg]} \quad ①$$

したがって，密度 ρ は式①より，

$$\rho = \frac{m}{V} = \frac{1.00 \times 10^{-2}}{7.00 \times 10^{-6}}$$
$$= 1.4286 \times 10^3 \quad ②$$
$$\fallingdotseq \underline{1.43 \times 10^3 \text{ [kg/m}^3\text{]}}$$

また，単位体積重量 γ は，式②より，

$$\gamma = \rho g = (1.4286 \times 10^3) \times 9.81$$
$$= 1.4015 \times 10^4 \quad ③$$
$$\fallingdotseq \underline{1.40 \times 10^4 \text{ [N/m}^3\text{]}}$$

【4】

(1) 粘性係数 μ は式 (1-2) と題

意より

$$\mu = \rho\nu = 997 \times (8.93 \times 10^{-7})$$
$$= \underline{0.890 \times 10^{-3}} \; [\mathrm{kg/(m \cdot s)}] \quad ①$$

(2) 粘性応力 τ は式（1-1）と題意より，

$$\tau = \mu \frac{du}{dz} = \mu \times \left(-\frac{2U_{\max}z}{a^2}\right) \quad ②$$

題意より，

$$U_{\max} = 0.500 \; [\mathrm{m/s}],$$
$$a = 2.50 \times 10^{-2} \; [\mathrm{m}] \quad ③$$

式①，③を式②に代入すると，

$$\tau = (0.890 \times 10^{-3})$$
$$\times \left(-\frac{2 \times 0.500 z}{(2.50 \times 10^{-2})^2}\right)$$
$$= \underline{-1.42z} \; [\mathrm{SI\,単位}] \quad ④$$

式④より，粘性応力分布は**図1**のようになる．

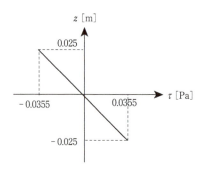

| **図1** | 粘性応力分布 |

〈2章〉

【1】

(1) 氷の密度 ρ_i は，題意より，SI単位に直すと，

$$\rho_i = 0.916 \; [\mathrm{g/cm^3}]$$

$$= 0.916 \times \frac{10^{-3}}{(10^{-2})^3} \; [\mathrm{kg/m^3}]$$
$$= \underline{0.916 \times 10^3} \; [\mathrm{kg/m^3}] \quad ①$$

(2) 氷の重力 W は，式①と辺長 l $(=5.00\,\mathrm{m})$ とすると，

$$W = \rho_i g l^3$$
$$= 0.916 \times 10^3 \times 9.81 \times (5.00)^3$$
$$= \underline{1.12 \times 10^6} \; [\mathrm{N}] \quad ②$$

(3) 浮力 B は，アルキメデスの原理（式（2-9））より，喫水を H とすると，

$$B = \rho_w g \times (l^2 H) \quad ③$$

浮体は静止しており，重力 W と浮力 B はつり合っているため，

$$B = W \quad ④$$

式②，③を式④に代入し，式①と題意より，

$$H = \frac{\rho_i}{\rho_w} l = 0.916 \times 5.00$$
$$= \underline{4.58} \; [\mathrm{m}] \quad ⑤$$

【2】

(1) 今，棒と銅球に作用する重力 W と浮力 B はつり合っている．

$$B = W \quad ①$$

このうち，棒と銅球の質量をそれぞれ m_1, m_2 とすると，重力 W は

$$W = (m_1 + m_2) g \quad ②$$

浮力 B はアルキメデスの原理より，棒の直径と喫水を d, H, 球の密度を ρ_2, 水の密度を ρ_0 とすると，

$$B = \rho_0 g \times \left\{ \left(\frac{\pi d^2}{4}\right) H + \frac{m_2}{\rho_2} \right\} \quad ③$$

式②,③を式①に代入して整理すると,

$$\rho_0 g \times \left\{\left(\frac{\pi d^2}{4}\right)H + \frac{m_2}{\rho_2}\right\} = (m_1 + m_2)g$$

$$\therefore m_1 = \rho_0 \left(\frac{\pi d^2}{4}\right)H + \frac{\rho_0 m_2}{\rho_2} - m_2 \quad ④$$

題意より,

$d = 0.0500$ [m], $H = 2.00$ [m],
$\rho_0 = 1.00 \times 10^3$ [kg/m³],
$\rho_2 = 8.80 \times 10^3$ [kg/m³],
$m_2 = 2.00$ [kg] ⑤

式⑤を式④に代入すると,m_1 は

$m_1 = \underline{2.15}$ [kg] ⑥

(2) 棒を x だけ切ったときに沈み始める状況では,棒の長さ $l\ (= 2.50$ [m]) と喫水 H の関係は,

$l = x + H$ ⑦

このときの棒の質量 m_3 は

$m_3 = \dfrac{H}{l} m_1$ ⑧

式①〜③と⑧より,

$$\rho_0 g \times \left\{\left(\frac{\pi d^2}{4}\right)H + \frac{m_2}{\rho_2}\right\}$$
$$= \left(\frac{H}{l}m_1 + m_2\right)g$$

$$\therefore H = \frac{m_2\left(\dfrac{1}{\rho_0} - \dfrac{1}{\rho_2}\right)}{\dfrac{\pi d^2}{4} - \dfrac{m_1}{\rho_0 l}} \quad ⑨$$

以上より,

$H = 1.6089$ [m] ⑩

式⑦,⑩より,

$x = l - H = 0.89109$ [m] ⑪

式⑪より,$\underline{0.892}$ [m] 以上切れば沈むことになる.

【3】
(1) 浮体の上部と下部の重量を $W_1,\ W_2$,浮体に作用する浮力を B とすると,浮体は静止しているから,鉛直方向の力のつり合い条件より,

$B = W_1 + W_2$ ①

図2のように,浮体の長さを l,幅 b,喫水を H,水の密度を ρ_w とすると,「アルキメデスの原理」より,

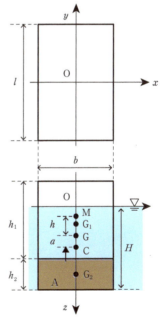

図2 浮体の重心,浮心,傾心 (Unit:m)

$B = \rho_w g (lbH)$ ②

また,上部と下部の高さを $h_1,\ h_2$,比重を $s_1,\ s_2$ とすると,

$$\left. \begin{array}{l} W_1 = s_1 \rho_w g(lbh_1) \\ W_2 = s_2 \rho_w g(lbh_2) \end{array} \right\} \quad ③$$

式①に式②, ③を代入すると,

$$\begin{aligned} \rho_w g(lbH) &= s_1 \rho_w g(lbh_1) \\ &\quad + s_2 \rho_w g(lbh_2) \\ &= \rho_w glb(s_1 h_1 + s_2 h_2) \end{aligned}$$

$$\therefore H = \frac{\rho_w glb(s_1 h_1 + s_2 h_2)}{\rho_w glb}$$

$$= s_1 h_1 + s_2 h_2 \quad ④$$

ここで題意より,

$$s_1 = 0.80, \ s_2 = 1.20, \ h_1 = 4.00 \,[\text{m}],$$
$$h_2 = 1.60 \,[\text{m}] \quad ⑤$$

式④に式⑤を代入すると,

$$\begin{aligned} H &= s_1 h_1 + s_2 h_2 \\ &= 0.80 \times 4.00 + 1.20 \times 1.60 \\ &= \underline{5.12} \,[\text{m}] \quad ⑥ \end{aligned}$$

(2) 重心 G の浮心 C からの高さを a, 浮体底面と z 軸との交点を A とおくと,

$$a = \overline{GC} = \overline{GA} - \overline{CA} \quad ⑦$$

上部と下部の重心を G_1, G_2 とすると,

$$\overline{G_1 A} = \frac{h_1}{2} + h_2, \ \overline{G_2 A} = \frac{h_2}{2} \quad ⑧$$

式③, ⑤, ⑧より,

$$\begin{aligned} \overline{GA} &= \frac{W_1 \times \overline{G_1 A} + W_2 \times \overline{G_2 A}}{W_1 + W_2} \\ &= \frac{s_1 \rho_w g(lbh_1)\left(\frac{h_1}{2} + h_2\right) + s_2 \rho_w g(lbh_2)\left(\frac{h_2}{2}\right)}{s_1 \rho_w g(lbh_1) + s_2 \rho_w g(lbh_2)} \\ &= \frac{s_1 h_1 \left(\frac{h_1}{2} + h_2\right) + s_2 h_2 \left(\frac{h_2}{2}\right)}{s_1 h_1 + s_2 h_2} \end{aligned}$$

$$= \frac{0.800 \times 4.00 \times \left(\frac{4.00}{2} + 1.60\right)}{0.800 \times 4.00 + 1.20 \times 1.60 \times \frac{1.60}{2}}$$

$$= 2.55 \,[\text{m}] \quad ⑨$$

一方, 式⑥より,

$$\overline{CA} = \frac{H}{2} = \frac{5.12}{2} = 2.56 \,[\text{m}] \quad ⑩$$

式⑦に式⑨, ⑩を代入すると,

$$\begin{aligned} a &= \overline{GC} = \overline{GA} - \overline{CA} = 2.55 - 2.56 \\ &= \underline{-0.01} \,[\text{m}] \quad ⑪ \end{aligned}$$

(3) 六面体の xy 断面の y 軸周りの断面二次モーメント I_y は,

$$I_y = \frac{lb^3}{12} \quad ⑫$$

ここで題意より,

$$l = 6.00 \,[\text{m}], \ b = 4.00 \,[\text{m}] \quad ⑬$$

式⑫に式⑬を代入すると,

$$\begin{aligned} I_y &= \frac{lb^3}{12} = \frac{1}{12} \times 6.00 \times (4.00)^3 \\ &= 32.0 \,[\text{m}^4] \quad ⑭ \end{aligned}$$

(4) 傾心 M の重心 G からの高さ $\overline{MG}$ を h, 浮体の排除した水の体積を V とすると,

$$\overline{MG} = h = \frac{I_y}{V} - a = 0.270 \,[\text{m}] \quad ⑮$$

ここで式⑪より,

$$a < 0 \quad ⑯$$

式⑮, ⑯より,

$$\overline{MG} = h = \frac{I_y}{V} - a > 0 \quad ⑰$$

すなわち, この浮体は「常に安定」である.

⟨3章⟩

【1】

Step 1 流線を管の中心部分に引く．

Step 2 断面ⅠとⅡに対してベルヌーイの定理を適用する．

$$\frac{v_1^2}{2g} + z_1 + \frac{p_1}{\rho g} = \frac{v_2^2}{2g} + z_2 + \frac{p_2}{\rho g} \quad ①$$

ここで，v は流速，z は基準面からの高さ，p は水圧，ρ は水の密度である．

Step 3 連続式は $Q = A_1 v_1 = A_2 v_2$ である．

Step 4 管の直径を D とすれば，式①は以下のようになる．

$$\frac{p_2}{\rho g} = \frac{1}{2g}\left(v_1^2 - v_2^2\right) + (z_1 - z_2) + \frac{p_1}{\rho g}$$

$$p_2 = \frac{\rho v_1^2}{2}\left(1 - \frac{A_1^2}{A_2^2}\right) + \rho g(z_1 - z_2) + p_1$$

$$= \frac{\rho v_1^2}{2}\left(1 - \frac{D_1^4}{D_2^4}\right) + \rho g(z_1 - z_2) + p_1$$

$$= 598.4 \times 10^3 \, [\text{N/m}^2]$$

$$\fallingdotseq \underline{598} \, [\text{kN/m}^2]$$

式①の各水頭を**表1**のように埋めていき，Ⅱの圧力水頭を求めて，水圧 p_2 を計算してもよい．これから，

表1

	$v_1^2/2g$	z_1	$p_1/\rho g$	E_1
断面Ⅰの水頭 [m]	0.2038	100.0	1.223	101.4
	$v_2^2/2g$	z_2	$p_2/\rho g$	E_2
断面Ⅱの水頭 [m]	0.4227	40.00	61.00	101.4

速度変化が水圧におよぼす影響は小さく，落差（位置水頭の差）が水圧の増加に寄与していることが分かる．

【2】

Step 1 流線を管の中心部分に引く．

Step 2 点①と②に対してベルヌーイの定理を適用する．

$$\frac{v_1^2}{2g} + z_1 + \frac{p_1}{\rho g} = \frac{v_2^2}{2g} + z_2 + \frac{p_2}{\rho g} \quad ①$$

ここで，v は流速，z は基準面からの高さ，p は水圧，ρ は水の密度である．

Step 3 連続式は $Q = A_1 v_1 = A_2 v_2$ である．

Step 4 管路は水平なので位置水頭は等しい $(z_1 = z_2)$．

マノメーターの水位は圧力水頭を表すので，

$$\frac{p_1}{\rho g} - \frac{p_2}{\rho g} = h$$

となる．以上を式①に代入すると，

$$h = \frac{v_2^2}{2g} - \frac{v_1^2}{2g} = Q^2 \frac{1}{2g}\left(\frac{1}{A_2^2} - \frac{1}{A_1^2}\right)$$

となる．断面積は定数なので，流量が Q のときに水頭差 h は Q^2 に比例する（$h \propto Q^2$）．したがって，水頭差が $2h$ となるのは，$2h \propto 2Q^2$ より，流量が $\underline{\sqrt{2}Q}$ のときである．

【3】

トリチェリーの式を用いて，時間 T を積分して求める．オリフィスからの流出速度から求まる流量と水槽の水面低下速度から求まる流量が等しい．

(1) オリフィスからの流量は，次のように表される．
$$q_B = BCv = BC\sqrt{2g\eta}$$
水面低下量は，次のように表される．
$$q_A = -A\frac{d\eta}{dt}$$
$q_A = q_B$ だから，2式を連立して，変数分離法で解く．
$$A\frac{d\eta}{dt} = -BC\sqrt{2g\eta}$$
$$dt = -\frac{A}{BC\sqrt{2g\eta}}d\eta$$
$$= -\frac{A}{BC\sqrt{2g}}\frac{d\eta}{\sqrt{\eta}}$$
$$\int_0^T dt = -\frac{A}{BC\sqrt{2g}}\int_H^0 \eta^{-\frac{1}{2}}d\eta$$
$$T = -\frac{A}{BC\sqrt{2g}}2\cdot\left[\eta^{\frac{1}{2}}+k\right]_H^0$$
$$= \underline{\frac{2A\sqrt{H}}{BC\sqrt{2g}}}$$

(2) 全排水量 Q_1 は次の通り．
$$Q_1 = \underline{AH}$$

(3) 排水量 Q_2 は次の通り．
$$Q_2 = TBCv = \frac{2A\sqrt{H}}{BC\sqrt{2g}}BC\sqrt{2gH}$$
$$= 2AH$$

(4) 流量比は次の通り．

$$\frac{Q_2}{Q_1} = \frac{2AH}{AH} = \underline{2}$$

【4】

(1) x 軸基準のベルヌーイ式は次の通り．
$$\frac{v_1^2}{2g} + \frac{p_1}{\rho g} = \frac{v_2^2}{2g} + \frac{p_2}{\rho g}$$
y 軸基準の圧力式は，断面②での水銀表面から流線（x 軸）までの距離を z とおけば，次のようになる．
$$\sigma gh + \rho g(z-h) + p_1 = \rho gz + p_2$$
$$\underline{p_1 + \sigma gh = p_2 + \rho gh}$$
連続式は次のようになる．
$$Q = A_1v_1 = A_2v_2$$
$$= \pi\left(\frac{d}{2}\right)^2 v_1 = \pi\left(\frac{D}{2}\right)^2 v_2$$

(2) 圧力式より，2点の圧力差は次のように表される．
$$p_2 - p_1 = gh(\sigma - \rho)$$
ベルヌーイ式に圧力式を代入すると，
$$v_1^2 = v_2^2 + 2\frac{p_2 - p_1}{\rho}$$
$$= v_2^2 + 2gh\frac{\sigma - \rho}{\rho} \quad \text{①}$$
のようになる．また，連続式より以下が得られる．
$$v_2 = \frac{d^2}{D^2}v_1 \quad \text{②}$$
式②を式①に代入して v_1 で揃えると，

$$v_1^2 = \frac{d^4}{D^4}v_1^2 + 2gh\frac{\sigma-\rho}{\rho}$$

$$v_1 = \sqrt{\frac{D^4}{D^4-d^4}2gh\frac{\sigma-\rho}{\rho}}$$

よって，流量は次のように表される．

$$Q = \pi\left(\frac{d}{2}\right)^2 v_1$$

$$= \frac{\pi}{4}\sqrt{2gh\frac{D^4 d^4}{D^4-d^4}\frac{\sigma-\rho}{\rho}}$$

このように，断面積と密度差，マノメータの高さから流速・流量を求めることが可能である．

【5】

Step 1 流線を水槽表面から管路出口に向かって引く．

Step 2 各地点におけるエネルギー保存式をたてる．

$$\frac{v_1^2}{2g} + H + \frac{p_1}{\rho g} = \frac{v_2^2}{2g} + 0 + \frac{p_2}{\rho g}$$

$$= \frac{v_3^2}{2g} + 0 + \frac{p_3}{\rho g}$$

$$= \frac{v_4^2}{2g} + 0 + \frac{p_4}{\rho g} \quad ①$$

Step 3 流量の連続関係は次のようになる．

$$Q = A_2 v_2 = A_3 v_3 = A_4 v_4 \quad ②$$

Step 4 ①と④は大気に接しているから，圧力はゼロと見なしてよい．また，$v_1^2/2g$ はほぼゼロと見なせる．よって，①式は次のようになる．

$$H = \frac{v_2^2}{2g} + \frac{p_2}{\rho g} = \frac{v_3^2}{2g} + \frac{p_3}{\rho g}$$

$$= \frac{v_4^2}{2g} \quad ③$$

求めるのは断面③における圧力水頭であるから，第一項と第三項を使うと，

$$H = \frac{v_3^2}{2g} + \frac{p_3}{\rho g} \quad ④$$

となる．これより，次が得られる．

$$\frac{p_3}{\rho g} = H - \frac{v_3^2}{2g} \quad ⑤$$

放出口（④）での流速は，トリチェリーの定理より以下のようになる．

$$v_4 = \sqrt{2gH} \quad ⑥$$

ここで，式②から断面③と断面④での連続式をたてて，さらに式⑥を使うと，以下のようになる．

$$v_3^2 = \left(\frac{A_4}{A_3}v_4\right)^2 = \left(\frac{A_4}{A_3}\right)^2 2gH \quad ⑦$$

したがって，式⑤に式⑦を代入すると，

$$\frac{p_3}{\rho g} = H - \left(\frac{A_4}{A_3}\right)^2 H$$

$$= H\left(1 - \frac{A_4^2}{A_3^2}\right) \quad ⑧$$

となる．管の縮小率 m は，次のとおりである．

$$m = \frac{A_3}{A_2} = \frac{A_3}{A_4} \quad ⑨$$

したがって，

$$\frac{p_3}{\rho g} = H\left(1 - \frac{1}{m^2}\right) \Rightarrow h \quad ⑩$$

ここで，$m < 1$ であるから $p_3/\rho g$ の値はマイナスになり，負圧になることが分かる．そのため，下部水槽の

水を h だけ吸い上げることとなる.

〈4章〉

【1】

図3のように縮小管の先端から水が放出されている．縮小前と放出直後に断面 I, II をとって，流速を v_1, v_2, 断面積を A_1, A_2 とおくと，「連続式」より，流量 Q は，

$$Q = A_1 v_1 = A_2 v_2 \qquad ①$$

ここで，題意より，

$$Q = 0.5 \text{ [m}^3\text{/s]}, \; A_1 = 0.1 \text{ [m}^2\text{]},$$
$$A_2 = 0.05 \text{ [m}^2\text{]} \qquad ②$$

式①，②より，v_1, v_2 を求めると，

$$\left. \begin{array}{l} v_1 = \dfrac{Q}{A_1} = \dfrac{0.5}{0.1} = 5.00 \text{ [m/s]} \\[4pt] v_2 = \dfrac{Q}{A_2} = \dfrac{0.5}{0.05} = 10.0 \text{ [m/s]} \end{array} \right\} \qquad ③$$

次に，題意よりエネルギー損失は無視できるから，管の中心を通る流線 S に「ベルヌーイの定理」を適用する．流れは水平面内にあるから，この面を「基準面」にとり，断面 I, II での圧力を p_1, p_2 とすると，

$$\frac{v_1^2}{2g} + 0 + \frac{p_1}{\rho g} = \frac{v_2^2}{2g} + 0 + \frac{p_2}{\rho g} \qquad ④$$

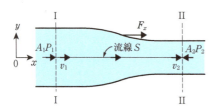

図3 縮小管先端からの水の放出

ここで，密度 ρ は，題意より，

$$\rho = 1000 \text{ [kg/m}^3\text{]} \qquad ⑤$$

また題意より，大気中に放出されているから，「ゲージ圧」をとると，

$$p_2 = 0 \qquad ⑥$$

式③〜⑥より，圧力 p_1 を求めると，

$$\begin{aligned} p_1 &= p_2 + \frac{\rho}{2}(v_2^2 - v_1^2) \\ &= 0 + \frac{1000}{2} \times \{(10.0)^2 - (5.00)^2\} \\ &= 3.75 \times 10^4 \text{ [Pa]} \qquad ⑦ \end{aligned}$$

次に流下方向に x 軸をとり，「運動量保存則」を適用する．まず，運動量束の変化 δM_x は，式②，③，⑤より，

$$\begin{aligned} \delta M_x &= \rho Q v_2 - \rho Q v_1 = \rho Q (v_2 - v_1) \\ &= 1000 \times 0.5 \times (10.0 - 5.0) \\ &= 2.50 \times 10^3 \text{ [N]} \qquad ⑧ \end{aligned}$$

題意より，流れは水平面内にあり，摩擦力を無視できるから，断面 I, II 間の水流に作用する力の総和 $\sum f_x$ は，縮小管が水流に及ぼす力を f_x とすると，式⑥より，

$$\begin{aligned} \sum f_x &= A_1 p_1 - A_2 p_2 + F_x \\ &= A_1 p_1 + F_x \qquad ⑨ \end{aligned}$$

ここで，「運動量保存則」より，

$$\delta M_x = \sum f_x \qquad ⑩$$

式⑩に式⑨を代入すると，

$$\delta M_x = \sum f_x = A_1 p_1 + F_x \qquad ⑪$$

式②，⑦，⑧，⑪より F_x を求めると，

$$\begin{aligned} F_x &= \delta M_x - A_1 p_1 \\ &= 2.50 \times 10^3 - 0.1 \times (3.75 \times 10^4) \\ &= -1.25 \times 10^3 \text{ [N]} \qquad ⑫ \end{aligned}$$

したがって，水流が縮小管に作用する流れ方向の力 F_x' は，「作用反作用の法則」と式⑫より，

$$F_x' = -F_x = -(-1.25 \times 10^3)$$
$$= 1.25 \times 10^3 \text{ [N]} \quad ⑬$$

よって，その大きさは式⑬より

$$|F_x'| = \underline{1.25 \times 10^3} \text{ [N]} \quad ⑭$$

【2】

図4のような一様内径 d の曲管部の流れの断面 I，II 間に鉛直方向（z 方向）の運動量保存則を適用する．まず，運動量束の変化 δM_z は，流量を Q，流速を V とすると，

$$\delta M_z = \rho Q\{V \cos(\pi - \theta_2)\}$$
$$- \rho Q(-V \cos \theta_1)$$
$$= \rho Q\{V(-\cos \theta_2)\} + \rho QV \cos \theta_1$$
$$= \rho Q(-V \cos \theta_2) + \rho QV \cos \theta_1$$
$$= \rho QV(\cos \theta_1 - \cos \theta_2) \quad ①$$

題意より，非圧縮性理想流体だから，断面 I，II 間に作用する力は，断面 I，II 間での圧力，重力および壁面が流

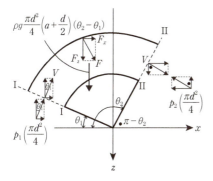

図4 曲管部の流れ

体に及ぼす力 F_z である．したがって，z 方向の力の総和 $\sum f_z$ は，

$$\sum f_z = -p_1 \frac{\pi d^2}{4} \cos \theta_1 - p_2 \frac{\pi d^2}{4} \cos(\pi - \theta_2)$$
$$+ \rho g \frac{\pi d^2}{4}\left(a + \frac{d}{2}\right)(\theta_2 - \theta_1) + F_z$$
$$= -p_1 \frac{\pi d^2}{4} \cos \theta_1 + p_2 \frac{\pi d^2}{4} \cos \theta_2$$
$$+ \rho g \frac{\pi d^2}{4}\left(a + \frac{d}{2}\right)(\theta_2 - \theta_1) + F_z \quad ②$$

ここで z 方向の運動量保存則より，

$$\delta M_z = \sum f_z \quad ③$$

式③に式①，②を代入すると，

$$\rho QV(\cos \theta_1 - \cos \theta_2)$$
$$= -p_1 \frac{\pi d^2}{4} \cos \theta_1 + p_2 \frac{\pi d^2}{4} \cos \theta_2$$
$$+ \rho g \frac{\pi d^2}{4}\left(a + \frac{d}{2}\right)(\theta_2 - \theta_1) + F_z \quad ④$$

式④より，F_z を求めると，

$$F_z = \rho QV(\cos \theta_1 - \cos \theta_2)$$
$$+ p_1 \frac{\pi d^2}{4} \cos \theta_1 - p_2 \frac{\pi d^2}{4} \cos \theta_2$$
$$- \rho g \frac{\pi d^2}{4}\left(a + \frac{d}{2}\right)(\theta_2 - \theta_1) \quad ⑤$$

式⑤より，答えは $\underline{2.}$ である．

【3】

図5のように，水平面に管路1，2が角度 θ ずつで管路3に合流しているものとする．合流点の上下流側に検査 I，II および III をとり，各断面 i の流量を Q_i とすると，題意より

$$Q_1 = Q_2 = 0.2 \text{ [m}^3\text{/s]} \quad ①$$

したがって，「連続式」と式①より

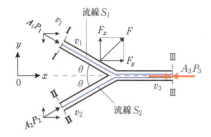

図5 合流部に作用する力

$$Q_3 = Q_1 + Q_2 = 2 \times 0.2$$
$$= 0.4 \ [\mathrm{m^3/s}] \quad ②$$

題意より各断面の断面積 A_i は

$$A_1 = A_2 = A_3 = 1 \ [\mathrm{m^2}] \quad ③$$

式①～③より流速 v_i は

$$v_1 = v_2 = \frac{Q_1}{A_1} = \frac{0.2}{1} = 0.2 \ [\mathrm{m/s}]$$

$$v_3 = \frac{Q_3}{A_3} = \frac{2Q_1}{A_1} = 2v_1 = 2 \times 0.2$$
$$= 0.4 \ [\mathrm{m/s}] \quad ④$$

次に管路のある水平面を「基準面」にとって，断面 I, II と断面 III を結ぶ流線 S_1, S_2 に「ベルヌーイの定理」を適用すると，

$$\frac{v_1^2}{2g} + \frac{p_1}{\rho g} = \frac{v_2^2}{2g} + \frac{p_2}{\rho g} = \frac{v_3^2}{2g} + \frac{p_3}{\rho g} \quad ⑤$$

ここで題意より断面 III は大気中にあるから，圧力 p_3 は

$$p_3 = 0 \quad ⑥$$

また，水の密度 ρ は

$$\rho = 1000 \ [\mathrm{kg/m^3}] \quad ⑦$$

式④～⑦より圧力 p_1, p_2 を求めると

$$p_1 = p_2 = p_3 + \frac{\rho}{2}(v_3^2 - v_1^2)$$
$$= 60 \ [\mathrm{Pa}] \quad ⑧$$

次に，管路面内に管路 III の向きを x 軸，それに垂直方向を y 軸をとって「運動量保存則」を適用する．題意より，角度 θ は

$$\theta = 30 \ [°] = \frac{\pi}{6} \quad ⑨$$

したがって，運動量束の変化（δM_x, δM_y）は式①，②，④，⑨より

$$\delta M_x = \rho Q_3 v_3 - \{\rho Q_1 (v_1 \cos \theta) + \rho Q_2 (v_2 \cos \theta)\}$$
$$= (4 - \sqrt{3})\rho Q_1 v$$

$$\delta M_y = \rho Q_3 \times 0 - \{\rho Q_1 (-v_1 \sin \theta) + \rho Q_2 (v_2 \sin \theta)\} = 0 \quad ⑩$$

一方，断面 I, II, III 間の流れに作用する力の総和（$\sum f_x$, $\sum f_y$）は，合流部が流れに及ぼす力を $\boldsymbol{F} = (F_x, F_y)$ とおくと

$$\sum f_x = (A_1 p_1 \cos \theta + A_2 p_2 \cos \theta - A_3 p_3) + F_x$$
$$= \sqrt{3} A_1 p_1 + F_x$$

$$\sum f_y = (-A_1 p_1 \sin \theta + A_2 p_2 \sin \theta + A_3 \times 0) + F_y = F_y \quad ⑪$$

ここで，「運動量保存則」より

$$\delta M_x = \sum f_x, \quad \delta M_y = \sum f_y \quad ⑫$$

式⑫に式⑩，⑪を代入すると

$$(4 - \sqrt{3})\rho Q_1 v_1 = \sqrt{3} A_1 p_1 + F_x,$$
$$0 = F_y \quad ⑬$$

式⑬と式①，③，④，⑦，⑧より，

$$F_x = -13.205 \ [\mathrm{N}],$$
$$F_y = 0 \ [\mathrm{N}] \quad ⑭$$

したがって，合流部に作用する力 $\boldsymbol{F'}$ は，「作用反作用の法則」と式⑭よ

り
$$\boldsymbol{F}' = -\boldsymbol{F} = (-F_x, -F_y)$$
$$= (13.205 \, [\text{N}], 0) \quad ⑮$$

よって合流部に作用する力の大きさ $|\boldsymbol{F}'|$ は式⑮より

$$|\boldsymbol{F}'| = \sqrt{(13.205)^2 + 0} = 13.205$$
$$\fallingdotseq \underline{13.2 \, [\text{N}]} \quad ⑯$$

〈5章〉

【1】

式 (5-11) に式 (5-9) を代入し整理すれば次式を得る.

$$\left(\frac{\partial \sigma_{xx}}{\partial x} + \frac{\partial \tau_{yx}}{\partial y} + \frac{\partial \tau_{zx}}{\partial z}\right)\Delta x \Delta y \Delta z$$
$$= \mu\left\{\left(\frac{\partial^2 u}{\partial x^2} + \frac{\partial^2 u}{\partial y^2} + \frac{\partial^2 u}{\partial z^2}\right) + \frac{\partial}{\partial x}\left(\frac{\partial u}{\partial x} + \frac{\partial v}{\partial y} + \frac{\partial w}{\partial z}\right)\right\}\Delta x \Delta y \Delta z \quad ①$$

式①に連続式 (5-2) を代入することで右辺の後ろ3項を消去できる.

$$\mu\left(\frac{\partial^2 u}{\partial x^2} + \frac{\partial^2 u}{\partial y^2} + \frac{\partial^2 u}{\partial z^2}\right)\Delta x \Delta y \Delta z$$

y, z 軸方向も同様に考えることで次式を得る.

$$\left(\frac{\partial \tau_{xy}}{\partial x} + \frac{\partial \sigma_{yy}}{\partial y} + \frac{\partial \tau_{zy}}{\partial z}\right)\Delta x \Delta y \Delta z$$
$$= \mu\left(\frac{\partial^2 v}{\partial x^2} + \frac{\partial^2 v}{\partial y^2} + \frac{\partial^2 v}{\partial z^2}\right)\Delta x \Delta y \Delta z$$

$$\left(\frac{\partial \tau_{xz}}{\partial x} + \frac{\partial \tau_{yz}}{\partial y} + \frac{\partial \sigma_{zz}}{\partial z}\right)\Delta x \Delta y \Delta z$$
$$= \mu\left(\frac{\partial^2 w}{\partial x^2} + \frac{\partial^2 w}{\partial y^2} + \frac{\partial^2 w}{\partial z^2}\right)\Delta x \Delta y \Delta z$$

【2】

与条件の下ではオイラーの運動方程式は次のように簡略化される.

$$\cancel{\frac{\partial w}{\partial t}} + u\cancel{\frac{\partial w}{\partial x}} + v\cancel{\frac{\partial w}{\partial y}} + w\frac{\partial w}{\partial z}$$
$$= -g - \frac{1}{\rho}\frac{\partial p}{\partial z}$$
$$\frac{1}{2}\frac{\partial w^2}{\partial z} = -g - \frac{1}{\rho}\frac{dp}{dz}$$
$$\left(\because \frac{\partial w^2}{\partial z} = \frac{\partial w^2}{\partial w}\frac{\partial w}{\partial z} = 2w\frac{\partial w}{\partial z}\right)$$

また, 定常場で, かつ z 軸のみの一次元場であるため p, w ともに z のみの関数となり常微分で表すことができる.

$$\frac{1}{2}\frac{dw^2}{dz} = -g - \frac{1}{\rho}\frac{dp}{dz} \quad ①$$

z_1 での速度, 圧力をそれぞれ w_1, p_1, また, z_2 での速度, 圧力をそれぞれ w_2, p_2 とし, 式①を z について積分する.

$$\int_{w_1}^{w_2}\frac{1}{2}\frac{dw^2}{dz}dz$$
$$= -\int_{z_1}^{z_2}g dz - \frac{1}{\rho}\int_{p_1}^{p_2}\frac{dp}{dz}dz$$
$$\frac{w_2^2}{2} - \frac{w_1^2}{2} = -gz_2 + gz_1 - \frac{p_2}{\rho} + \frac{p_1}{\rho}$$
$$\frac{w_2^2}{2g} + \frac{p_2}{\rho g} + z_2 = \frac{w_1^2}{2g} + \frac{p_1}{\rho g} + z_1$$

以上, ベルヌーイの定理が導出された.

【3】

与条件下ではナビエ・ストークスの

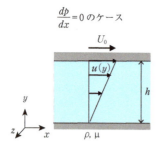
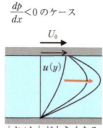
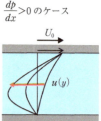

$\dfrac{dp}{dx}=0$ のケース $\dfrac{dp}{dx}<0$ のケース $\dfrac{dp}{dx}>0$ のケース

$|dp/dx|$ が大きくなるにつれ流速分布がはらみ出す．

$|dp/dx|$ が大きくなるにつれ流速分布がはらみ出す．

|図6|

式は次のように簡略化される（例題3と同様の簡略化が可能）．

$$0 = -\dfrac{1}{\rho}\dfrac{\partial p}{\partial x} + \nu \dfrac{\partial^2 u}{\partial y^2} \qquad ①$$

$$0 = -\dfrac{1}{\rho}\dfrac{\partial p}{\partial y} \qquad ②$$

②より圧力 p は y 軸方向に一定であり，かつ定常条件より x のみの関数となる．さらに，u は y についてのみの関数であるので，式①は次のように常微分で表記される．

$$0 = -\dfrac{1}{\rho}\dfrac{dp}{dx} + \nu\left(\dfrac{d^2 u}{dy^2}\right) \qquad ③$$

式③を y について不定積分しよう．圧力項は y について定数であるため，次式のように積分される．

$$u = \dfrac{1}{2\mu}\dfrac{dp}{dx} y^2 + Cy + D \qquad ④$$

上式に境界条件を代入し積分定数 C，D を決定しよう．停止している平板では滑りなし条件により速度はゼロになる．

$$u_{y=0} = D = 0$$

移動している平板では次式のようになる．

$$u_{y=h} = \dfrac{1}{2\mu}\dfrac{dp}{dx} h^2 + Ch = U_0$$

$$\Leftrightarrow C = \dfrac{U_0}{h} - \dfrac{1}{2\mu}\dfrac{dp}{dx} h$$

得られた積分定数を式④に代入すれば，流速分布は次のようになる．

$$u(y) = \dfrac{1}{2\mu}\dfrac{dp}{dx} y^2 \\ + \left(\dfrac{U_0}{h} - \dfrac{1}{2\mu}\dfrac{dp}{dx} h\right) y$$

流速 u は $y=0$ の壁面で 0，$y=h$ の壁面で U_0，内部を二次曲線で繋ぐ放物型の流速分布となる（図6）．

〈7章〉

【1】

エネルギー保存則を用いて断面平均流速を逆算する．

管路の摩擦損失係数を f とおけば，摩擦損失水頭の合計値はダルシー・ワイスバッハの式より次のように計

表2 水頭表

	A	B+	C−	C+	D−
全水頭	40.0	40.0	39.4	39.4	0.178
速度水頭	0	4.90×10^{-3}	4.90×10^{-3}	7.83×10^{-2}	7.83×10^{-2}
損失形態	−	流入	摩擦	急縮	摩擦
損失水頭		2.45×10^{-3}	0.612	3.37×10^{-2}	39.2
ピエゾ水頭	40.0	40.0	39.4	39.3	0.100

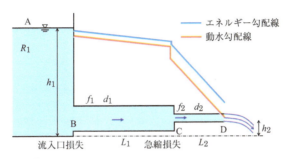

図7

算される.

$$h_f = \frac{fL_1}{d_1}\frac{v_1^2}{2g} + \frac{fL_2}{d_2}\frac{v_2^2}{2g}$$

また,形状損失水頭の和は次のようになる.

$$\sum h_l = K_e \frac{v_1^2}{2g} + K_{sc} \frac{v_2^2}{2g}$$
入口+急縮

貯水池 R_1 の水面と管路出口にエネルギー保存則を適用し次式を得る.

$$h_1 = h_f + \sum h_l + h_2 + \frac{v_2^2}{2g}$$

$$h_1 - h_2 = \frac{fL_1}{d_1}\frac{v_1^2}{2g} + \frac{fL_2}{d_2}\frac{v_2^2}{2g} + K_e \frac{v_1^2}{2g} + K_{sc}\frac{v_2^2}{2g} + \frac{v_2^2}{2g}$$

上式に連続式 $A_1 v_1 = A_2 v_2$ を適用し,v_2 または v_1 を消去すれば細管,太

管の流速が得られる.

$$v_1 = \sqrt{\frac{2g(h_1 - h_2)}{K_e + \frac{fL_1}{d_1} + K_{sc}\left(\frac{d_1}{d_2}\right)^4 + \left(\frac{fL_2}{d_2}\right)\left(\frac{d_1}{d_2}\right)^4 + \left(\frac{d_1}{d_2}\right)^4}}$$

$$v_2 = v_1 \left(\frac{d_1}{d_2}\right)^2$$

上式に与条件を代入すれば,

$$v_1 = 0.309956 \fallingdotseq 0.310 \ [\text{m/s}]$$
$$v_2 = 1.23982\cdots \fallingdotseq 1.24 \ [\text{m/s}]$$

を得る.よって水頭表は**表2**のようになる.水頭表よりエネルギー線と動水勾配線は**図7**のようになる.

【2】

(1) 流速 v は Q_o より次式で与えられる.

$$v = \frac{Q_o}{\pi d^2/4} = 12.73 \fallingdotseq \underline{12.7} \ [\text{m/s}]$$

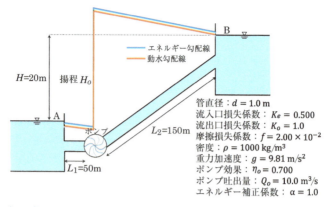

図8

(2) A-B間の全損失水頭の和は次式で与えられる．

$$h_l = h_e + h_f + h_o = 4.54 \times 10^2 \text{ [m]}$$

ただし，流入口損失：$h_e = K_e \dfrac{v^2}{2g}$

$$= 4.131 \text{ [m]}$$

摩擦損失：$h_f = \dfrac{f(L_1 + L_2)}{d} \dfrac{v^2}{2g}$

$$= 33.05 \text{ [m]}$$

流出口損失：$h_o = K_o \dfrac{v^2}{2g} = 8.263 \text{ [m]}$

(3) ポンプの全揚程 H_0 は貯水槽の水位差 H と損失水頭 h_l の和で与えられる．

$$H_0 = H + h_l = 65.4 \text{ [m]}$$

よって，ポンプの軸動力は次のようになる．

$$P_w = \dfrac{\rho g Q_o H_0}{\eta_o} = 9.172 \times 10^6 \text{ [W]}$$

$$\fallingdotseq 9.17 \times 10^3 \text{ [kW]}$$

(4) 図8参照．

【3】
この問題では，サイフォンの長さ $2L_{AC}$，直径 d が与えられていない代わりに速度水頭が既知である．よって，水槽Aの水面と水槽Bの水面に拡張されたベルヌーイ式を適用し，fL_{AC}/d をまず求める．

$$H_A = H_B + \left\{ \dfrac{2fL_{AC}}{d} + K_o \right\} \dfrac{v^2}{2g}$$

与条件を代入し，fL_{AC}/d について解けば次のようになる．

$$\dfrac{fL_{AC}}{d} = \dfrac{\left(H_A - H_B - K_o \dfrac{v^2}{2g} \right)}{2 \dfrac{v^2}{2g}}$$

$$= 4.5$$

次に水槽Aの水面と点Cに拡張されたベルヌーイ式を適用する．

$$H_A = \dfrac{v^2}{2g} + \dfrac{p_c}{\rho g} + z_c + \dfrac{fL_{AC}}{d} \dfrac{v^2}{2g}$$

上式に与条件を代入し式を整理すれば h は次の値となる．

$$h = H_A - z_c = \underline{1.1} \text{ [m]}$$

〈8章〉

【1】

図（I）：流水断面積 $A_\text{I} = 2h \times h/2 = h^2$. 潤辺 $S_\text{I} = 2 \times 2^{1/2} \times h$. よって，$R_\text{I} = A_\text{I}/S_\text{I} = \sqrt{2}/4 \times h$.

図（II）：流水断面積 $A_\text{II} = 2h^2$. 潤辺 $S_\text{II} = 4h$. よって，$R_\text{II} = A_\text{II}/S_\text{II} = 1/2 \times h$.

図（III）：流水断面積 $A_\text{III} = 1/2 \times \pi h^2$. 潤辺 $S_\text{III} = \pi h$. よって，$R_\text{III} = A_\text{III}/S_\text{III} = 1/2 \times h$.

これらより，$\underline{R_\text{III} = R_\text{II} > R_\text{I}}$.

【2】

水路幅を B，水深を h とすると，径深 R は，
$$R = A/S = Bh/(2h+B)$$
$$= h/(2h/B + 1)$$
となる．ここで，$B \gg h$，$h/B \to 0$ となるので，
$$\underline{R \fallingdotseq h}$$

【3】

(1) 水面形 (c)．理由：ベスの定理より，常流から射流に変化するときに限界水深となるので，そのときに比エネルギー最小となる．

(2)(3) 「射流」で流れる場合が該当するので，水面形としては (b)．

【4】

堰直上の水深を限界水深とすると，
$$v_c = \sqrt{gh_c} = \sqrt{9.8 \times 0.2} = \sqrt{1.96}$$
$$= 1.4 \text{ [m/s]}$$
よって，
$$Q = B \times h_c \times v_c = 5.0 \times 0.2 \times 1.4$$
$$= \underline{1.4} \text{ [m}^3\text{/s]}$$

【5】

(1) $E = H + v^2/2g = H + Q^2/2gH^2B^2$

(2) $\partial E/\partial H = 1 - Q^2/gB^2H^3 = 0$
$$\therefore H_c = \sqrt[3]{Q^2/B^2g}$$

(3) $v_c = \sqrt{gH_c}$

(4) $E = H + Q^2/2gH^2B^2$
$$= 1.00 + 2.40^2/(2 \times 9.81$$
$$\times 1.00^2 \times 2.00^2)$$
$$= 1.073 \fallingdotseq E = \underline{1.07} \text{ [m]}$$

(5) $H_c = \sqrt[3]{2.40^2/2.00^2/9.81}$
$$= 0.5275 \text{ [m]}$$
$H_c < H$ なので\underline{流れは常流}．

【6】

式 (8-20) より
$$dE/dx = -dz/dx$$
上式の左辺は
$$\frac{d}{dx}\left(h + \frac{q^2}{2gh^2}\right) = \frac{dh}{dx} - \frac{q^2}{gh^3}\frac{dh}{dx}$$
$$= \left(1 - \frac{q^2}{gh^3}\right)\frac{dh}{dx}$$
$$= (1 - Fr^2)\frac{dh}{dx}$$
$$\therefore \underline{\frac{dh}{dx} = \frac{1}{Fr^2 - 1}\frac{dz}{dx}} \quad (8\text{-}21)$$

〈9章〉

【1】
マニングの平均流速公式より，
$$Q = A \cdot v = A \cdot \frac{1}{n}\left(\frac{A}{S}\right)^{2/3} I^{1/2}$$
なので，$A = \text{const.}$ の条件下で S が最小となれば，流量 Q は最大になる。
$A = mh^2$，$S = 2h\sqrt{m^2+1}$ なので，$S = 2\sqrt{A\left(m+\frac{1}{m}\right)}$ となる．これが最小になるということは，$f(m) = m + 1/m$ を最小にする m を見つければ良い．$df/dm = 1 - m^{-2} = 0$ として $\underline{m = 1}$．

【2】
$$Q_1 = \frac{1}{2n} h^{2/3} I^{1/2} \times 2 \times 2B \times h$$
$$+ \frac{1}{n}(2h)^{2/3} I^{1/2} \times B \times 2h$$
$$= 2(1+2^{2/3})\frac{1}{n} h^{5/3} I^{1/2}$$
$$Q_2 = 2^{5/3} \frac{1}{n} h^{5/3} I^{1/2}$$

よって，
$$\frac{Q_1}{Q_2} = \frac{2(1+2^{2/3})}{2^{5/3}}$$
$$= 1.629 \doteq \underline{1.63}$$

【3】
式 (9-2) より，
$$I = \frac{\delta h_l}{\delta x} = f' \frac{1}{R} \frac{v^2}{2g} = f \frac{1}{d} \frac{v^2}{2g}$$

よって，
$$f' = f \cdot \frac{R}{d}$$
ここで，
$$R = \frac{\pi d^2/4}{\pi d} = \frac{d}{4}$$
なので，
$$f' = \frac{f}{4} \tag{9-3}$$

〈10章〉

【1】
式 (10-10), (10-6) より．
$$\frac{dh}{dx} = i_0 \frac{1-(I_f/i_0)}{1-Fr^2}$$
$$= i_0 \frac{1 - \frac{2gn^2}{h^{4/3}} \frac{1}{2g}\left(\frac{q}{h}\right)^2 / i_0}{1 - \frac{q^2}{gh^3}}$$

ここで，上式に単位幅流量 q における等流水深 h_0 と限界水深 h_c を導入すると，
$$= i_0 \frac{1 - \frac{n^2}{h^{10/3} \cdot i_0}\left(h_0 \cdot \frac{1}{n} h_0^{2/3} i_0^{1/2}\right)^2}{1 - \frac{1}{gh^3}(h_c^3 \cdot g)}$$
$$= i_0 \frac{1-(h_0/h)^{10/3}}{1-(h_c/h)^3}$$

【2】
(1) $h_0 = (Q \cdot n/B \cdot I^{1/2})^{3/5}$
$= (500 \cdot 0.025/60 \cdot (1/800)^{1/2})^{3/5}$
$= 2.898 \doteq \underline{2.90}$ [m]

(2) $h_c = \sqrt[3]{Q^2/B^2/g} = (500^2/60^2/$

$9.81)^{1/3} = 1.920 ≒ \underline{1.92}$ [m]

(3) $I_c = gn^2/h_c^{1/3} = 9.81 × (0.025)^2/(1.920)^{1/3} = 0.004933 ≒ \underline{1/202}$

(4) $h_{start} = 1.1 × h_c = 1.920 × 1.1 = \underline{2.112}$ [m]．図は段落ち部に向かって低下背水曲線（M_2 曲線）となる．問題（1）より，

$$\frac{dh}{dx} = i_0 \frac{1-(h_0/h)^{10/3}}{1-(h_c/h)^3}$$

なので，上式に具体的な数値を代入すると，

$$\frac{dh}{dx} = \frac{1}{800} \frac{1-(2.898/h)^{10/3}}{1-(1.920/h)^3}$$

となり，水深 h と水深勾配 dh/dx の関係が上式より得られる．M_2 曲線の水面は必ず限界水深から等流水深までの間にあるので，ここでは，$h_{start} = 1.1 h_c ≦ h ≦ h_0$ の範囲を細かく分割して，それぞれの水深 h に対応する水深勾配 dh/dx および水面勾配 $-i_0 + dh/dx = d(h+z)/dx$ を上式から求め，（$x_* = 0, h_{start} = 1.1 h_c$）を境界条件として数値解析的に水位変化を求めると良い．**図9**は，解析範囲の水深幅 Δh を 100, 1000, 5000 分割の3パターンとして，excel を用いて計算表を作成し，水位変化を描いたものである．

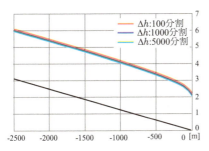

図9 開水路段落ち部の低下背水曲線（M_2 曲線）

〈11章〉

【1】

支配断面はダム堤頂で発生する．そこで，堤頂を基準面にして貯水池の常流域と支配断面でエネルギー保存則を考える．添字1が原型，2が模型，常流域の基準面より上の水深を H，流速を V とする．ダムの幅を B とする．

(1) このとき模型の比エネルギーは，

$$E = \frac{V_2^2}{2g} + H_2 = \frac{v_2^2}{2g} + h_2$$

のようになる．貯水池の流速は十分に小さいと仮定し，$V_2^2/2g = 0$ とおく．また，支配断面では $Fr = 1$ となるから，以下の関係が得られる．

$$E = 0 + H_2 = \frac{gh_2}{2g} + h_2 = \frac{3}{2} h_2$$

模型ダムの高さは $42.4 × 1/20 = 2.12$ [m] なので，$H_2 = 2.24 - 2.12 = 0.12$ [m] となる．したがって，限界水深は次のようになる．

$$h_2 = \frac{2}{3} H_2 = 0.080 ≒ \underline{0.08}\ [\text{m}]$$

限界流速 v_2 は $Fr = 1$ の関係より，次のようになる．

$v_2 = \sqrt{gh_2} = 0.8858 \fallingdotseq \underline{0.886}$ [m/s]

ダムの幅は $B_2 = 100 \times 1/20 = 5$ [m] なので，越流流量 Q_2 は，

$Q_2 = v_2 B_2 h_2 = 0.3543$
$\fallingdotseq \underline{0.354}$ [m³/s]

さて，貯水池上流側の流速は $V_2 = Q_2/(B_2 \times 2.24) = 0.03163$ となる．速度水頭は

$V_2^2/2g = 5.099 \times 10^{-5}$
$\fallingdotseq 0.051$ [mm]

となるから，ゼロに近似してよいことが分かる．

(2) 相似比を $1/\lambda$ とおくと，限界水深 h_1 は，

$h_1 = h_2 \times \lambda = 0.08 \times 20$
$= 1.6 = \underline{1.6}$ [m]

フルード相似則より，流速は次のように表される．

$$\frac{U_1}{\sqrt{gL_1}} = \frac{U_2}{\sqrt{gL_2}}$$

$$\rightarrow \quad U_1 = U_2 \frac{\sqrt{L_1}}{\sqrt{L_2}} = U_2 \sqrt{\lambda}$$

したがって，$v_1 = 0.8858 \times \sqrt{20} = 3.961 \fallingdotseq \underline{3.96}$ [m/s]

流量は次のように表される．

$$\frac{Q_2}{Q_1} = \frac{U_2 L_2^2}{U_1 L_1^2} = \frac{1}{\lambda^{\frac{5}{2}}}$$

$$\rightarrow \quad Q_1 = Q_2 \lambda^{\frac{5}{2}}$$

したがって，$Q_1 = 0.3543 \times 20^{\frac{5}{2}} = 633.7 \fallingdotseq \underline{634}$ [m³/s]

索　引

あ

圧縮性流体（compressible fluid）　7
圧力（pressure）　7, 90
アルキメデスの原理（Archimedes' principle）　18
安定（stability）　28
一次元解析法（one dimensional analysis）　128
移流加速度（convective acceleration）　90
渦動粘性係数（kinematic eddy viscosity）　118
渦粘性係数（eddy viscosity）　118
運動量束（momentum flux）　69
運動量フラックス（momentum flux）　69
エネルギー勾配（energy slope）　177
エネルギー線（energy line）　140
オイラー相似則（Euler similitude）　208

か

開水路流れ（open-channel flow）　11, 151
外力（external force）　90
拡張されたベルヌーイの定理（extended Bernoulli's principle）　129
カルマン（Karman）定数　119
環境水理学（environmental hydraulics）　153
緩勾配水路（channel with mild slope）　196
完全流体（perfect fluid）　155
完全流体の力学（perfect fluid mechanics）　176
管路流れ（pipe flow）　11, 127
幾何学的相似（geometric similarity）　204
逆勾配水路（channel with adverse slope）　196
急勾配水路（channel with steep slope）　196
急変流（rapidly varied flow）　153
共役水深（conjugate depths）　171
局所加速度（local acceleration）　90
形状損失（local loss または form loss）　134
形状損失係数（local loss coefficient）　134
径深（hydraulic radius）　156
ゲージ圧力（gauge pressure）　15
限界勾配水路（channel with critical slope）　196
限界水深（critical depth）　158, 177
限界流（critical flow）　157
検査領域（control volume）　38
洪水流（flood flow）　153
交代水深（alternate depths）　161
後流（wake）　82
抗力（drag）　81
コントロールボリューム（control volume）　38

さ

次元（dimension）　3
実質微分（substantial differential）　95
支配断面（control section）　165
射流（supercritical flow）　11, 158
重力（gravity）　7
重力波（gravity wave）　157
潤辺（wetted perimeter）　156
常流（subcritical flow）　11, 157
水位（water level）　151
水深（water depth）　151
水頭（head）　39
水平勾配水路（channel with flat（zero）slope）　196
水理学（hydraulics）　1
スカラー量（scalar）　65
ずり変形（shear deformation）　9
静水圧（static pressure）　14
堰上げ背水曲線（backwater curve）　199
絶対圧力（absolute pressure）　15
全水頭（total head）　141
漸変流（gradually varied flow）　153, 191
層流（laminar flow）　11, 107
速度ポテンシャル（velocity potential）　103

た

対数則（logarithmic law）　180
対数分布則（logarithmic law）　121
体積力（body force）　90
ダルシー・ワイスバッハ（Darcy-Weisbach）

231

の式　178
単位（unit）　3
単位体積重量（unit weight）　7
単位幅流量（unit discharge）　156
断面平均流速（crosssectional mean velocity）　156
跳水（hydraulic jump）　169
津波（tsunami）　157
低下背水曲線（dropdown curve）　200
抵抗則（resistance law）　177
定常流（steady flow）　11
動水勾配線（hydraulic gradient line）　140
動粘性係数（kinematic viscosity）　9
等流（uniform flow）　11, 153, 176
等流水深（normal depth）　177
トリチェリー（Torricelli）の定理　46

な

流関数（stream function）　104
ナビエ・ストークスの方程式（Navier-Stokes equation）　90
粘性（viscosity）　9
粘性応力（viscous stress）　7
粘性底層（viscous sublayer）　118
粘性流体（viscous fluid）　155
粘性流体の力学（viscous fluid mechanics）　176
粘性力（viscous force）　90

は

ハーゲン・ポアズイユ流れ（Hagen-Poiseuille flow）　108
パスカルの原理（Pascal's principle）　7
非圧縮性流体（incompressible fluid）　7
比エネルギー（specific energy）　159
非定常流（unsteady flow）　11
比力（specific force）　169
比力図（specific force diagram）　171
不安定（instability）　28
不定流（unsteady flow）　11
不等流（non-uniform flow）　11, 154
フリーナップ（free nappe）　199

浮力（buoyancy）　17
フルード数（Froude number）　157
フルード相似則（Froude similitude）　158, 207
ベクトル量（vector）　65
ベス（Böss）の定理　161
ベランジェ（Bélanger）の定理　162
ベランジェ・ベス（Bélanger-Böss）の定理　162
ベルヌーイ（Bernoulli）の定理　39

ま

摩擦速度（friction velocity）　118
摩擦損失（friction loss）　130
摩擦損失係数（Darcy friction factor）　178
マニング・ストリックラー（Manning-Strickler）の式　181
無次元量（dimensionless quantity）　178
面積力（surface force）　90

や

有効数字（significant figure）　4
揚力（lift）　81

ら

ラグランジュ的手法（Lagrangian description）　88
ラグランジアン微分（substantial differential）　95
乱流（turbulent flow）　11, 106
力学的相似（dynamic similarity）　204
流水断面積（stream cross-sectional area）　156
流線（stream line）　104
流体（fluid）　5
流体力学（fluid dynamics）　1
流体力（fluid force）　66
流量図（discharge diagram）　161
レイノルズ応力（Reynolds stress）　114
レイノルズ数（Reynolds number）　107
レイノルズ相似則（Reynolds similitude）　207
連続式（continuity equation）　43, 90
連続体（continuum）　5

著者紹介

二瓶泰雄（1, 2, 4 章）
　東京理科大学創域理工学部社会基盤工学科 教授
宮本仁志（8, 9, 10 章）
　芝浦工業大学工学部土木工学課程 教授
横山勝英（3, 6, 11 章）
　東京都立大学都市環境学部都市基盤環境学科 教授
仲吉信人（5, 7 章）
　東京理科大学創域理工学部社会基盤工学科 教授

NDC510　238p　21cm

土木の基礎固め　水理学

2017 年 11 月 20 日　第 1 刷発行
2025 年　7 月 11 日　第 10 刷発行

著者　　　二瓶泰雄，宮本仁志，横山勝英，仲吉信人
発行者　　篠木和久
発行所　　株式会社 講談社
　　　　　〒112-8001　東京都文京区音羽 2-12-21
　　　　　　販売　(03)5395-5817
　　　　　　業務　(03)5395-3615

KODANSHA

編集　　　株式会社 講談社サイエンティフィク
　　　　　代表　堀越俊一
　　　　　〒162-0825　東京都新宿区神楽坂 2-14　ノービィビル
　　　　　　編集　(03)3235-3701
印刷・製本　株式会社 KPS プロダクツ

落丁本・乱丁本は購入書店名を明記の上，講談社業務宛にお送りください．送料小社負担でお取替えいたします．なお，この本の内容についてのお問い合わせは講談社サイエンティフィク宛にお願いいたします．定価はカバーに表示してあります．
Ⓒ Yasuo Nihei, Hitoshi Miyamoto, Katsuhide Yokoyama, Makoto Nakayoshi, 2017
本書のコピー，スキャン，デジタル化等の無断複製は著作権法上での例外を除き禁じられています．本書を代行業者等の第三者に依頼してスキャンやデジタル化することはたとえ個人や家庭内の利用でも著作権法違反です．

Printed in Japan
ISBN978-4-06-156572-2

講談社の自然科学書

これからの環境分析化学入門 改訂第2版	小熊幸一ほか／編著	定価 3,300 円
環境化学	坂田昌弘／編著	定価 3,080 円
新編 湖沼調査法 第2版	西條八束・三田村緒佐武／著	定価 4,180 円
土壌環境調査・分析法入門	田中治夫／編著　村田智吉／著	定価 4,400 円
地球環境学入門 第3版	山﨑友紀／著	定価 3,080 円
河川生態系の調査・分析方法	井上幹生・中村太士／編	定価 7,480 円
健康と環境の科学	川添禎浩／編	定価 3,080 円
なぞとき 深海1万メートル	蒲生俊敬・窪川かおる／著	定価 1,980 円
海洋地球化学	蒲生俊敬／編著	定価 5,060 円
宇宙地球科学	佐藤文衛・綱川秀夫／著	定価 4,180 円
地震学	井出哲／著	定価 6,490 円
地球の測り方	青木陽介／著	定価 2,860 円
トコトン図解 気象学入門	釜堀弘隆・川村隆一／著	定価 2,860 円
単位が取れる流体力学ノート	武居昌宏／著	定価 3,080 円
絵でわかる台風のメカニズム	宮本佳明／著	定価 2,860 円
絵でわかる地図と測量	中川雅史／著	定価 2,420 円
絵でわかる地震の科学	井出哲／著	定価 2,420 円
絵でわかるプレートテクトニクス	是永淳／著	定価 2,420 円
新版 絵でわかる日本列島の誕生	堤之恭／著	定価 2,530 円
新版 絵でわかる生態系のしくみ	鷲谷いづみ／著　後藤章／絵	定価 2,420 円
新版 絵でわかる樹木の知識	堀大才／著	定価 2,640 円
絵でわかる樹木の育て方	堀大才／著	定価 2,530 円
新しい微積分（上） 改訂第2版	長岡亮介・渡辺浩・矢崎成俊・宮部賢志／著	定価 2,420 円
新しい微積分（下） 改訂第2版	長岡亮介・渡辺浩・矢崎成俊・宮部賢志／著	定価 2,640 円
できる研究者の論文生産術	ポール・J・シルヴィア／著　高橋さきの／訳	定価 1,980 円
できる研究者の論文作成メソッド	ポール・J・シルヴィア／著　高橋さきの／訳	定価 2,200 円
PowerPointによる理系学生・研究者のためのビジュアルデザイン入門	田中佐代子／著	定価 2,420 円
新版 理系のためのレポート・論文完全ナビ	見延庄士郎／著	定価 2,090 円
学振申請書の書き方とコツ 改訂第2版	大上雅史／著	定価 2,750 円
はじめての技術者倫理	北原義典／著	定価 2,200 円

※表示価格には消費税(10%)が加算されています．

2024年6月現在

講談社サイエンティフィク　https://www.kspub.co.jp/